大学数学系列课程学习指导（第2版）

主　编　何　静　吕福起

副主编　江维琼　唐立力　吕希元

易　强　豆中丽　方建卫

余显志　张　丽

重庆大学出版社

图书在版编目(CIP)数据

大学数学系列课程学习指导 / 何静,吕福起主编
. -- 2 版. -- 重庆 : 重庆大学出版社, 2023.1
ISBN 978-7-5689-3759-7

Ⅰ.①大… Ⅱ.①何…②吕… Ⅲ.①高等数学—高等学校—教学参考资料 Ⅳ.①O13

中国国家版本馆 CIP 数据核字(2023)第 037117 号

大学数学系列课程学习指导(第 2 版)
DAXUE SHUXUE XILIE KECHENG XUEXI ZHIDAO

主 编 何 静 吕福起
副主编 江维琼 唐立力 吕希元 易 强
豆中丽 方建卫 余显志 张 丽
责任编辑:文 鹏 版式设计:鲁 黎
责任校对:谢 芳 责任印制:张 策

*

重庆大学出版社出版发行
出版人:饶帮华
社址:重庆市沙坪坝区大学城西路 21 号
邮编:401331
电话:(023)88617190 88617185(中小学)
传真:(023)88617186 88617166
网址:http://www. cqup. com. cn
邮箱:fxk@ cqup. com. cn (营销中心)
全国新华书店经销
重庆华林天美印务有限公司印刷

*

开本:787mm×1092mm 1/16 印张:11 字数:277 千
2019 年 9 月第 1 版 2023 年 1 月第 2 版 2023年 1 月第 4 次印刷
ISBN 978-7-5689-3759-7 定价:38.00 元

第2版前言

为了适应经管类专业数学基础课程教育发展的需要,真正落实高等院校教育的培养目标,切实贯彻“学以致用,举一反三”的原则.编者根据经管类高校数学教育教学的特点,结合学生的实际需求,编写了这本数学学习用书.

本书作为《高等数学(微积分)》《概率论与数理统计》《线性代数》课程配套的学习指导,在编写的过程中精选习题由浅入深地对知识点进行了全面细致地阐述,并配有各章节同步习题和详细解答,对培养学生的数学学习兴趣和数学解题技巧,提高大学数学类课程学习水平,提升综合应用数学思维能力有一定帮助.本书内容符合本科教学大纲要求,适合学生课上学习和课后复习使用.

本书各章主要板块:

1. 知识要点 介绍教学大纲各知识点的学习要求,使读者能更好地把握各章知识要点.

2. 同步练习 同步练习采用高频题型,选题内容丰富,层次分明,通过一定量的习题练习以达到巩固所学知识的目的.

3. 答案详解 给出了题目的标准答案,特别是大题给出了详细解答过程,以供读者学习参考.

本书由何静、吕福起担任主编,江维琼、唐立力、吕希元、易强、豆中丽、方建卫、余显志、张丽担任副主编.由于编者水平有限,书中难免有错误和遗漏之处,恳请广大读者批评指正.

编　者

2022年10月

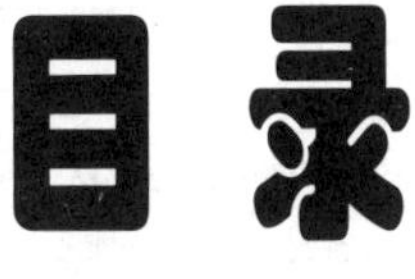

第 1 篇　高等数学(微积分)

第 2 篇　概率论与数理统计

第 3 篇　线性代数

第 1 篇 高等数学(微积分)

第 1 章 函数

1.1 知识要点

1. 了解数的发展,实数的绝对值,常用的实数集.
2. 理解常量与变量,函数的定义,函数的表示法.
3. 掌握单调性,奇偶性,有界性,周期性.
4. 了解反函数,复合函数.
5. 理解基本初等函数,初等函数.
6. 掌握总成本函数,总收益(入)函数和总利益函数,需求函数与供给函数,库存函数.

1.2 同步练习

一、填空题

1. 函数 $y=\frac{1}{\sqrt{3-x}}+\arcsin\frac{3-2x}{5}$ 的定义域是________.

2. 若 $f(x)$ 的定义域是 $[1,2]$，则 $f\left(\frac{1}{x+1}\right)$ 的定义域是________.

3. 设 $f(x)=e^{x^2}$，$f[\varphi(x)]=1-x$，且 $\varphi(x)\geqslant 0$，求 $\varphi(x)$ 的定义域是________.

4. 设 $f(x)$ 满足方程 $af(x)+bf\left(\frac{1}{x}\right)=\frac{c}{x}$，其中 a,b,c 为常数，且 $|a|+|b|\neq 0$，求 $f(x)=$ ________.

5. 设 $f\left(x-\frac{1}{x}\right)=x^2+\frac{1}{x^2}$，则 $f(x)=$________.

6. 设 $f(x)=\begin{cases}1, & |x|\leqslant 1\\ -1, & |x|>1\end{cases}$，求 $f(f(x))=$________.

7. 已知基本初等函数 $y=e^u$，$u=v^3$，$v=\sin x$，试将 y 表示成 x 的函数________.

8. $f(x)=\frac{1}{1+x}$，则 $f\left(\frac{1}{f(x)}\right)=$________.

9. $y=\frac{2^x}{2^x-1}$ 的反函数是________.

10. 函数 $y=\ln 2^{\sin x}$ 是由________，________和________复合而成.

二、选择题

1. 函数 $f(x)=\log_3 x$，则 $f(x\cdot y)=$(　　).

A. $f(x)+f(y)$　　B. $f(x)\cdot f(y)$　　C. $f(2x)$　　D. $f(y)$

2. 函数 $f(x)=\frac{e^x-e^{-x}}{2}$ 是(　　).

A. 偶函数　　B. 奇函数

C. 既是偶函数，又是奇函数　　D. 非奇非偶函数

3. 下列函数中是奇函数的有(　　).

A. $y=\frac{e^x+e^{-x}}{2}$　　B. $y=x\cdot\sin x$

C. $y=x^2\cdot(x-1)\cdot(x+1)$　　D. $y=\ln(x+\sqrt{x^2+1})$

4. 设 $f(x)=\frac{1}{\sqrt{3-x}}+\lg(x-2)$，那么 $f(x+a)+f(x-a)\left(0<a<\frac{1}{2}\right)$ 的定义域是(　　).

A. $(2-a,3-a)$　　B. $(2+a,3+a)$　　C. $(2-a,3+a)$　　D. $(2+a,3-a)$

5. 下面四个函数中，与 $y=|x|$ 不同的是(　　).

A. $y=|e^{\ln x}|$　　B. $y=\sqrt{x^2}$　　C. $y=\sqrt[4]{x^4}$　　D. $y=x\cdot\operatorname{sgn}x$

6. 设 $f(x-1)=x^2+2x+1$，则 $f(x)=$(　　).

A. $(x+1)^2$　　B. $(x-1)^2$　　C. x^2+2x+1　　D. $(x+2)^2$

7. 设函数 $f(x)=2^{\cos x}$, $g(x)=\left(\frac{1}{2}\right)^{\sin x}$,在区间 $\left(0,\frac{\pi}{2}\right)$ 内(　　).

A. $f(x)$ 是增函数, $g(x)$ 是减函数　　B. $f(x)$ 是减函数, $g(x)$ 是增函数

C. $f(x)$ 和 $g(x)$ 都是增函数　　D. $f(x)$ 和 $g(x)$ 都是减函数

8. 函数 $y=\sqrt{1-u^2}$ 与 $u=\lg x$ 能构成复合函数 $y=\sqrt{1-\lg^2 x}$ 的区间是(　　).

A. $(0,+\infty)$　　B. $\left[\frac{1}{10},10\right]$　　C. $\left[\frac{1}{10},+\infty\right)$　　D. $(0,10)$

9. 函数 $f(x)=\frac{\ln x}{x}$ 在区间 $\left[\frac{1}{2},1\right]$ 上为(　　).

A. 有上界无下界　　B. 有下界无上界

C. 有界,且 $2\ln\frac{1}{2}\leqslant f(x)\leqslant 0$　　D. 有界,且 $\ln\frac{1}{2}\leqslant f(x)\leqslant\frac{1}{4}$

10. 函数(　　)在区间 $(0,1)$ 内有界.

A. $\frac{1+2x}{x^2}$　　B. $\lg x$　　C. $e^{-\frac{1}{x}}$　　D. $\frac{1}{2^x-1}$

三、计算题

1. 求函数 $y=\frac{1}{\lg(3x-2)}$ 的定义域.

2. 确定函数 $y=\arcsin\frac{x-1}{5}+\frac{1}{\sqrt{25-x^2}}$ 的定义域.

3. 设 $y=f(x)$ 的定义域为 $(0,1)$,求 $f(\ln x)$ 的定义域.

4. 求复合函数 $y=\arcsin\frac{2x-1}{3}$ 的定义域.

5. 求函数 $f(x)=\begin{cases}\sqrt{1-x^2}, & |x|<1\\ x^2-1, & 1<|x|\leqslant 2\end{cases}$ 的定义域,并求 $f(0)$ 的值.

6. 已知函数 $f(x)=\begin{cases}x+2, & 0\leqslant x\leqslant 2\\ x^2, & 2<x\leqslant 4\end{cases}$,求 $f(x-1)$ 及其定义域.

7. 如果 $y=\sqrt{u}$, $u=2+v^2$, $v=\cos x$,将 y 表示成 x 的函数.

8. 如果 $f(x)=3x^3+2x$, $\varphi(t)=\lg(1+t)$,求 $f[\varphi(t)]$.

9. 判断函数 $f(x)=|\sin x|+|\cos x|$ 的周期性.

10. 求函数 $y=\log_2(x+\sqrt{1+x^2})$ 的反函数.

四、应用题

1. 某厂每年生产 Q 台某商品的平均单位成本为 $\overline{C}=\overline{C}(Q)=\left(Q+6+\frac{20}{Q}\right)$ 万元/台,商品销售价格 $p=30$ 万元/台,试将每年商品全部销售后获得总利润 L 表示为年产量 Q 的函数.

2. 某产品总成本 C 元为日产量 x kg 的函数, $C=C(x)=\frac{1}{9}x^2+6x+100$,产品销售价格为 p 元/kg,它与日产量 x kg 的关系为: $p=p(x)=46-\frac{1}{3}x$.

(1)试将平均单位成本 $\overline{C}$ 表示为日产量 x 的函数;

(2)试将每日产品全部销售后获得的总利润 L 表示为日产量 x 的函数.

第 2 章

极限与连续

2.1 知识要点

1. 了解数列的极限.

2. 掌握函数的极限,当 $x\to\infty$ 时,函数 $f(x)$ 的极限,当 $x\to x_0$ 时,函数 $f(x)$ 的极限,单侧极限.

3. 理解无穷小量与无穷大量,无穷小量的概念,无穷小量的性质,无穷小量的比较,无穷大量.

4. 了解极限的性质,极限的四则运算法则.

5. 理解极限存在准则Ⅰ及重要极限 $\lim\limits_{x\to 0}\frac{\sin x}{x}=1$,极限存在准则Ⅱ及重要极限 $\lim\limits_{x\to\infty}\left(1+\frac{1}{x}\right)^x=\mathrm{e}$,连续复利,等价无穷小量代换求极限.

6. 了解变量的改变量,函数连续的概念,函数的间断点运算,函数的运算法则,闭区间上连续函数的性质.

2.2 同步练习

一、填空题

1. $\lim\limits_{x\to\infty}\frac{x-\sin x}{x+\cos x}=$ ________.

2. $\lim\limits_{x\to 0}\frac{1-\cos x}{x^2}=$ ________.

3. $\lim\limits_{x\to\infty}\left(1+\frac{2}{x}\right)^x=$ ________.

4. $\lim\limits_{x\to 0}\frac{\mathrm{e}^{x^2}\cdot\cos x}{\arcsin(1+x)}=$ ________.

5. $\lim\limits_{h\to 0}\dfrac{(x+h)^3-x^3}{h}=$________.

6. $\lim\limits_{x\to\infty}\dfrac{x^2+1}{x^3+x}(3+\cos x)=$________.

7. 若$\lim\limits_{x\to 1}\dfrac{x^2+ax+b}{1-x}=5$,则 $a=$________,$b=$________.

8. $\lim\limits_{x\to\infty}\dfrac{(2x+1)^4(x-1)^{16}}{(x+5)^{20}}=$________.

9. 设函数$f(x)$在 $x=1$ 处连续,且$\lim\limits_{x\to 1}\dfrac{f(x)}{x-1}=2$,则$f(1)=$________.

10. 函数 $y=\begin{cases}\dfrac{1-x^2}{1-x}, & x\neq 1\\ 0, & x=1\end{cases}$ 的间断点为________,其中可去间断点为________,补充定义________使其连续.

二、选择题

1. 设当 $x\to+\infty$ 时,$f(x)$和 $g(x)$都是无穷大量,则当 $x\to+\infty$ 时,下列结论正确的是(　　).

A. $f(x)+g(x)$是无穷大量　　B. $\dfrac{f(x)+g(x)}{f(x)\cdot g(x)}\to 0$

C. $\dfrac{g(x)}{f(x)}\to 1$　　D. $f(x)-g(x)\to 0$

2. $f(x)=\begin{cases}x+\dfrac{\sin x}{x}, & x<0\\ 0, & x=0\\ x\cdot\cos\dfrac{1}{x}, & x>0\end{cases}$,则 $x=0$ 是$f(x)$的(　　).

A. 连续点　　B. 可去间断点　　C. 跳跃间断点　　D. 振荡间断点

3. 数列极限$\lim\limits_{n\to\infty}n[\ln(n-1)-\ln n]=$(　　).

A. 1　　B. -1　　C. ∞　　D. 不存在但非∞

4. 设函数$f(x)=(1-x)^{\cot x}$,则定义$f(0)$为(　　)时$f(x)$在 $x=0$ 处连续.

A. $\dfrac{1}{\mathrm{e}}$　　B. e　　C. $-\mathrm{e}$　　D. $-\dfrac{1}{\mathrm{e}}$

5. 下列极限中,极限值不为 0 的是(　　).

A. $\lim\limits_{x\to\infty}\dfrac{\arctan x}{x}$　　B. $\lim\limits_{x\to\infty}\dfrac{2\sin x+3\cos x}{x}$　　C. $\lim\limits_{x\to 0}x^2\cdot\sin\dfrac{1}{x}$　　D. $\lim\limits_{x\to 0}\dfrac{x^2}{x^4+x^2}$

6. 如果 $x\to\infty$ 时,$\dfrac{1}{ax^2+bx+c}$是比$\dfrac{1}{x+1}$高价的无穷小,则 a,b,c 应满足(　　).

A. $a=0,b=1,c=1$　　B. $a\neq 0,b=1,c$ 为任意常数

C. $a\neq 0,b,c$ 为任意常数　　D. a,b,c 都可以是任意常数

7. $\lim\limits_{n\to\infty}\left(1+\dfrac{1}{n}\right)^{n+1\,000}$ 的值是(　　).

A. e　　B. $e^{1\,000}$　　C. $e\cdot e^{1\,000}$　　D. 其他值

8. $\lim\limits_{x\to 0}\left(x\cdot\sin\dfrac{1}{x}-\dfrac{1}{x}\sin x\right)=$(　　).

A. -1　　B. 1　　C. 0　　D. 不存在

9. 下列变量在给定变化过程中,不是无穷大量的是(　　).

A. $e^{-\frac{1}{x}}(x\to 0^-)$　　B. $\dfrac{x}{\sqrt{x^3+1}}(x\to+\infty)$

C. $\lg x(x\to 0^+)$　　D. $\lg x(x\to+\infty)$

10. 当 $x\to 0$ 时,下列变量中与 $\sin^2 x$ 为等价无穷小量的是(　　).

A. $\sqrt{x}$　　B. x　　C. x^2　　D. x^3

三、计算题

1. $\lim\limits_{x\to 1}(2x^3+x^2-2)$.

2. $\lim\limits_{x\to 2}\dfrac{x^2+x+4}{x^2+1}$.

3. $\lim\limits_{x\to 2}\dfrac{x+3}{x^2-4}$.

4. $\lim\limits_{x\to -1}\dfrac{x^2+3x+2}{x^2-1}$.

5. $\lim\limits_{x\to 4}\dfrac{\sqrt{x}-2}{x-4}$.

6. $\lim\limits_{x\to 4}\dfrac{\sqrt{x}-2}{x^2+x-20}$.

7. $\lim\limits_{x\to 0}\dfrac{\sin^2 x}{x}$.

8. $\lim\limits_{x\to 0}\dfrac{1-\cos 2x}{x\sin x}$.

9. $\lim\limits_{x\to\infty}\left(\dfrac{1+x}{x}\right)^{2x}$.

10. $\lim\limits_{x\to 0}\dfrac{\sqrt{1+\sin^2 x}-1}{x^2}$.

11. $\lim\limits_{x\to\infty}(2+x)^{\frac{1}{x}}$.

12. $\lim\limits_{x\to 0}\dfrac{\sqrt{1+x}-\sqrt{1-x}}{\sin 3x}$.

13. $\lim\limits_{x\to 0}(\cos x)^{\cot^2 x}$.

14. $\lim\limits_{x\to 0}\dfrac{\tan x-\sin x}{x^3}$.

15. $\lim\limits_{n\to\infty}\left(\dfrac{1}{n^2}+\dfrac{2}{n^2}+\cdots+\dfrac{n}{n^2}\right)$.

16. 设$\lim\limits_{x\to\infty}\left(\frac{x^2+1}{x+1}-ax-b\right)=0$,求常数 a 与 b 的值.

四、证明题

1. 证明:四次代数方程 $x^4+1=3x^2$ 在区间(0,1)内至少有一个实根.
2. 证明:方程 $x=a\sin x+b$ 至少有一个正根,并且它不大于 $a+b$(其中 $a>0,b>0$).

第 3 章 导数与微分

3.1 知识要点

1. 了解导数的定义,导数的几何意义.

2. 理解函数的和、差、积、商的求导法则,反函数的导数,复合函数的导数,隐函数的导数及对数求导法,导数公式表.

3. 了解高阶导数.

4. 了解微分的定义,微分的几何意义,微分的基本公式与运算法则.

5. 掌握导数在经济学中的应用.

3.2 同步练习

一、填空题

1. 设函数 $f(x)$ 在 $x=0$ 处可导,则 $\lim\limits_{h\to 0}\dfrac{f(2h)-f(-3h)}{h}=$________.

2. 若 $f(x)=x(x+1)(x+2)\cdots(x+n)$,则 $f'(0)=$________.

3. $f'(0)$ 存在,且 $f(0)=0$,则 $\lim\limits_{x\to 0}\dfrac{f(x)}{x}=$________.

4. $f=\pi^2+x^n+\arctan\dfrac{1}{\pi}$,则 $y'\big|_{x=1}=$________.

5. 若 $y=f(1+\sin x)$,则 $\dfrac{dy}{dx}=$________.

6. 已知 $y=xe^x$,则 $y''=$________.

7. 若 $y=e^{ax+bx^2}$,求 $dy=$________.

8. 若 $y=x+\ln x$,则 $\dfrac{dx}{dy}=$________.

9. 已知某商品的成本函数为 $C=C(Q)=100+\frac{Q^2}{4}$，则当 $Q=10$ 时，其边际成本为________.

10. $y=\ln[\arctan(1-x)]$，则 $\mathrm{d}y=$________.

二、选择题

1. 函数 $f(x)=\begin{cases}x\cdot\sin\frac{1}{x},x\neq0\\0,x=0\end{cases}$ 在 $x=0$ 处(　　).

A. 连续且可导　　B. 连续不可导

C. 不连续　　D. 不仅可导，导数也连续

2. 设 $y=x-\frac{1}{2}\sin x$，则 $\frac{\mathrm{d}x}{\mathrm{d}y}=$(　　).

A. $1-\frac{1}{2}\cos y$　　B. $1-\frac{1}{2}\cos x$　　C. $\frac{2}{2-\cos y}$　　D. $\frac{2}{2-\cos x}$

3. 设函数 $f(x)$ 存在二阶导数，$y=f(\ln x)$，则 $y''=$(　　).

A. $\frac{1}{x^2}[f''(\ln x)+f'(\ln x)]$　　B. $\frac{1}{x^2}[f''(\ln x)-f'(\ln x)]$

C. $\frac{1}{x^2}[xf''(\ln x)-f'(\ln x)]$　　D. $\frac{1}{x^2}[xf'(\ln x)-f''(\ln x)]$

4. 设 $y=\frac{\varphi(x)}{x}$，其中 $\varphi(x)$ 可微，则 $\mathrm{d}y=$(　　).

A. $\frac{\varphi'(x)-\varphi(x)}{x^2}\mathrm{d}x$　　B. $-\frac{\mathrm{d}\varphi(x)}{x^2}$

C. $\frac{x\cdot\mathrm{d}\varphi(x)-\varphi(x)\mathrm{d}x}{x^2}$　　D. $\frac{x\cdot\mathrm{d}\varphi(x)-\mathrm{d}\varphi(x)}{x}$

5. $y=x^n+a_1x^{n-1}+\cdots+a_n$，则 $y^{(n)}=$(　　).

A. 0　　B. $(n-1)\cdot a$　　C. $(n-1)!$　　D. $n!$

6. 设 $f(x)=\cos x$，则 $\lim\limits_{\Delta x\to0}\frac{f(a)-f(a-\Delta x)}{\Delta x}=$(　　).

A. $\sin a$　　B. $-\sin a$　　C. $\cos a$　　D. $-\cos a$

7. $y=\cos^2 2x$，则 $\mathrm{d}y=$(　　).

A. $(\cos^2 2x)'\cdot(2x)'\cdot\mathrm{d}x$　　B. $(\cos^2 2x)'\cdot\mathrm{d}(\cos 2x)$

C. $(-2)\cdot\cos(2x)\cdot\sin(2x)\cdot\mathrm{d}x$　　D. $2\cdot\cos(2x)\cdot\mathrm{d}(\cos 2x)$

8. 若 $f(u)$ 可导，且 $y=f(\mathrm{e}^x)$，则有 $\mathrm{d}y=$(　　).

A. $f'(\mathrm{e}^x)\mathrm{d}x$　　B. $f'(\mathrm{e}^x)\mathrm{d}\mathrm{e}^x$　　C. $[f(\mathrm{e}^x)]'\mathrm{d}\mathrm{e}^x$　　D. $[f(\mathrm{e}^x)]'\mathrm{e}^x\mathrm{d}x$

9. 函数 $y=3+2x$ 在 $x=3$ 处的弹性为(　　).

A. $\frac{3}{2}$　　B. $\frac{2}{3}$　　C. $\frac{5}{2}$　　D. $\frac{2}{5}$

10. 设 $f(x)$ 可导，则 $\lim\limits_{\Delta x\to0}\frac{f^2(x+\Delta x)-f^2(x)}{\Delta x}=$(　　).

A. 0　　B. $2f(x)$　　C. $2f'(x)$　　D. $2f(x)\cdot f'(x)$

三、计算题

1. 已知 $y=\ln(x+\sqrt{1+x^2})$,求 y'.

2. 已知 $y=f(x^2)+\ln f(x)$,求 y'.

3. 已知 $xy=e^{x+y}$,求 y'.

4. 已知 $y=(\sin x)^{\tan x}$,求 dy.

5. 已知 $y=x\cdot e^{x^2}$,求 y'.

6. 已知 $y=f(\tan x)$,求 y'.

7. 已知 $x-y+\sin\frac{1}{2}y=0$,求 y'.

8. 已知 $y=\left(\frac{x}{1+x}\right)^x$,求 y'.

9. 已知 $y=\frac{\sqrt{x+2}\cdot(3-x)^4}{(x+1)^5}$,求 y'.

10. 已知 $y=\ln\left(x+\sqrt{x^2+1}\right)$,求 y''.

11. 设 $y=f(x)$是由方程 $x^3+y^3-\sin 3x+6y=0$ 所确定的隐函数,求 $dy\big|_{x=0}$.

12. 若 $y=(\cos x)^{\tan x}$,求 y'.

13. 已知 $y=e^{x^2}\cdot\cos 2x$,求 dy.

14. 求由方程 $x^2+xy+y^2=4$ 确定的曲线上点$(2,-2)$处的切线方程.

15. 试确定 a,b 之值,使函数 $f(x)=\begin{cases}b(1+\sin x)+a+2, & x\geqslant 0\\ e^{ax}-1, & x<0\end{cases}$ 处处可导.

四、应用题

1. 设某产品的价格与销售量的关系为 $p=10-\frac{Q}{5}$,求销量为 30 时的总收益、平均收益与边际收益.

2. 设某商品需求函数为 $Q=e^{-\frac{p}{5}}$,求:

(1)需求弹性函数;

(2)$p=3$,$p=5$,$p=6$ 时的需求弹性.

第 4 章
中值定理与导数的应用

4.1 知识要点

1. 了解罗尔(Rolle)定理,拉格朗日(Lagrange)中值定理,柯西中值定理.
2. 掌握$\frac{0}{0}$型未定式,$\frac{\infty}{\infty}$型未定式,其他未定式.
3. 理解函数的单调性的判别法,函数的极值.
4. 理解函数的最值及应用.
5. 掌握函数曲线的凹凸性,拐点.
6. 了解曲线的渐近线,微分法作图.

4.2 同步练习

一、填空题

1. 若$f(x)=\sqrt[3]{8x-x^2}$,在[0,8]上满足罗尔定理的ξ值为________.
2. 曲线$y=x\cdot e^{-3x}$的拐点坐标是________.
3. $\lim\limits_{x\to0^+}x\cdot\ln x=$________.
4. 函数$f(x)=2x-\cos x$在区间________单调递增.
5. 函数$f(x)=4+8x^3-3x^4$的极大值是________.
6. 曲线$y=\frac{x}{e^x}$在拐点处的切线方程________.
7. 曲线$y=\frac{x^2}{x+1}$的斜渐近线是________.
8. $\lim\limits_{x\to+\infty}\frac{\sqrt{1+x^2}}{x}=$________.

9. 函数$f(x)$有连续二阶导数且$f(0)=0, f'(0)=1, f''(0)=-2$，则$\lim\limits_{x\to 0}\dfrac{f(x)-x}{x^2}=$________.

10. 已知曲线$y=x^3+ax^2+9x+4$在$x=1$处有拐点，则$a=$________.

二、选择题

1. 函数$f(x)=x-\dfrac{3}{2}x^{\frac{1}{3}}$在下列区间上不满足拉格朗日定理条件的是(　　).

A. $[0,1]$　　B. $[-1,1]$　　C. $\left[0,\dfrac{27}{8}\right]$　　D. $[-1,0]$

2. 函数$f(x)=\mathrm{e}^x+\mathrm{e}^{-x}$在区间$(-1,1)$内(　　).

A. 单调增加　　B. 单调减少　　C. 不增不减　　D. 有增有减

3. 函数$y=\dfrac{x}{1-x^2}$在$(-1,1)$内(　　).

A. 单调增加　　B. 单调减少　　C. 有极大值　　D. 有极小值

4. 下列曲线中有拐点$(0,0)$的是(　　).

A. $y=x^2$　　B. $y=x^3$　　C. $y=x^4$　　D. $y=x^{\frac{2}{3}}$

5. 下列函数在$[-1,1]$上满足罗尔定理条件的是(　　).

A. e^x　　B. $\ln|x|$　　C. $1-x^2$　　D. $\dfrac{1}{1-x^2}$

6. 若函数$f(x)$在$[0,+\infty)$内可导，且$f'(x)>0, f(0)<0$，则在$[0,+\infty)$内$f(x)$有(　　).

A. 唯一零点　　B. 至少存在一个零点　　C. 没有零点　　D. 不能确定有无零点

7. 函数$y=2\cdot\ln\dfrac{x+3}{x}-3$的水平渐近线方程为(　　).

A. $y=2$　　B. $y=1$　　C. $y=-3$　　D. $y=0$

8. 设$ab<0, f(x)=\dfrac{1}{x}$，则在(a,b)内，使$f(b)-f(a)=f'(\xi)(b-a)$成立的ξ(　　).

A. 只有一点　　B. 有两个点

C. 不存在　　D. 是否存在与a、b的取值有关

9. 下列条件不能使函数$f(x)$在区间$[a,b]$上应用拉格朗日中值定理的是(　　).

A. 在$[a,b]$上连续，在(a,b)内可导

B. 在$[a,b]$上可导

C. 在(a,b)内可导，且在a点右连续，b点左连续

D. 在(a,b)内有连续导数

10. 设$f(x)$具有连续的二阶导数，点$(0,f(0))$为曲线$y=f(x)$的拐点，则$\lim\limits_{x\to 0}\dfrac{f(x)-2f(0)+f(-x)}{x^2}=$(　　).

A. 0　　B. 2　　C. $f'(0)$　　D. $2f'(0)$

三、计算题

1. $\lim\limits_{x\to 0}\left(\dfrac{1}{x}-\dfrac{1}{\mathrm{e}^x-1}\right)$.

2. $\lim\limits_{x\to 0}(1+\sin x)^{\frac{1}{x}}$.

3. $\lim\limits_{x\to 0}(\cos x)^{\frac{1}{x^2}}$.

4. $\lim\limits_{x\to 0}\dfrac{e^x - e^{\sin x}}{x-\sin x}$.

5. $\lim\limits_{x\to 0}\dfrac{\sqrt{1+x}+\sqrt{1-x}-2}{x^2}$.

6. $\lim\limits_{x\to +\infty} x[\ln(x+2)-\ln x]$.

7. $\lim\limits_{x\to 0}(1+3x)^{\frac{2}{\sin x}}$.

8. $\lim\limits_{x\to 0}\dfrac{e^x - e^{\sin x}}{x^2\ln(1+x)}$.

9. $\lim\limits_{x\to 0}\left[\dfrac{1}{x}+\dfrac{1}{x^2}\ln(1-x)\right]$.

10. $\lim\limits_{x\to 0}\dfrac{e^{x-\sin x}-1}{\arcsin x^3}$.

四、应用题

1. 某商品成本函数为 $C=1\ 000+3Q$,需求函数为 $Q=1\ 000-100p$,其中 p 为该商品的单价,求 p 为多少时,利润最大?

2. 设某商品需求函数为:$Q=f(p)=12-\dfrac{p}{2}$

(1)求需求弹性函数;

(2)求 $p=6$ 时的需求弹性;

(3)在 $p=6$ 时,若价格上涨 1%,总收益增加还是减少?将变化百分之几?

(4)p 为何值时,总收益最大?最大的总收益是多少?

3. 求函数 $f(x)=2x^3-9x^2+12x-3$ 的极值.

4. 求函数 $f(x)=(x-3)^{\frac{1}{3}}(x-6)^{\frac{2}{3}}$ 在 $[0,6]$ 上的最大值和最小值.

5. 求曲线 $y=(x-1)\sqrt[3]{x^2}$ 的凹凸区间及拐点.

五、证明题

1. 设 $a>b>0$,证明:$\dfrac{a-b}{a}<\ln\dfrac{a}{b}<\dfrac{a-b}{b}$.

2. 设 $b>a>e$,证明:$a^b>b^a$.

3. 证明:当 $x>0$ 时,$\dfrac{x}{1+x}<\ln(1+x)<x$.

4. 证明不等式:$\ln(1+x)-\ln x>\dfrac{1}{1+x}\ (x>0)$.

第 5 章 不定积分

5.1 知识要点

1. 了解原函数的概念,不定积分的概念,不定积分的基本性质,基本积分公式.
2. 掌握第一换元积分法(凑微分法),第二换元积分法.
3. 理解分部积分法.
4. 了解真分式的分解,最简分式的积分.

5.2 同步练习

一、填空题

1. 若 $f(x)$ 是 $\sin x$ 的一个原函数,则 $\int f(x)\mathrm{d}x =$ ________.

2. 函数 $y=\dfrac{2}{x\cdot\sqrt{x}}$ 过(1,0)点的积分曲线的方程为________.

3. $\int\dfrac{1}{\sqrt{x}(1+x)}\mathrm{d}x =$ ________.

4. $\int\ln x\mathrm{d}x =$ ________.

5. $\int x(1+x)^{10}\mathrm{d}x =$ ________.

6. 若 $\int f(x)\mathrm{d}x = 3^x+\cos x+C$,则 $f(x) =$ ________.

7. 已知 $\int f(x)\mathrm{d}x = F(x)+C$,则 $\int f(3x)\mathrm{d}x =$ ________.

8. 已知 e^{-x} 是 $f(x)$ 的一个原函数,则 $\int x\cdot f(x)\mathrm{d}x =$ ________.

9. 设 $f(x)=\cos x$，则 $\int \frac{f'\left(\frac{1}{x}\right)}{x^2}\mathrm{d}x=$ ________.

10. 已知 $\int x\cdot f(x)\mathrm{d}x=\arccos x+C$，则 $\int \frac{\mathrm{d}x}{f(x)}=$ ________.

二、选择题

1. 若 $\int f(x)\mathrm{d}x=x^2\cdot \mathrm{e}^{2x}+C$，则 $f(x)=$ (　　).

A. $2x\cdot \mathrm{e}^{2x}$　　B. $2x^2\mathrm{e}^{2x}$　　C. $x\mathrm{e}^{2x}$　　D. $2x\mathrm{e}^{2x}(1+x)$

2. 若 $f'(x^2)=\frac{1}{x}(x>0)$，则 $f(x)=$ (　　).

A. $2x+C$　　B. $\ln x+C$　　C. $2\sqrt{x}+C$　　D. $\frac{1}{\sqrt{x}}+C$

3. 若 $f''(x)$ 连续，则 $\int x\cdot f''(x)\mathrm{d}x=$ (　　).

A. $xf'(x)-\int f(x)\mathrm{d}x$　　B. $xf'(x)-f'(x)+C$

C. $xf'(x)-f(x)+C$　　D. $f(x)-xf'(x)+C$

4. 已知 $\int f(x)\mathrm{d}x=x\mathrm{e}^x-\mathrm{e}^x+C$，则 $\int f'(x)\mathrm{d}x=$ (　　).

A. $x\mathrm{e}^x-\mathrm{e}^x+C$　　B. $x\mathrm{e}^x+C$

C. $x\mathrm{e}^x+\mathrm{e}^x+C$　　D. $x\mathrm{e}^x-2\mathrm{e}^x+C$

5. 设 $f'(x)$ 存在，则 $\left[\int \mathrm{d}f(x)\right]'=$ (　　).

A. $f(x)$　　B. $f'(x)$　　C. $f(x)+C$　　D. $f'(x)+C$

6. 若 $\int f'(x)\mathrm{d}x=\mathrm{e}^{2x}+C$，则 $f(x)=$ (　　).

A. $2x\mathrm{e}^{2x}$　　B. e^{2x}　　C. $2x^2\mathrm{e}^{2x}$　　D. $2x\mathrm{e}^{2x}(1+x)$

7. 若 $\sin x$ 是 $f(x)$ 的一个原函数，则 $\int xf'(x)\mathrm{d}x=$ (　　).

A. $x\cos x-\sin x+C$　　B. $x\sin x+\cos x+C$

C. $x\cos x+\sin x+C$　　D. $x\sin x-\cos x+C$

8. 若 $f(x)=\mathrm{e}^{-2x}$，则 $\int \frac{f'(\ln x)}{x}\mathrm{d}x=$ (　　).

A. $\frac{1}{x^2}+C$　　B. $-\frac{1}{x^2}+C$　　C. $-\ln x+C$　　D. $\ln x+C$

9. 设 $f'(\cos^2 x)=\sin^2 x$，$f(0)=0$，则 $y(x)=$ (　　).

A. $\sin x+\frac{1}{2}\sin^2 x$　　B. $\sin x-\frac{1}{2}\sin^2 x$　　C. $x+\frac{1}{2}x^2$　　D. $x-\frac{1}{2}x^2$

10. 若 $\int f(x)\mathrm{d}x=x^2+C$，则 $\int x\cdot f(1-x^2)\mathrm{d}x$ 为(　　).

A. $2(1-x^2)^2+C$　　B. $-2(1-x^2)^2+C$

C. $\frac{1}{2}(1-x^2)^2+C$　　　　D. $-\frac{1}{2}(1-x^2)+C$

三、计算题

1. $\int \frac{1+x+x^2}{x+x^3}dx$.

2. $\int \frac{dx}{e^x+e^{-x}}$.

3. $\int \sin\sqrt{x}dx$.

4. $\int x\cdot\sin x\cdot\cos x dx$.

5. $\int \frac{x^4-x^2}{1+x^2}dx$.

6. $\int \cot^2 x dx$.

7. $\int \frac{x^3}{1+x^2}dx$.

8. $\int (x^2-3x+1)^{100}\cdot(2x-3)dx$.

9. $\int \frac{\sin x+\cos x}{\sqrt[3]{\sin x-\cos x}}dx$.

10. $\int \frac{dx}{x\cdot(x^6+4)}$.

11. $\int \frac{dx}{1+\sqrt{2x}}$.

12. $\int \frac{x^2}{\sqrt{2-x}}dx$.

13. $\int \frac{1}{\sqrt{(x^2+1)^3}}dx$.

14. $\int x^2\cdot\ln x dx$.

15. $\int x\cdot\arctan x dx$.

四、应用题

1. 若$f'(e^x)=1+e^{2x}$，且$f(0)=1$，求$f(x)$.

2. 如果$\frac{\sin x}{x}$是$f(x)$的一个原函数，证明：

$$\int xf'(x)dx=\cos x-\frac{2\sin x}{x}+C.$$

第 6 章 定积分

6.1 知识要点

1. 了解定积分的概念及几何意义,定积分的基本性质和积分中值定理.

2. 理解微积分基本定理,并会求变上限积分的导数,熟练掌握牛顿-莱布尼兹公式.

3. 熟练掌握定积分的换元积分法和分部积分法.

4. 掌握定积分的基本应用方法(微元法),会求较简单的几何问题(求曲边梯形面积、旋转体体积)和基本经济问题.

5. 了解反常积分的概念及收敛性的判断,并会求较简单反常积分值.

6. 了解 Γ 函数的概念.

6.2 同步练习

一、填空题

1. 比较积分值的大小 $\int_0^{\frac{\pi}{2}} \sin x \mathrm{d}x$ ________ $\int_0^{\frac{\pi}{2}} x \mathrm{d}x$.

2. $\int_0^1 2x \mathrm{d}x =$ ________.

3. $\frac{\mathrm{d}}{\mathrm{d}x}\left(\int_{-1}^{x^2} \mathrm{e}^t \mathrm{d}t\right) =$ ________.

4. $\int_{-1}^1 (\mathrm{e}^x - \mathrm{e}^{-x}) \mathrm{d}x =$ ________.

5. $\int_0^{\pi} \sin x \mathrm{d}x =$ ________.

6. $\int_{-1}^2 |x-1| \mathrm{d}x =$ ________.

7. $\int_{-\infty}^{+\infty} \frac{1}{1+x^2} \mathrm{d}x =$ ________.

8. $\lim\limits_{n\to\infty} \sum_{i=1}^{n} \frac{1}{n+i} =$ ________.

9. 若 $y(x)$ 连续,且 $y(x) = x + 2\int_0^1 f(x) \mathrm{d}x$,则 $f(x) =$ ________.

10. 曲线 $y=\frac{1}{x}$ 与 $y=x,x=2$ 所围成平面图形的面积:________.

11. $\Gamma(1)=$ ________.

二、选择题

1. $\int_0^1\sqrt{1-x^2}\,dx=($　　$)$.

A. 0　　B. $\frac{\pi}{2}$　　C. $\frac{\pi}{4}$　　D. π

2. 设 $f(x)=\int_0^x t(3-t)e^{-4t}dt$, 当 x 取(　　)时, $f(x)$ 取得极大值.

A. 0　　B. 1　　C. 2　　D. 3

3. $\lim\limits_{x\to 0}\frac{1}{x^3}\int_0^x\sin(t^2)\,dt=($　　$)$.

A. $\frac{1}{3}$　　B. $\frac{1}{2}$　　C. -1　　D. 0

4. 定积分 $\int_{\frac{1}{2}}^1 x^2\ln x\,dx$ 值的符号为(　　).

A. >0　　B. <0　　C. $=0$　　D. 无法确定

5. 定积分 $\int_0^2 f'(0.5x)\,dx=($　　$)$.

A. $2[f(2)-f(0)]$　　B. $2[f(1)-f(0)]$　　C. $0.5[f(1)-f(0)]$　　D. $f(1)-f(0)$

6. 定积分 $\int_{-1}^1\ln(x+\sqrt{x^2+1})\,dx=($　　$)$.

A. -1　　B. 1　　C. 0　　D. 2

7. 定积分 $\int_{-2}^2\frac{dx}{x}=($　　$)$.

A. 4　　B. $2\ln 2$　　C. 0　　D. 不存在

8. 设常数 $a>0$, 则 $\int_0^a\frac{dx}{x^p}$, 当(　　)时, 积分收敛.

A. $p>1$　　B. $p\geqslant 1$　　C. $p<1$　　D. $p\leqslant 1$

9. 设 $f(x)$ 是连续函数, 并满足 $\int f(x)\sin x\,dx=\cos^2x+c$, 又 $F(x)$ 是 $f(x)$ 的原函数, 且 $F(0)=0$, 则 $F(x)=($　　$)$.

A. $2\cos x$　　B. $-2\sin x$　　C. $\sin 2x$　　D. $-\cos 2x$

10. 设 $M=\int_{-\frac{\pi}{2}}^{\frac{\pi}{2}}\frac{(1+x)^2}{1+x^2}dx$, $N=\int_{-\frac{\pi}{2}}^{\frac{\pi}{2}}(1+\sqrt{\cos x})\,dx$, 则(　　).

A. $M>N$　　B. $M<N$　　C. $M\geqslant N$　　D. $M\leqslant N$

11. $\Gamma(5)=($　　$)$.

A. 120　　B. 24　　C. 5　　D. 1

三、计算题

1. 求 $\int_{-2}^2\frac{x+|x|}{2+x^2}dx$.

2. 求极限 $\lim\limits_{x\to 0}\frac{\int_0^x\arctan t\,dt}{x^2}$.

3. 求$\int_1^{e^2}\frac{dx}{x\sqrt{1+\ln x}}$.

4. 求$\int_0^{\frac{\pi}{2}}x\sin x dx$.

5. 求$\lim\limits_{n\to\infty}\frac{1}{n}\left[\sin\frac{\pi}{n}+\sin\frac{2\pi}{n}+\cdots+\sin\frac{(n-1)\pi}{n}\right]$的值.

6. 求$\int_0^{16}\sin\sqrt{x}dx$.

7. 求$\int_1^{+\infty}\frac{1}{x(1+x^2)}dx$.

8. 求$\int_0^1\frac{1}{(2-x)\sqrt{1-x}}dx$.

9. 设$f(x)=\begin{cases}1,x>0\\0,x=0\\-1,x<0\end{cases}$，求$\int_{-2}^1 f(x)dx$.

10. 求$\int_0^{\frac{\pi}{2}}\frac{\cos x}{4+\sin^2 x}dx$

11. 求反常积分$\int_0^{\frac{1}{e}}\frac{1}{x|\ln x|}dx$的值.

12. 设函数$f(x)$，$g(x)$在$(-\infty,+\infty)$上连续，且满足等式

$f(x)=3x^2+\int_0^2 g(x)dx$，$g(x)=-x^3+3x^2\int_0^2 f(x)dx$，令$F(x)=f(x)+g(x)$，试求$F(x)$的极小值与极大值.

四、应用题

1. 设生产某产品的固定成本为50，产量为x单位时的边际成本函数$C'(x)=x^2-14x+111$，边际收益函数为$R'(x)=100-2x$. 求总成本函数，总收益函数和总利润函数.

2. 求由曲线$y=\frac{1}{x}$和直线$y=x$，$x=2$所围成的平面图形的面积.

3. 求由曲线$y=\ln x$与两直线$y=e+1-x$及$y=0$围成平面图形的面积.

4. 求由$y=\sin x(0\leqslant x\leqslant\frac{\pi}{2})$与直线$x=\frac{\pi}{2}$，$y=0$所围成的平面图形分别绕$x$轴和$y$轴旋转而成的旋转体的体积.

5. 求由曲线$y=\ln x$，$y=0$，$x=e$所围成的平面图形分别绕x轴和y轴旋转而成的旋转体的体积.

五、证明题

1. 证明：$\int_0^{\frac{\pi}{2}}\sin^n x dx=\int_0^{\frac{\pi}{2}}\cos^n x dx$，$(n=0,1,2,3,\cdots)$.

2. 设$f(x)$连续，证明：$\int_0^{\pi}xf(\sin x)dx=\frac{\pi}{2}\int_0^{\pi}f(\sin x)dx=\pi\int_0^{\frac{\pi}{2}}f(\sin x)dx$，并求$\int_0^{\pi}\frac{x\sin x}{1+\cos^2 x}dx$的值.

3. 设一抛物线过x轴上两点$(1,0)$，$(3,0)$，证明：此抛物线与两坐标轴围成图形的面积等于此抛物线仅与x轴围成图形的面积.

第 7 章 微分方程

7.1 知识要点

1. 理解微分方程的基本概念.

2. 熟练掌握变量可分离方程、齐次微分方程、一阶线性微分方程的求解方法,记住一阶线性微分方程的求解公式,理解常数变易法.

3. 会用降阶法求基本类型的高阶微分方程.

4. 会求基本的二阶常系数齐次、非齐次线性微分方程,并了解二阶常系数线性微分方程解得结构.

5. 会利用微分方程解决较简单实际问题.

7.2 同步练习

一、填空题

1. 方程 $2y''+\cos y'=x$ 的阶数为________,其通解中任意常数的个数为:________.

2. 方程 $y'=2x$ 的通解为________.

3. 齐次微分方程$\frac{\mathrm{d}y}{\mathrm{d}x}=\frac{x+y}{x}$的通解为________.

4. 方程 $y'=y$ 的通解为________.

5. 方程 $y''+y=0$ 的通解为________.

6. 一阶线性微分方程 $y'-\frac{1}{x}y=\ln x$ 的通解为________.

7. 高阶微分方程 $y'''=\mathrm{e}^x$ 的通解为________.

8. 若$f(x)=1+2\int_0^x f(t)\mathrm{d}t$ 则$f(x)=$ ________.

9. 微分方程 $y''-y'-2y=0$ 的通解为________.

10. 微分方程 $y'\sin x = y\ln y$ 满足定解条件 $y\left(\frac{\pi}{2}\right)=e$ 的特解是________.

二、选择题

1. $xy''' + 2y'' + y\tan x = 0$ 是几阶微分方程(　　).

A. 1　　B. 2　　C. 3　　D. 4

2. 下列方程中为齐次微分方程的是(　　).

A. $y'' + 2y' = 3$　　B. $y' + 2xy = \sin x$

C. $(1+y)dx - (1+x)dy = 0$　　D. $(x+y)dx - (x-y)dy = 0$

3. 函数 $y = 3e^{2x}$ 是微分方程 $y'' - 4y = 0$ 的(　　).

A. 通解　　B. 特解　　C. 不是解　　D. 无法确定

4. 微分方程 $y'' = e^{2x} - \cos x$ 的通解为(　　).

A. $y = 2e^{2x} + c$　　B. $y = 2e^{2x} + c_1\cos x + c_2$

C. $y = \frac{1}{4}e^{2x} + c_1\sin x + c_2$　　D. $y = \frac{1}{4}e^{2x} + \cos x + c_1x + c_2$

5. 微分方程 $y'' - 3y + 2y = e^{2x}(4x+5)$ 的特解形式为(　　).

A. $y^* = e^{-2x}(ax+b)$　　B. $y^* = e^{2x}(ax+b)$

C. $y^* = xe^{2x}(ax+b)$　　D. $y^* = x^2e^{2x}(ax+b)$

6. 若 y_1^*, y_2^* 是线性微分方程 $y'' + p_1(x)y' + p_2(x)y = f(x)$ 的两个特解，y^{Δ} 为其对应的齐次线性微分方程的通解，则下列说法正确的是(　　).

A. $y_1^* + y_2^*$ 是线性微分方程 $y'' + p_1(x)y' + p_2(x)y = f(x)$ 的特解

B. $y_1^* - y_2^*$ 是线性微分方程 $y'' + p_1(x)y' + p_2(x)y = f(x)$ 的特解

C. $y^{\Delta} + y_1^*$ 是线性微分方程 $y'' + p_1(x)y' + p_2(x)y = 0$ 的通解

D. $y^{\Delta} + y_1^*$ 是线性微分方程 $y'' + p_1(x)y' + p_2(x)y = f(x)$ 的通解

7. 下面函数(　　)可以看作某个二阶微分方程的通解.

A. $x^2 + y^2 = c$　　B. $y = c_1x^2 + c_2x + c_3$

C. $y = c_1\sin^2x + c_2\cos^2x$　　D. $y = \ln(c_1x) + \ln(c_2\cos x)$

8. 下列函数为微分方程 $y' = 3y^{\frac{2}{3}}$ 某一特解的是(　　).

A. $y = x^3 + 1$　　B. $y = (x+2)^3$

C. $y = (x+c)^2$　　D. $y = c(1+x)^3$

9. 微分方程 $M\frac{d^2Q}{dt^2} + N\frac{dQ}{dt} + Q = 1$ 是(　　)阶微分方程.

A. 1　　B. 2　　C. 3　　D. 4

10. 微分方程 $y'' + y = \sin x$ 的一个特解形式为(　　).

A. $y^* = a\sin x$　　B. $y^* = a\cos x$

C. $y^* = x(a\sin x + b\cos x)$　　D. $y^* = a\cos x + b\sin x$

11. 过点(1,3)的且斜率为 $2x$ 的曲线方程 $y = y(x)$ 应满足的关系是(　　).

A. $y' = 2x$　　B. $y'' = 2x$

C. $y' = 2x, y(1) = 3$　　D. $y'' = 2x, y(1) = 3$

三、计算题,求下列微分方程的通解或特解.

1. 求 $x+y\dfrac{dy}{dx}=0$.

2. 求微分方程 $y'\sin x=y\ln y$ 的通解.

3. 求 $xy'=\sqrt{x^2-y^2}+y$(其中 $x>0$).

4. 求 $y^2+(x^2-xy)y'=0$ 的通解.

5. 求一阶线性微分方程 $y'+\dfrac{1-2x}{x^2}y=1$ 的通解.

6. 求 $xy'+2y=\sin x$ 的通解.

7. 求 $x^2y'+2xy=x-1$ 的通解,并求 $y|_{x=1}=0$ 的特解.

8. 求方程 $2y\mathrm{d}x+(y^2-6x)\mathrm{d}y=0$ 的通解.

9. 解方程 $(1+x^2)y''-2xy'=0$.

10. 求 $\dfrac{dy}{dx}+3y=e^{2x}$ 的通解.

11. 求方程 $y''-3y'=-6x+2$ 的通解.

12. 求方程 $y''+y=2\cos x$ 的通解.

13. 已知可导函数 $f(x)$ 满足 $f(x)\cos x+2\int_0^x f(t)\sin t\mathrm{d}t=x+1$,求 $f(x)$ 的表达式.

四、应用与证明题

1. 设一曲线过点(e,1),且在此曲线上任意一点 $M(x,y)$ 切线斜率为 $\dfrac{x+y\ln x}{x\ln x}$,求此曲线方程.

2. 已知某商品的需求量 Q 对价格 p 的弹性 $E=-3p^3$,市场对商品的最大需求量为 10(万件),求需求函数.

3. 试求 $y''=x$ 的经过点 $M(0,1)$ 且在此点与直线 $y=\dfrac{x}{2}+1$ 相切的积分曲线.

4. 证明 $y=\cos(c_1-x)+c_2$ 是方程 $(y'')^2=1-(y')^2$ 的通解.

第 8 章 向量代数和空间解析几何

8.1 知识要点

1. 理解空间直角坐标系，理解向量的概念及其表示。

2. 掌握向量的运算（线性运算，点乘，叉乘），了解两个向量垂直、平行的条件。

3. 掌握单位向量，方向余弦，向量的坐标表达式及用坐标式进行向量间运算的方法。

4. 理解曲面方程的概念，了解常用二次曲面的方程及其图形，了解以坐标轴为旋转轴的旋转曲面及母线平行于坐标轴的柱面方程。

5. 了解空间曲线的参数方程和一般方程，了解曲面的交线在坐标平面上的投影。

6. 掌握平面方程，直线方程及其求法，会利用平面、直线的相互关系解决有关问题。

8.2 同步练习

一、填空题

1. z 轴上与点 $A(1,7,-3)$ 和点 $B(5,-5,7)$ 等距离的点是________。

2. 已知 $A(2,3,-1)$，$B(1,1,1)$，$C(0,4,-3)$，则 $3\overrightarrow{AB}-2\overrightarrow{AC}=$________。

3. 若向量 $\vec{a}=(k,0,-1)$，$\vec{b}=(-1,0,1)$，而 $\vec{a}\perp\vec{b}$，则 $k=$________。

4. 设向量 $\vec{a}=(2,1,-2)$，则与 $\vec{a}$ 同方向的单位向量为________。

5. 以 $\vec{a}=(2,-1,1)$ 和 $\vec{b}=(1,2,-3)$ 为邻边的平行四边形的面积等于________。

6. 方程 $\frac{x^2}{a^2}-\frac{y^2}{b^2}-\frac{z^2}{c^2}=1$ 所代表的曲面是 zOx 平面上的曲线________绕 x 轴旋转一周而成。

7. 过点 $(-1,1,-4)$ 且垂直于直线 $\frac{x+2}{2}=\frac{y}{2}=\frac{z-5}{-1}$ 的平面方程为________。

8. 过点(1,3,2)且垂直于平面 $3x-2y-z+5=0$ 的直线方程为____________。

9. 过点(1,0,0),(0,3,0)和(0,0,2)的平面方程为____________。

10. 过点(-1,0,2)和(1,-3,4)的直线方程为____________。

二、选择题

1. 平面 $Ax+By+Cz+D=0$ 过 x 轴,则(　　)。

A. $A=D=0$　　B. $B=0, C\neq 0$　　C. $B\neq 0, C=0$　　D. $B=C=0$

2. 平面 $3x-5z+1=0$ (　　)。

A. 平行于 zOx 平面　　B. 平行于 y 轴　　C. 垂直于 y 轴　　D. 垂直于 x 轴

3. 锥面 $x^2+\frac{y^2}{16}=z^2$ 与 yOz 平面的交线为(　　)。

A. 椭圆　　B. 双曲线　　C. 一对相交直线　　D. 一点

4. 点 $M(1,2,1)$ 到平面 $x+2y+2z-10=0$ 的距离为(　　)。

A. 1　　B. 2　　C. 1/2　　D. 1/3

5. 直线 $\begin{cases}5x+y-3z-7=0\\2x+y-3z-7=0\end{cases}$ (　　)。

A. 垂直于 yOz 平面　　B. 在 yOz 平面内

C. 平行于 x 轴　　D. 在 xOy 平面内

6. 方程 $x^2=2y$ 在空间表示的是(　　)。

A. 抛物线　　B. 抛物柱面

C. 母线平行于 x 轴的柱面　　D. 旋转抛物面

7. 设有直线 $l:\begin{cases}x+6y+2z+1=0\\2x-y-10z+3=0\end{cases}$ 和平面 $\pi:4x-2y+z-2=0$,则直线 l(　　)。

A. 平行于 π　　B. 在 π 上　　C. 垂直于 π　　D. 与 π 斜交

8. 球面 $x^2+y^2+z^2-2x+4y-8z+12=0$ 的半径为 (　　)。

A. 1　　B. 2　　C. 3　　D. 4

9. 直线 $\begin{cases}x+2y+z-1=0\\x-2y+z+1=0\end{cases}$ 与直线 $\begin{cases}x-y-z-1=0\\x-y+2z+1=0\end{cases}$ 的夹角为(　　)。

A. $\frac{\pi}{2}$　　B. $\frac{\pi}{3}$　　C. $\frac{\pi}{4}$　　D. $\frac{\pi}{6}$

10. 空间曲线 $\begin{cases}x^2+y^2+z^2=1\\x^2+(y-1)^2+(z-1)^2=1\end{cases}$ 在 xOy 平面上的投影为(　　)。

A. 椭圆　　B. 双曲线　　C. 抛物线　　D. 圆

三、计算题

1. 求过点 $A(-1,1,2)$, $B(0,2,-1)$ 的直线方程及参数方程。

2. 求直线 $l_1:\begin{cases}x+y+z-1=0\\x+y+2z+1=0\end{cases}$ 与 $l_2:\begin{cases}3x+y+1=0\\y+3z+2=0\end{cases}$ 之间的夹角。

3. 求过点 $P_0(2,1,1)$ 且与直线 $l:\begin{cases}x+2y-z+1=0\\2x+y-z=0\end{cases}$ 垂直的平面方程。

4. 求过点(3,1,-2)及直线 $\frac{x-4}{5}=\frac{y+3}{2}=\frac{z}{1}$ 的平面方程。

5. 求过原点及点 $A(6,-3,2)$，且与平面 $4x-y+2z=8$ 垂直的平面方程。

6. 求通过 x 轴且垂直于平面 $5x+4y-2z+8=0$ 的平面方程。

7. 求过点 $P(0,2,4)$ 且与 $x+2z=1$ 及 $y-3z=2$ 两平面平行的直线方程。

8. 求过点 $(-1,2,3)$ 垂直于直线 $\frac{x}{4}=\frac{y}{5}=\frac{z}{6}$ 且平行于平面 $7x+8y+9z+10=0$ 的直线方程。

9. 求过两平行直线 $\frac{x+3}{3}=\frac{y+2}{-2}=\frac{z}{1}$ 和 $\frac{x+3}{3}=\frac{y+4}{-2}=\frac{z+1}{1}$ 的平面方程。

10. 求抛物柱面 $y^2=ax$ 被旋转抛物面 $y^2+z^2=4ax$ 所截曲线 C 在 zOx 平面上的投影曲线。

四、证明题

1. 若四边形的对角线互相平分，证明它是平行四边形。

2. 证明直线 $\begin{cases}x+2y-z-1=0\\-2x+y+z+1=0\end{cases}$ 与直线 $\begin{cases}3x+6y-3z-1=0\\2x-y-z+34=0\end{cases}$ 平行。

第 9 章

多元函数微积分学

9.1 知识要点

1. 了解平面方程、球面方程、柱面方程的概念.
2. 理解二元函数的极限、连续的概念，并会运用概念解题.
3. 掌握偏导数、全微分、多元复合函数、隐函数的计算方法.
4. 掌握二元函数极值、拉格朗日乘数概念，并会求解多元函数的最大值和最小值.
5. 掌握二重积分的直坐标的计算方法、了解极坐标和反常二重积分.

9.2 同步练习

一、填空题

1. 已知$f(x+y,xy)=x^2+y^2$，则$f(x,y)=$________.

2. 函数$z=\dfrac{\sqrt{y-x^2}}{\ln(1-x^2-y^2)}$的定义域为________.

3. 函数$\lim\limits_{(x,y)\to(0,0)}\dfrac{xy}{\sqrt{xy+1}-1}$的极限是________.

4. 求函数$f(x,y)=x^2+2xy-y^2$在点$(1,4)$的偏导数$f'_x(1,4)$________.

5. 设$f(x,y)=e^{xy}\sin\pi y+(x-1)\arctan\sqrt{\dfrac{x}{y}}$，求$f'_y(1,y)=$____________________，$f'_y(1,1)=$________.

6. 设函数$z=e^{xy}$，则$dz|_{(1,1)}=$ ________.

7. 若函数$u=f(x-y,y-z,z-x)$，其中f可微，则$\dfrac{\partial u}{\partial x}+\dfrac{\partial u}{\partial y}+\dfrac{\partial u}{\partial z}=$ ________.

8. 若$f(x,y)$在驻点(x_0,y_0)的某邻域内具有二阶连续的偏导数，且$f''_{xx}(x_0,y_0)=2$，

$f''_{xy}(x_0,y_0)=a, f''_{yy}(x_0,y_0)=8$，当 a 满足条件________时，点(x_0,y_0)必为极________值点.

9. 设 $D=\{(x,y)\mid 1\leqslant x\leqslant 2, 0\leqslant y\leqslant 1\}$，则$\iint\limits_D xy\mathrm{d}x\mathrm{d}y=$________.

10. $\int_0^2 \mathrm{d}x\int_x^2 \mathrm{e}^{-y^2}\mathrm{d}y=$________.

11. 将二次积分$\int_0^1 \mathrm{d}y\int_y^{\sqrt{y}} f(x,y)\mathrm{d}x$ 交换积分次序为________.

12. 设 D 是由 $x+y=1$ 和两坐标轴围成的三角形区域，若二重积分 $\iint\limits_D f(x)\mathrm{d}x\mathrm{d}y=\int_0^1 \varphi(x)\mathrm{d}x$，则 $\varphi(x)=$________.

13. 若$\int_{-a}^0 \mathrm{d}x\int_0^{\sqrt{a^2-x^2}} f(x,y)\mathrm{d}y=\int_\alpha^\beta \mathrm{d}\theta\int_0^a rf(r\cos\theta,r\sin\theta)\mathrm{d}r$，则 $\alpha=$________，$\beta=$________.

14. 设 $I=\iint\limits_D f(x^2+y^2)\mathrm{d}x\mathrm{d}y$，其中 $D: x^2+y^2\leqslant 1$，若已知$\int_0^1 f(t)\mathrm{d}t=2$，则 I 的值为________.

15. 将$\int_{-\frac{\pi}{4}}^{\frac{\pi}{4}} \mathrm{d}\theta\int_0^a f(r\cos\theta,r\sin\theta)r\mathrm{d}r\ (a>0)$ 化为直角坐标系下先对 x 后对 y 积分的二次积分为________.

二、选择题

1. 点$(-2,0,4)$所在的坐标轴或者坐标面是(　　).

A. xOy 平面　　B. xOz 平面　　C. yOz 平面　　D. y 轴

2. 极限 $\lim\limits_{(x,y)\to(0,0)} \dfrac{1-\sqrt{x\sin y+1}}{y\sin x}=$(　　).

A. $\dfrac{1}{2}$　　B. 0　　C. ∞　　D. $-\dfrac{1}{2}$

3. 函数 $f(x,y)=\begin{cases}\dfrac{xy}{x^2+y^2}, & x^2+y^2\neq 0\\ 0, & x^2+y^2=0\end{cases}$ 在点$(0,0)$处(　　).

A. 连续但不存在偏导数　　B. 存在偏导数但不连续

C. 既不连续又不存在偏导数　　D. 既连续又存在偏导数

4. 二元函数 $f(x,y)$ 在点(x_0,y_0)处两个偏导数 $f'_x(x_0,y_0), f'_y(x_0,y_0)$ 存在是 $f(x,y)$ 在该点连续的(　　).

A. 充分条件而非必要条件　　B. 必要条件而非充分条件

C. 充要条件　　D. 既非充分条件又非必要条件

5. 考虑二元函数 $f(x,y)$ 在点 $p_0(x_0,y_0)$ 的 4 条性质

(1)在 $p_0(x_0,y_0)$处连续，(2)在 $p_0(x_0,y_0)$处两个偏导数连续，(3)在 $p_0(x_0,y_0)$处可微，(4)在 $p_0(x_0,y_0)$处两个偏导数存在，则有(　　).

A. $(3)\Rightarrow(2)\Rightarrow(1)$　　B. $(2)\Rightarrow(3)\Rightarrow(1)$

C. $(3)\Rightarrow(1)\Rightarrow(4)$　　D. $(3)\Rightarrow(4)\Rightarrow(1)$

6. 二元函数 $z=x^3-y^3+3x^2+3y^2-9x$ 的极小值点为(　　).

A. $(1,0)$　　B. $(1,2)$　　C. $(-3,0)$　　D. $(-3,2)$

7. 若 $z=f(x,y)$ 有连续的二阶偏导数，且 $f''_{xy}(x,y)=2xy$，则 $f'_y(x,y)=($　　$)$.

A. xy^2

B. x^2y

C. x^2y+c，c 为任意常数

D. $x^2y+c(y)$，$c(y)$ 为 y 的具有连续导数的任意函数

8. 设方程 $xyz+\sqrt{x^2+y^2+z^2}=\sqrt{2}$. 确定的函数 $z=f(x,y)$，满足 $f(1,0)=-1$，则 $\mathrm{d}z\big|_{(1,0)}=$ (　　).

A. $\mathrm{d}x+\sqrt{2}\,\mathrm{d}y$　　B. $-\mathrm{d}x+\sqrt{2}\,\mathrm{d}y$　　C. $-\mathrm{d}x-\sqrt{2}\,\mathrm{d}y$　　D. $\mathrm{d}x-\sqrt{2}\,\mathrm{d}y$

9. 已知函数 $f(x+y,x-y)=x^2-y^2$，则 $\dfrac{\partial f(x,y)}{\partial x}+\dfrac{\partial f(x,y)}{\partial y}=($　　$)$.

A. $2x-2y$　　B. $x+y$　　C. $2x+2y$　　D. $x-y$

10. 设函数 $f(x,y)=\mathrm{e}^x\sin(x+2y)$，则 $f'_x\left(0,\dfrac{\pi}{4}\right)=($　　$)$.

A. 1　　B. 0　　C. 2　　D. -1

11. $\int_0^1\mathrm{d}x\int_0^{1-x}f(x,y)\mathrm{d}y=($　　$)$.

A. $\int_0^{1-x}\mathrm{d}y\int_0^1 f(x,y)\mathrm{d}x$　　B. $\int_0^1\mathrm{d}y\int_0^{1-x}f(x,y)\mathrm{d}x$

C. $\int_0^1\mathrm{d}y\int_0^1 f(x,y)\mathrm{d}y$　　D. $\int_0^1\mathrm{d}y\int_0^{1-y}f(x,y)\mathrm{d}x$

12. 已知 $\int_0^{\frac{1}{2}}\mathrm{d}x\int_0^{\pi}x\sin y^2\mathrm{d}y=a$，则 $\int_0^{\pi}\sin t^2\mathrm{d}t=($　　$)$.

A. $4a$　　B. $8a$　　C. $\dfrac{a}{4}$　　D. $\dfrac{a}{8}$

13. 设 $\iint\limits_{x^2+y^2\leqslant R^2}\sqrt{R^2-x^2-y^2}\,\mathrm{d}x\mathrm{d}y=\pi(R>0)$，则 $R=($　　$)$.

A. $\sqrt[3]{\dfrac{3}{2}}$　　B. 3　　C. $\sqrt{2}$　　D. $-\sqrt[3]{\dfrac{3}{2}}$

三、计算题

1. $z=\mathrm{e}^{xy}+x^2y$，求 z'_x,z'_y.

2. 已知函数 $z=(1+xy)^y$，求 $z'_x\big|_{\substack{x=1\\y=1}},z'_y\big|_{\substack{x=1\\y=1}}$.

3. 已知函数 $z=\arctan\dfrac{y}{x}$，求 $\mathrm{d}z$.

4. $z=x\ln(x+y)$，求 $\dfrac{\partial^2 z}{\partial x^2},\dfrac{\partial^2 z}{\partial y^2},\dfrac{\partial^2 z}{\partial x\partial y}$.

5. 设 $u=x^{\frac{z}{y}}$，求偏导数.

6. $z=\sqrt{xy+\dfrac{x}{y}}$，求 $\mathrm{d}z\big|_{(2,1)}$.

7. 设 $z=\mathrm{e}^{x-3y}$，而 $x=\sin 2t,y=\ln t^2$，求 $\dfrac{\mathrm{d}z}{\mathrm{d}t}$.

8. 设 $z=x\mathrm{e}^u\sin v+\mathrm{e}^u\cos v$，而 $u=xy,v=x+y$，求 $\dfrac{\partial z}{\partial x},\dfrac{\partial z}{\partial y}$.

9. 设 $z=u^2\ln v, u=\frac{y}{x}, v=x^2+y^2$，求$\frac{\partial z}{\partial x},\frac{\partial z}{\partial y}$.

10. 设函数 $z=f(xy,x^2+y^2)$，f 具有二阶连续偏导数，求$\frac{\partial z}{\partial x},\frac{\partial^2 z}{\partial x\partial y}$.

11. 设 $z=f(x^2y,x+2y)$，f 可微，求 $\mathrm{d}z$，并由此求$\frac{\partial z}{\partial x}$及$\frac{\partial z}{\partial y}$.

12. 求由方程 $z^3-3xyz=a^3$ 所确定的隐函数 $z=f(x,y)$ 的偏导数$\frac{\partial z}{\partial x},\frac{\partial z}{\partial y}$和$\frac{\partial^2 z}{\partial x\partial y}$.

13. 求由方程 $xy^2+\mathrm{e}^{x+2y}=\mathrm{e}$ 所确定的隐函数 $y=y(x)$ 的导数$\left.\frac{\mathrm{d}y}{\mathrm{d}x}\right|_{x=1}$.

14. 设 $z=z(x,y)$ 由方程 $\mathrm{e}^z=xyz$ 所确定的，求 $\mathrm{d}z$.

15. 求函数 $f(x,y)=x^3-y^3+3x^2+3y^2-9x$ 的极值.

16. 计算二重积分$\iint\limits_D xy\mathrm{d}x\mathrm{d}y$，其中 D 是由直线 $y=x-2$ 及抛物线 $y^2=x$ 所围成的闭区域.

17. 计算二重积分$\iint\limits_D \frac{\sin x}{x}\mathrm{d}x\mathrm{d}y$，其中 D 是由直线 $y=x$ 及抛物线 $y=x^2$ 所围成的区域.

18. 计算二重积分$\iint\limits_D (x+6y)\mathrm{d}x\mathrm{d}y$，其中 D 是由直线 $y=x, y=5x$ 及 $x=1$ 所围成的区域.

19. 利用极坐标计算$\iint\limits_D \sqrt{x^2+y^2}\mathrm{d}x\mathrm{d}y$，其中 D 是由圆 $x^2+y^2\leqslant 2x$ 所围成的区域.

20. 计算二重积分$\iint\limits_D \frac{1-x^2-y^2}{1+x^2+y^2}\mathrm{d}\sigma$，其中 D 是由直线 $x=0, y=0$ 及 $x^2+y^2=1$ 所围成的第一象限部分区域.

21. 计算二重积分$\iint\limits_D y\mathrm{d}x\mathrm{d}y$，其中 D 是由直线 $y=x$ 及圆 $y=\sqrt{2x-x^2}$ 所围成的区域.

22. (1) 若 D 为整个 xOy 平面，计算 $I=\iint\limits_D \mathrm{e}^{-(x^2+y^2)}\mathrm{d}\sigma$；(2) 计算反常积分 $I_1=\int_{-\infty}^{+\infty}\mathrm{e}^{-x^2}\mathrm{d}x$.

四、应用题

设某厂生产甲、乙两种产品，产量分别为 x, y（1 000 只），其利润函数为 $L(x,y)=-x^2-4y^2+8x+24y-15$. 如果现有原料 15 000 kg（不要求用完），生产两种产品每 1 000 只都要消耗原料 2 000 kg. 求(1)使利润最大时的产量 x, y 和最大利润；(2)如果原料降至 12 000 kg，求这时利润最大时的产量和最大利润.

五、证明题

1. 设 $u=x\varphi(x+y)+y\phi(x+y)$，其中 φ, ϕ 具有连续的二阶偏导数，证明：

$$\frac{\partial^2 u}{\partial x^2}-2\frac{\partial^2 u}{\partial x\partial y}+\frac{\partial^2 u}{\partial y^2}=0.$$

2. 设 $z=f(\mathrm{e}^{xy},\cos(xy))$，且 f 是可微函数，求证 $x\frac{\partial z}{\partial x}-y\frac{\partial z}{\partial y}=0$.

3. 设 $f(u)$ 可导，且 $f(0)=0$，试证$\lim\limits_{t\to 0^+}\frac{3}{2\pi t^3}\iint\limits_{x^2+y^2\leqslant t^2} f(\sqrt{x^2+y^2})\mathrm{d}x\mathrm{d}y=f'(0)$.

第 10 章 无穷级数

10.1 知识要点

1. 理解无穷级数收敛、发散、收敛级数和、无穷级数的基本性质.
2. 掌握正项级数收敛的判别法.
3. 理解莱布尼茨定理、绝对收敛、条件收敛.
4. 掌握幂级数的收敛半径、收敛区间、收敛域、和函数.
5. 了解麦克劳林展开式、函数展开成幂级数.
6. 了解无穷级数在经济管理中的一些应用.

10.2 同步练习

一、填空题

1. 若$\sum_{n=1}^{\infty} a_n$收敛,则$\lim_{n\to\infty} a_n =$ ________.

2. 级数$\sum_{n=1}^{\infty} \frac{2}{n(n+1)} =$ ________.

3. 若已知级数$\sum_{n=1}^{\infty} \left(1+\frac{1}{a_n}\right)$收敛,则$\lim_{n\to\infty} a_n =$ ________.

4. 若$\sum_{n=1}^{\infty} a_n = s$,则$\sum_{n=1}^{\infty} (a_n + a_{n+2}) =$ ________.

5. 级数$\sum_{n=1}^{\infty} \frac{1}{2^n} + a$是________(收敛或发散).

6. 设$0 \leqslant u_n < \frac{1}{n}$,则$\sum_{n=1}^{\infty} (-1)^n u_n^2$ ________(绝对收敛、条件收敛或发散).

7. 幂级数 $\sum_{n=1}^{\infty}\frac{(-1)^n}{\sqrt{n}}x^n$ 收敛区间________.

8. 幂级数 $\sum_{n=1}^{\infty}\frac{x^n}{n!}$ 的收敛半径________.

9. 幂级数 $\sum_{n=1}^{\infty}\frac{(x-2)^n}{2^2\cdot 2^n}$ 的收敛域________.

10. 函数 $f(x)=e^{-x}$ 的麦克劳林级数展开式是________.

二、选择题

1. 设 $\lim\limits_{n\to\infty}u_n\neq 0$，则级数 $\sum_{n=1}^{\infty}u_n$(　　).

A. 必收敛　　B. 必发散　　C. 必条件收敛　　D. 敛散性不定

2. 若级数 $\sum_{n=1}^{\infty}u_n$ 收敛，那么下列级数中发散的是(　　).

A. $\sum_{n=1}^{\infty}100u_n$　　B. $\sum_{n=1}^{\infty}(u_n+100)$　　C. $100+\sum_{n=1}^{\infty}u_n$　　D. $\sum_{n=1}^{\infty}u_n+100$

3. 设有两个级数 $\sum_{n=1}^{\infty}u_n$ 和 $\sum_{n=1}^{\infty}v_n$，则下列结论正确的是(　　).

A. 若 $u_n\leqslant v_n$，且 $\sum_{n=1}^{\infty}v_n$ 收敛，则 $\sum_{n=1}^{\infty}u_n$ 一定收敛

B. 若 $u_n\leqslant v_n$，且 $\sum_{n=1}^{\infty}u_n$ 发散，则 $\sum_{n=1}^{\infty}v_n$ 一定发散

C. 若 $0\leqslant u_n\leqslant v_n$，且 $\sum_{n=1}^{\infty}v_n$ 收敛，则 $\sum_{n=1}^{\infty}u_n$ 一定收敛

D. 若 $0\leqslant u_n\leqslant v_n$，且 $\sum_{n=1}^{\infty}v_n$ 发散，则 $\sum_{n=1}^{\infty}u_n$ 一定发散

4. 设有下列命题①$\sum_{n=1}^{\infty}(u_{2n-1}+u_{2n})$ 收敛，则 $\sum_{n=1}^{\infty}u_n$ 收敛；②若 $\sum_{n=1}^{\infty}u_n$ 收敛，则 $\sum_{n=1}^{\infty}u_{n+100}$ 收敛；③若 u_n 是正项级数，$\lim\limits_{n\to\infty}\left|\frac{u_{n+1}}{u_n}\right|>1$，则 $\sum_{n=1}^{\infty}u_n$ 发散；④若 $\sum_{n=1}^{\infty}(u_n+v_n)$ 收敛，则 $\sum_{n=1}^{\infty}u_n$ 和 $\sum_{n=1}^{\infty}v_n$ 都收敛；以上命题正确的是(　　).

A. ①②　　B. ②③　　C. ③④　　D. ①④

5. 无穷级数 $\sum_{n=1}^{\infty}(-1)^{n-1}u_n(u_n>0)$ 收敛的充分条件(　　).

A. $u_{n+1}\leqslant u_n(n=1,2,3,\cdots)$　　B. $\lim\limits_{n\to\infty}u_n=0$

C. $u_{n+1}\leqslant u_n(n=1,2,3,\cdots)$ 且 $\lim\limits_{n\to\infty}u_n=0$　　D. $\sum_{n=1}^{\infty}(-1)^{n-1}(u_n-u_{n-1})$ 收敛

6. 若级数 $\sum_{n=1}^{\infty}|u_n|$ 发散，则(　　).

A. 级数 $\sum_{n=1}^{\infty}u_n$ 条件收敛　　B. 级数 $\sum_{n=1}^{\infty}u_n$ 发散

C. 级数 $\sum_{n=1}^{\infty} u_n$ 可能收敛也可能发散　　D. $\lim_{n\to\infty} u_n \neq 0$

7. 下列级数中,条件收敛级数是(　　).

A. $\sum_{n=1}^{\infty} \frac{(-1)^{n+1}}{\sqrt{n}}$　　B. $\sum_{n=1}^{\infty} \sin\frac{1}{n}$

C. $\sum_{n=1}^{\infty} n\sin\frac{1}{n}$　　D. $\sum_{n=1}^{\infty} (-1)^n 3^n \sin\frac{1}{4^n}$

8. 设幂级数 $\sum_{n=1}^{\infty} a_n x^n$ 在点 $x=-3$ 收敛,则在点(　　).

A. $x=-3$ 绝对收敛　　B. $x=3$ 收敛　　C. $x=2$ 绝对收敛　　D. $x=4$ 发散

9. 幂级数 $\sum_{n=1}^{\infty} \frac{(x-2)^n}{n}$ 的收敛域是(　　).

A. $(-1,1)$　　B. $[-1,1)$　　C. $(1,3)$　　D. $[1,3)$

10. 幂级数 $\sum_{n=1}^{\infty} \frac{(-1)^n}{x\cdot 4^n} x^{2n-1}$ 的收敛区间是(　　).

A. $(-4,4)$　　B. $\left(-\frac{1}{4},\frac{1}{4}\right)$　　C. $(-2,2]$　　D. $\left(-\frac{1}{2},\frac{1}{2}\right)$

三、计算题

1. 求级数 $\sum_{n=1}^{\infty} \frac{2^n+3^n}{6^n}$ 的和.

2. 判断下列级数的敛散性

(1) $1+\frac{1}{3}+\frac{1}{5}+\frac{1}{7}+\cdots$　　(2) $\sum_{n=1}^{\infty} \frac{1}{(n+1)(n+4)}$　　(3) $\sum_{n=1}^{\infty} \frac{4^n}{5^n+2^n}$

(4) $\sum_{n=1}^{\infty} \frac{\sqrt[3]{n}}{(2+n)\sqrt{n}}$　　(5) $\sum_{n=0}^{\infty} 5^{n+1}\sin\frac{\pi}{6^n}$　　(6) $\sum_{n=1}^{\infty} \frac{n\cos^2\frac{n}{3}\pi}{3^n}$

(7) $\sum_{n=1}^{\infty} \frac{4^n n!}{n^n}$　　(8) $\sum_{n=1}^{\infty} \left(\frac{n}{n+4}\right)^{n^2}$　　(9) $\sum_{n=1}^{\infty} (-1)^{n+1}(\sqrt{n+1}-\sqrt{n})$

(10) $\sum_{n=1}^{\infty} (-2)^n\left(\frac{3n+2}{8n-1}\right)^n$　　(11) $\sum_{n=1}^{\infty} \frac{n!}{10^n}$

3. 求幂级数 $\sum_{n=1}^{\infty} \frac{x^n}{(2n-1)!}$ 的收敛半径和收敛区间.

4. 求幂级数 $\sum_{n=0}^{\infty} \frac{(x-3)^n}{2n+1}$ 的收敛域.

5. 求幂级数 $\sum_{n=0}^{\infty} \frac{x^n}{n+1}$ 的和函数.

6. 将函数 $f(x)=\frac{x^2}{2-x-x^2}$ 展开成 x 的幂级数,并指明展开式成立的区间.

7. 将函数 $f(x)=\ln(1+x)$ 在 $x=2$ 处展开,并求其收敛域.

四、证明题

1. 设正项级数 $\sum_{n=1}^{\infty} u_n$ 收敛,证明级数 $\sum_{n=1}^{\infty} u_n^2$ 和 $\sum_{n=1}^{\infty} \sqrt{u_n u_{n+1}}$ 都收敛.

2. 若级数 $\sum_{n=1}^{\infty} u_n^2$ 和 $\sum_{n=1}^{\infty} v_n^2$ 均收敛,证明级数 $\sum_{n=1}^{\infty} u_n v_n$ 绝对收敛.

第 11 章 差分方程

11.1 知识要点

1. 理解差分方程的基本概念.
2. 掌握一阶、二阶常系数差分方程的求解方法.
3. 了解差分方程求解简单的经济应用问题.

11.2 同步练习

一、填空题

1. 差分方程 $y_t=t^2+2t$,则 $\Delta y_t=$________.
2. 差分方程 $y_{t-3}+\Delta y_t=3t+1$ 是________阶差分方程.
3. 设 $y_t=3^t+3t$,则 $\Delta^2 y_t=$ ________.
4. 差分方程 $y_{t+1}+y_t=0$ 的通解为________.
5. 差分方程 $y_{t+1}-y_t=2t+1$ 满足初始条件 $y_0=3$ 的特解是________.
6. 差分方程 $3y_{t+1}-15y_t=5^t$ 的通解为________.
7. 差分方程 $y_{t+2}-y_{t+1}-6y_t=0$ 的通解为________.
8. 设 $y_0=0$,且 y_t 满足差分方程 $y_{t+1}-y_t=t$,则 $y_{10}=$________.
9. 设 $y_t=2^t$ 是 $y_{t+2}+ay_{t+1}-2y_t=0$ 的一个解,则 $a=$________.
10. 已知 $y_1=3t^2$,$y_2=2t$ 是差分方程 $y_{y+2}+ay_{t+1}=f(t)$ 的两个特解,则方程 $y_{y+2}+ay_{t+1}=0$ 的一个特解为________,通解为________,方程 $y_{t+2}+ay_{t+1}=f(t)$ 的通解为________.

二、选择题

1. 下列等式中是差分方程的为(　　).

A. $2\Delta y_t+2y_t=2^t$　　B. $\Delta^2 y_t=y_{t+2}-2y_{t+1}+y_t$

C. $\Delta^3 y_t-y_{t+3}+3y_{t+2}-3y_{t+1}-y_t=0$　　D. $y_{t+1}-y_{t-1}=0$

2. 下列差分方程中,是二阶差分方程的是(　　).

A. $\Delta^2 y_t+\Delta y_t=7$　　B. $y_{t+1}+2y_t-3y_{t-2}=t$

C. $3y_{t-1}+2y_{t+1}=3^t$　　D. $\Delta^3 y_t-y_{t+2}+y_t=4$

3. 差分方程 $2y_t-2y_{t-1}=1$ 的通解是(　　).

A. $y_t=C+\frac{1}{2}$　　B. $y_t=C+\frac{1}{2}t$

C. $y_t=C\cdot 2^t+\frac{1}{2}$　　D. $y_t=C\cdot 2^t+\frac{1}{2}t$

4. 差分方程 $y_{t+2}-6y_{t+1}+9y_t=3^t$ 的一个待定特解形式为(　　).

A. $At^2 3^t$　　B. $At3^t$　　C. $A3^t$　　D. $(At+B)t^2 3^t$

5. 差分方程 $y_t-3y_{t-1}-4y_{t-2}=0$ 的通解为(　　).

A. $y_t=A(-1)^t+B\cdot 4^t$　　B. $y_t=A(-1)^t$

C. $y_t=(-1)^t+B\cdot 4^t$　　D. $y_t=A\cdot 4^t$

三、求下列常系数线性差分方程的通解或特解

1. $y_{t+1}-4y_t=2$　　2. $2y_{t+1}+10y_t-5t=0$

3. $y_{t+1}-2y_t=2^t, y_0=0$　　4. $y_{t+1}+y_t=3\cos\pi t$

5. $7y_{t+1}+2y_t=7+7^{t-1}, y_0=1$　　6. $y_{t+2}-y_{t+1}+y_t=0, y_0=2, y_1=4$

7. $y_{t+2}-2y_{t+1}+2y_t=t^2+3$　　8. $y_{t+3}-6y_{t+2}+9y_{t+1}=t$

9. $y_{t+2}-4y_{t+1}+4y_t=2^t$　　10. $9y_{t+2}+3y_{t+1}-6y_t=(4t^2-10t+6)(1/3)^t$

四、应用题

已知某人欠有债务 25 000 元,月利率为 1%,计划在 12 个月内采用每月等额付款的方式还清债务,问他每月应付多少钱?记 a_x 为第 x 个月付款后还剩余的债务额,求 a_x 满足的差分方程.

第 2 篇
概率论与数理统计

第 1 章
随机事件与概率

1.1　知识要点

1. 了解随机现象与随机实验，了解样本空间的概念，理解随机事件的概念，掌握事件之间的关系与运算.

2. 了解事件频率的概念，了解概率的统计意义，了解概率的古典定义，会计算简单的古典概率.

3. 了解概率的公理化定义，理解概率的基本性质，理解概率加法定理.

4. 了解条件概率的概念，理解概率的乘法定理，理解全概率公式和贝叶斯公式，并会应用它们解决较简单的问题.

5. 理解事件的独立性概念.

1.2　同步练习

一、填空题

1. 假设 A,B 是两个随机事件,且 $AB=\overline{A}\,\overline{B}$,则 $A\cup B=$________,$AB=$________.

2. 设 A,B 是任意两个随机事件,则 $P\{(\overline{A}\cup B)(A\cup B)(\overline{A}\cup\overline{B})(A\cup\overline{B})\}=$________.

3. 已知 $P(A)=P(B)=P(C)=\frac{1}{4}$,$P(AB)=0$,$P(AC)=P(BC)=\frac{1}{16}$,则事件 A,B,C 都不发生的概率为________.

4. 设随机事件 A 与 B 互不相容,$P(A)=0.2$,$P(A\cup B)=0.5$,则 $P(B)=$________.

5. 设 A,B 为随机事件,且 $P(A)=0.8$,$P(B)=0.4$,$P(B|A)=0.25$,则$P(A|B)=$________.

6. 一批灯泡中有 10 个合格品和 2 个不合格品,任意抽取 2 次,每次抽 1 个,抽出后不再放回,则第 2 次抽出的是不合格品的概率是________.

7. 在一批产品中,一、二、三等品分别占 60%、30%、10%,现从中任取一件,结果不是三等品,则取到的是一等品的概率为________.

8. 在一次期末考试中,某班学生的数学和英语的及格率都是 70%,现从中任取一名学生,则该生数学和英语只有一门及格的概率是________.

9. 设工厂 A 和工厂 B 的产品的次品率分别为 1% 和 2%,现从由 A 和 B 的产品分别占 60% 和 40% 的一批产品中随机抽取一件,发现是次品,则该次品属于 A 生产的概率是________.

10. 若两个相互独立的事件 A 和 B 都不发生的概率是$\frac{1}{9}$,A 发生 B 不发生的概率与 B 发生 A 不发生的概率相等,则 $P(A)=$________.

二、选择题

1. 设 $0<P(A)<1$,$0<P(B)<1$,$P(A|B)+P(\overline{A}|\overline{B})=1$,则下列结论正确的是(　　).

A. 事件 A 与事件 B 互不相容　B. 事件 A 与事件 B 互逆

C. 事件 A 与事件 B 不相互独立　D. 事件 A 与事件 B 相互独立

2. 设 A 和 B 是任意两个概率不为零的不相容事件,则下列结论中肯定正确的是(　　).

A. $\overline{A}$ 与 $\overline{B}$ 不相容　B. $\overline{A}$ 与 $\overline{B}$ 相容

C. $P(AB)=P(A)\cdot P(B)$　D. $P(A-B)=P(A)$

3. 设 A,B,C 三个事件两两独立,则 A,B,C 相互独立的充分必要条件是(　　).

A. A 与 BC 独立　B. AB 与 $A\cup C$ 独立

C. AB 与 AC 独立　D. $A\cup B$ 与 $A\cup C$ 独立

4. 当事件 A 与 B 同时发生时,事件 C 必发生,则下列结论正确的是(　　).

A. $P(C)=P(AB)$　B. $P(C)=P(A\cup B)$

C. $P(C)\geqslant P(A)+P(B)-1$　D. $P(C)\leqslant P(A)+P(B)-1$

5. 将两封信随机地投入 4 个邮箱中,则未向前两个邮箱中投信的概率为(　　).

A. $\frac{2^2}{2^4}$ B. $\frac{C_2^1}{C_4^2}$ C. $\frac{2!}{P_4^2}$ D. $\frac{2!}{4!}$

6. 设 A,B 为两个随机事件,且 $P(AB)>0$,则 $P(A|AB)=$( ).

A. $P(A)$ B. $P(AB)$ C. $P(A\cup B)$ D. 1

7. 设事件 A 与事件 B 互不相容,则( ).

A. $P(\bar{A}\,\bar{B})=0$ B. $P(AB)=P(A)P(B)$

C. $P(A)=1-P(B)$ D. $P(\bar{A}\cup\bar{B})=1$

8. 对于任意两个事件 A 和 B,与 $A\cup B=B$ 不等价的是( ).

A. $A\subset B$ B. $\bar{B}\subset\bar{A}$ C. $A\bar{B}=\varnothing$ D. $\bar{A}B=\varnothing$

9. 设 A 和 B 是两个随机事件,且 $0<P(A)<1$,$P(B)>0$,$P(B|A)=P(B|\bar{A})$,则必有( ).

A. $P(A|B)=P(\bar{A}|B)$ B. $P(A)\neq P(\bar{A}|B)$

C. $P(AB)=P(A)P(B)$ D. $P(AB)\neq P(A)P(B)$

10. 对事件 A 和 B,$A\subset B$,$P(B)>0$,则( ).

A. $P(A)<P(A|B)$ B. $P(A)\leqslant P(A|B)$

C. $P(A)>P(A|B)$ D. $P(A)\geqslant P(A|B)$

三、计算题

1. 若 $P(A)=0.7$,$P(A-B)=0.3$,$P(A\cup B)=0.8$,求 $P(\overline{AB})$,$P(B)$,$P(B-A)$.

2. 若 $P(A)=0.4$,$P(B|A)=0.5$,$P(B)=0.6$,求 $P(A-B)$,$P(A+B)$.

3. 设 $P(A)=0.8$,$P(B)=0.3$,$P(A+B)=0.9$,求 $P(\overline{AB})$,$P(\bar{A}\,\bar{B})$.

4. 设 $P(A)=0.7$,$P(B)=0.5$,$P(A-B)=0.3$,求 $P(AB)$,$P(B-A)$,$P(\bar{B}|\bar{A})$.

5. 袋子中装有5个白球,3个黑球,从中一次任取2个,求取到的2个球颜色不同的概率.

6. 投掷一枚硬币,连续3次,求既有正面又有反面出现的概率.

7. 在10把钥匙中有3把能打开一个门锁,现任取2把,求能打开门锁的概率.

8. 一副扑克牌共有52张,不放回抽样,每次一张,连续抽取4张,计算下列事件的概率:

(1)四张花色各异;

(2)四张中只有2种花色.

9. 口袋内装有2个伍分,3个贰分,5个壹分的硬币共10枚,从中任取5枚,求总值超过壹角的概率.

10. 一间宿舍内住有6位同学,求他们中有4个人的生日在同一个月份的概率.

11. 事件 A 与 B 互不相容,计算 $P(\bar{A}+\bar{B})$.

12. 一批产品共有100件,其中3件次品,现从这批产品中连续抽取两次,每次抽取一件,在下列2种情形下分别求 $A=\{$第一次抽到正品,第二次抽到次品$\}$ 的概率:

(1)无放回抽样;

(2)有放回抽样.

13. 某住宅小区内的居民,60%的家庭订阅 A 种报纸,80%的家庭订阅 B 种报纸,50%的家庭两种都订,假如随机挑选一个家庭,求:

(1)至少订一种报纸的概率;

(2)只订一种报纸的概率.

14. 有甲、乙两名射手轮流对同一目标进行射击，甲命中的概率为 p_1，乙命中的概率为 p_2，甲先射，谁先命中谁得胜，分别求甲乙两人获胜的概率.

15. 有一道选择题，共有 4 个答案可供选择，其中只有一个答案是正确的，任一考生如果会解这道题，则一定能选出正确答案，如果不会解这道题也可能猜对正确答案的概率是 0.25，设考生会解这道题的概率是 0.7，求：

(1)考生选出正确答案的概率；

(2)考生在选出正确答案的前提下，确实会解这道题的概率.

四、证明题

1. 设 A,B 为两个随机事件，$0<P(B)<1$，且 $P(A|B)=P(A|\overline{B})$，证明：A,B 相互独立.

2. 设 $P(A)>0$，证明：$P(B|A)\geqslant 1-\dfrac{P(\overline{B})}{P(A)}$.

第2章 随机变量及其分布

2.1 知识要点

1. 了解随机变量的概念以及它与事件的联系.

2. 理解分布函数的性质;理解离散型随机变量的概率分布、连续型随机变量的概率密度及它们的性质.

3. 熟练掌握几种重要的分布:0-1 分布、二项分布、泊松分布、均匀分布、正态分布、指数分布,且能熟练运用.

4. 会从定义出发求随机变量的分布.

2.2 同步练习

一、填空题

1. 设离散型随机变量 X 的分布律为

X	-1	0	1
P	$2a$	0.4	a

则常数 $a=$________.

2. 已知随机变量 X 的分布函数为

$$F(x)=\begin{cases}0, & x\leqslant -6;\\ \dfrac{x+6}{12}, & -6<x<6;\\ 1, & x\geqslant 6.\end{cases}$$

则当 $-6<x<6$ 时,X 的概率密度 $f(x)=$________.

3. 设随机变量 X 的分布律为

X	-1	0	1	2
P	$\frac{1}{8}$	$\frac{3}{8}$	$\frac{1}{16}$	$\frac{7}{16}$

且 $Y=X^2$,记随机变量 Y 的分布函数为 $F_Y(y)$,则 $F_Y(3)=$________.

4. 已知随机变量 X 服从参数为 λ 的泊松分布,且 $P\{X=0\}=e^{-1}$,则 $\lambda=$________.

5. 设 $X\sim N(5,3^2)$,且 $P\{X\geqslant c\}=P\{X\leqslant c\}$,则常数 $c=$________.

6. 设随机变量 X 的概率密度为 $f(x)=\begin{cases}\frac{1}{3}, & x\in[0,1];\\ \frac{2}{9}, & x\in[3,6];\\ 0, & 其他.\end{cases}$ 若 k 使得 $P\{X\geqslant k\}=\frac{2}{3}$,则 k 的取值范围是________.

7. 设随机变量 X 服从参数为 $(2,p)$ 的二项分布,随机变量 Y 服从参数为 $(3,p)$ 的二项分布,若 $P(X\geqslant 1)=\frac{5}{9}$,则 $P\{Y\geqslant 1\}=$________.

8. 设随机变量 X 服从正态分布 $N(\mu,\sigma^2)(\sigma<0)$,且二次方程 $y^2+4y+X=0$ 无实根的概率为 $\frac{1}{2}$,则 $\mu=$________.

9. 设随机变量 X 的概率密度为 $f(x)=\begin{cases}2x, & 0<x<1\\ 0, & 其他\end{cases}$,以 Y 表示对 X 的三次独立重复观察中事件 $\left\{X\leqslant\frac{1}{2}\right\}$ 出现的次数,则 $P\{Y=2\}=$________.

10. 已知随机变量 X 的分布函数为:

$$F(x)=\begin{cases}0, x<-1\\ 0.4, -1\leqslant x<1\\ 0.8, 1\leqslant x<3\\ 1, x\geqslant 3\end{cases}$$

则 X 的概率分布为________.

二、选择题

1. 设随机变量 $X\sim B(4,0.2)$,则 $P\{X>3\}=$(　　).

A. 0.001 6　　B. 0.027 2　　C. 0.409 6　　D. 0.819 2

2. 设随机变量 X 的分布函数为 $F(x)$,下列结论中不一定成立的是(　　).

A. $F(+\infty)=1$　　B. $F(-\infty)=0$　　C. $0\leqslant F(x)\leqslant 1$　　D. $F(x)$ 为连续函数

3. 设随机变量 X 的取值范围是 $(-1,1)$,以下函数可作为 X 的概率密度的是(　　).

A. $f(x)=\begin{cases}\frac{1}{2}, & -1<x<1\\ 0, & 其他\end{cases}$　　B. $f(x)=\begin{cases}2, & -1<x<1\\ 0, & 其他\end{cases}$

C. $f(x)=\begin{cases}x, & -1<x<1\\0, & 其他\end{cases}$　　D. $f(x)=\begin{cases}x^2, & -1<x<1\\0, & 其他\end{cases}$

4. 已知随机变量 X 的概率密度为 $f_X(x)$，则 $Y=-2X$ 的概率密度 $f_Y(y)$ 为(　　).

A. $2f_X(-2y)$　　B. $f_X\left(-\frac{y}{2}\right)$　　C. $-\frac{1}{2}f_X\left(-\frac{y}{2}\right)$　　D. $\frac{1}{2}f_X\left(-\frac{y}{2}\right)$

5. 设随机变量 $X\sim N(\mu,2^2)$，$Y\sim N(\mu,3^2)$，记 $p_1=P\{X\leqslant\mu-2\}$，$p_2=P\{Y\geqslant\mu+3\}$，则(　　).

A. 对任意实数 μ，有 $p_1=p_2$　　B. 对任意实数 μ，有 $p_1<p_2$

C. 对任意实数 μ，有 $p_1>p_2$　　D. 对 μ 的个别值，有 $p_1=p_2$

6. 下列各表中可以作为某个随机变量分布律的是(　　).

A.

X	0	1	2
P	0.5	0.2	-0.1

B.

X	0	1	2
P	0.3	0.5	0.1

C.

X	0	1	2
P	$\frac{1}{3}$	$\frac{2}{5}$	$\frac{4}{15}$

D.

X	0	1	2
P	$\frac{1}{2}$	$\frac{1}{3}$	$\frac{1}{4}$

7. 设 $f_1(x)$ 为标准正态分布的概率密度，$f_2(x)$ 为 $[-1,3]$ 上均匀分布的概率密度，若 $f(x)=\begin{cases}af_1(x), x\leqslant 0\\bf_2(x), x>0\end{cases}$ $(a>0,b>0)$ 为概率密度，则 a,b 应满足(　　).

A. $2a+3b=4$　　B. $3a+2b=4$　　C. $a+b=1$　　D. $a+b=2$

8. 设随机变量 X 的分布函数 $F(x)=\begin{cases}0, & x<0\\\frac{1}{2}, & 0\leqslant x<1\\1-e^{-x}, & x\geqslant 1\end{cases}$，则 $P\{X=1\}=$(　　).

A. 0　　B. $\frac{1}{2}$　　C. $\frac{1}{2}-e^{-1}$　　D. $1-e^{-1}$

9. 设随机变量 X 服从正态分布 $N(\mu,\sigma^2)$，则随 σ 的增大，概率 $P\{|X-\mu|<\sigma\}$（　　）.

A. 单调增加　　B. 单调减少　　C. 保持不变　　D. 非单调变化

10. 设随机变量 $X\sim U(2,4)$，则 $P\{3<X<4\}=$（　　）.

A. $P\{2.25<X<3.25\}$　　B. $P\{1.5<X<2.5\}$

C. $P\{3.5<X<4.5\}$　　D. $P\{4.5<X<5.5\}$

三、计算题

1. 连续型随机变量 X 的概率密度函数为 $f(x)=\begin{cases}\dfrac{c}{\sqrt{1-x^2}}, & 0<x<1\\ 0, & \text{其他}\end{cases}$，求

(1) 常数 c；

(2) 随机变量 X 的分布函数；

(3) 计算 $P\left\{-1\leqslant X\leqslant\dfrac{\sqrt{2}}{2}\right\}$.

2. 设有 10 件产品其中有 2 件次品，从中任取 3 件，设取到的次品数为 X，求 X 的分布律及分布函数.

3. 已知 X 的分布律为：

X	0	1	2	3	4	5
P	$\frac{1}{12}$	$\frac{1}{6}$	$\frac{1}{3}$	$\frac{1}{12}$	$\frac{2}{9}$	$\frac{1}{9}$

求 $Y=(X-2)^2$ 的分布律.

4. 已知随机变量 X 的分布律为

X	-2	-1	0	1	2	3
P	$4a$	$\frac{1}{12}$	$3a$	a	$10a$	$4a$

求 $Y=X^2$ 的分布律.

5. 设随机变量 X 的分布函数为 $F(x)=A+B\arctan x\ (-\infty<x<+\infty)$，试求：(1) 系数 A 与 B；(2) X 落在 $(-1,1)$ 内的概率；(3) X 的概率密度.

6. 设随机变量 X 的概率密度为 $f(x)=\begin{cases}3x^2, & 0<x<1\\ 0, & \text{其他}\end{cases}$，以 Y 表示对 X 的 3 次独立重复观察中事件 $\left\{X\leqslant\dfrac{1}{2}\right\}$ 出现的次数，求 $P\{Y=2\}$.

7. 现有同型设备 300 台，各台设备的工作是相互独立的，发生故障的概率都是 0.01. 设一台设备的故障可由一名维修工人处理，问至少需配备多少名维修工人，才能保证设备发生故障但不能及时维修的概率小于 0.01？附泊松分布表：

x	7	8	9
$\lambda=3$	0.988 1	0.996 2	0.998 9

8. 假设打一次电话所用时间 X(分钟)服从参数 $\lambda=0.1$ 的指数分布. 如某人刚好在你前面走进电话间,求你等待的时间:

(1)超过 10 分钟的概率;

(2)在 10 分钟到 20 分钟之间的概率.

9. 设随机变量 X 的概率密度为 $f_X(x)=\begin{cases}e^{-x}, & x\geqslant 0\\ 0, & x<0\end{cases}$,求随机变量 $Y=e^X$ 的概率密度函数 $f_Y(y)$.

10. 某单位招聘 155 人,按考试成绩录用,共有 526 人报名,假设报名者的考试成绩 $X\sim N(\mu,\sigma^2)$. 已知 90 分以上的 12 人,60 分以下的 83 人,若从高分到低分依次录取,某人成绩为 78 分,问此人能否被录取?

附表:$\Phi(0.54)=0.705\ 4$,$\Phi(0.8)=0.788\ 1$,$\Phi(1.0)=0.841\ 3$,$\Phi(2.0)=0.977\ 2$.

四、证明题

设随机变量 X 服从参数为 2 的指数分布,证明:$Y=1-e^{-2X}$在区间(0,1)上服从均匀分布.

第3章 二维随机变量及其分布

3.1 知识要点

1. 了解多维随机变量的概念,理解二维随机变量的分布函数的概念.

2. 理解二维离散型随机变量的分布律的概念,理解二维连续型随机变量的概率密度的概念及其性质.

3. 理解二维离散型随机变量的边缘分布律,理解二维连续型随机变量的边缘概率密度.

4. 了解二维随机变量的条件分布.

5. 理解随机变量的独立性的概念.

6. 会求解两个独立随机变量简单函数的分布(和、极大、极小),了解有限个正态分布的线性组合仍是正态分布的结果.

3.2 同步练习

一、填空题

1. 设 X 和 Y 为两个随机变量,且 $P\{X\geqslant 0,Y\geqslant 0\}=\frac{3}{7}$,$P\{X\geqslant 0\}=P(Y\geqslant 0)=\frac{4}{7}$. 则 $P\{\max\{X,Y\}\geqslant 0\}=$________.

2. 设二维随机变量(X,Y)的分布列为

$X\backslash Y$	0	1	2
0	0.25	0	a
1	b	0.3	0.15

则 a,b 应满足的条件是________.

3. 设随机变量 X 和 Y 相互独立,它们的分布列分别为

X	-1	0	1
P	$\frac{1}{3}$	$\frac{3}{12}$	$\frac{5}{12}$

Y	-1	0
P	$\frac{1}{4}$	$\frac{3}{4}$

则 $P\{X+Y=1\}=$________.

4. 设相互独立的两个随机变量 X 和 Y 具有同一分布列，且 X 的分布列为

X	0	1
P	$\frac{1}{2}$	$\frac{1}{2}$

则随机变量 $Z=\max\{X,Y\}$ 的分布列为________.

5. 二维随机变量 (X,Y) 的联合概率密度函数 $f(x,y)=\begin{cases}c & -1\leqslant x\leqslant 1,0\leqslant y\leqslant 2\\ 0 & \text{其他}\end{cases}$，则 $c=$________，Y 的边缘概率密度函数 $f_Y(y)=$________.

6. 二维随机变量 (X,Y) 的联合概率密度函数 $f(x,y)=\begin{cases}6x & 0\leqslant x\leqslant y\leqslant 1\\ 0 & \text{其他}\end{cases}$，则 $P\{X+Y\leqslant 1\}=$________.

7. 二维随机变量 (X,Y) 的联合分布函数为 $F(x,y)=\begin{cases}1-3^{-x}-3^{-y}+3^{-x-y}, & x\geqslant 0,y\geqslant 0\\ 0, & \text{其他.}\end{cases}$ 则二维随机变量 (X,Y) 的联合概率密度函数 $f(x,y)=$________.

8. 二维随机变量 (X,Y) 的概率分布为

$X\backslash Y$	0	1
0	0.1	a
1	b	0.4

已知 $P\{X=1\mid Y=1\}=\frac{2}{3}$，则 $a=$________，$b=$________.

9. 随机变量 X 和 Y 相互独立，且分别服从参数为 λ_1 和 λ_2 的泊松分布，则 X 和 Y 的联合分布列为 $P\{X=m,Y=n\}=$________.

10. 已知随机变量 $X\sim N(-1,1)$，$Y\sim N(3,1)$，且 X,Y 相互独立，$Z=X-2Y$，则 $Z\sim$________.

二、选择题

1. 设二维随机变量 (X,Y) 的分布列为

$X\backslash Y$	1	2	3
1	$\frac{1}{10}$	$\frac{2}{10}$	$\frac{2}{10}$
2	$\frac{3}{10}$	$\frac{1}{10}$	$\frac{1}{10}$

则 $P\{XY=2\}=$(　　).

A. $\frac{1}{5}$　　B. $\frac{3}{10}$　　C. $\frac{1}{2}$　　D. $\frac{3}{5}$

2. 设二维随机变量(X,Y)的联合概率密度函数$f(x,y)=\begin{cases}4xy & 0\leqslant x\leqslant 1,0\leqslant y\leqslant 1\\ 0 & \text{其他}\end{cases}$，则当$0\leqslant x\leqslant 1$时，$(X,Y)$关于$X$的边缘概率密度为$f_X(x)=($　　$)$.

A. $\dfrac{1}{2x}$　　B. $2x$　　C. $\dfrac{1}{2y}$　　D. $2y$

3. 设二维随机变量(X,Y)的概率分布为

$X\backslash Y$	0	1
0	0.4	a
1	b	0.1

已知随机事件$\{X=0\}$与$\{X+Y=1\}$相互独立，则(　　).

A. $a=0.2,b=0.3$　　B. $a=0.4,b=0.1$

C. $a=0.3,b=0.2$　　D. $a=0.1,b=0.4$

4. 二维随机变量(X,Y)的联合概率密度函数$f(x,y)$，分布函数为$F(x,y)$，关于X,Y的边缘分布函数分别是$F_X(x)$，$F_Y(y)$，则$\int_{-\infty}^{+\infty}\int_{-\infty}^{+\infty}f(u,v)\,\mathrm{d}u\mathrm{d}v$，$\int_{-\infty}^{x}\int_{-\infty}^{+\infty}f(u,v)\,\mathrm{d}u\mathrm{d}v$，$\int_{-\infty}^{x}\int_{-\infty}^{y}f(u,v)\,\mathrm{d}u\mathrm{d}v$分别为(　　).

A. $0,F_X(x),F(x,y)$　　B. $1,F_Y(y),F(x,y)$

C. $f(x,y),F_Y(y),F(x,y)$　　D. $1,F_X(x),F(x,y)$

5. 设随机变量X,Y独立同分布且X的分布函数为$F(x)$，则$Z=\max(X,Y)$的分布函数为(　　).

A. $F^2(z)$　　B. $F(x)F(y)$

C. $1-[1-F(z)]^2$　　D. $[1-F(x)][1-F(y)]$

6. 设$X\sim N(-1,2)$，$Y\sim N(1,3)$，且X,Y相互独立，则$X+2Y\sim($　　$)$.

A. $N(1,8)$　　B. $N(1,14)$　　C. $N(1,22)$　　D. $N(1,40)$

7. 设$X\sim N(0,1)$，$Y\sim N(1,1)$，且X,Y相互独立，则(　　).

A. $P\{X+Y\leqslant 0\}=\dfrac{1}{2}$　　B. $P\{X+Y\leqslant 1\}=\dfrac{1}{2}$

C. $P\{X-Y\leqslant 0\}=\dfrac{1}{2}$　　D. $P\{X-Y\leqslant 1\}=\dfrac{1}{2}$

8. 随机变量X,Y独立同分布，$P\{X=1\}=P\{Y=1\}=\dfrac{1}{2}$，$P\{X=-1\}=P\{Y=-1\}=\dfrac{1}{2}$，则下列式子正确的是(　　).

A. $P\{X=Y\}=\dfrac{1}{4}$　　B. $P\{X=Y\}=0$

C. $P\{X=Y\}=\dfrac{1}{2}$　　D. $P\{X=Y\}=1$

9. 设随机变量X,Y的分布函数分别为$F_1(x)$，$F_2(x)$，为使$aF_1(x)-bF_2(x)$是某一随机变量的分布函数，则a,b的值应为(　　).

A. $a=\dfrac{3}{5},b=-\dfrac{2}{5}$　　B. $a=\dfrac{2}{3},b=\dfrac{2}{3}$

C. $a=-\frac{1}{2},b=\frac{3}{2}$　　　　D. $a=\frac{1}{2},b=-\frac{3}{2}$

10. 设X_1和X_2是任意两个相互独立的连续型随机变量,它们的概率密度函数分别为$f_1(x)$和$f_2(x)$,分布函数分别为$F_1(x)$和$F_2(x)$,则(　　).

A. $f_1(x)+f_2(x)$必为某一随机变量的概率密度函数

B. $f_1(x)f_2(x)$必为某一随机变量的概率密度函数

C. $F_1(x)+F_2(x)$必为某一随机变量的分布函数

D. $F_1(x)F_2(x)$必为某一随机变量的分布函数

三、计算题

1. 已知随机变量(X,Y)的联合概率密度函数为$f(x,y)=\begin{cases}4xy & 0\leqslant x\leqslant 1,0\leqslant y\leqslant 1\\0 & 其他\end{cases}$,求$(X,Y)$的联合分布函数$F(x,y)$.

2. 袋中有一个红球,两个黑球,三个白球,现有放回的从袋中取两次每次取一球,以X,Y,Z分别表示两次取到的红、黑、白球的个数.

(1)求$P\{X=1|Z=0\}$;

(2)求二维随机变量(X,Y)的概率分布.

3. 设(X,Y)的分布列为

$X\backslash Y$	0	1	2
0	$\frac{1}{4}$	$\frac{1}{6}$	$\frac{1}{8}$
1	$\frac{1}{4}$	$\frac{1}{8}$	$\frac{1}{12}$

求:(1)X,Y的边缘分布列;

(2)$Z=X+Y$的分布列.

4. 设随机变量X_1和X_2的概率分布为

X_1	-1	0	1
P	$\frac{1}{4}$	$\frac{1}{2}$	$\frac{1}{4}$

X_2	0	1
P	$\frac{1}{2}$	$\frac{1}{2}$

而且$P\{X_1X_2=0\}=1$. 试求:(1)X_1和X_2的联合分布;(2)X_1和X_2是否独立?为什么?

5. 设二维随机变量(X,Y)的概率密度函数为$f(x,y)=\begin{cases}6x^2y,0\leqslant x\leqslant 1,0\leqslant y\leqslant 1\\0, & 其他\end{cases}$,求概率$P\{X>Y\}$.

6. 随机变量X和Y独立,且X服从$[0,2]$上的均匀分布,Y服从$\lambda=2$的指数分布,写出随机向量(X,Y)的概率密度函数,计算概率$P\{X\leqslant Y\}$.

7. 设随机向量(X,Y)的概率密度函数为$f(x,y)=\begin{cases}8xy,0\leqslant x\leqslant y,0\leqslant y\leqslant 1\\0, & 其他\end{cases}$,求$P\left\{X\leqslant\frac{1}{2}\right\}$.

8. 设随机向量(X,Y)的概率密度函数为$f(x,y)=\begin{cases}\mathrm{e}^{-y},0\leqslant x\leqslant 1,0\leqslant y\\0, & 其他\end{cases}$,求$Z=2X+Y$的概

率密度函数 $f_Z(z)$.

9. 设随机向量 (X,Y) 的概率密度函数为 $f(x,y)=\begin{cases}e^{-x}, 0<y<x,\\ 0, \quad 其他\end{cases}$，(1) 求条件概率密度函数 $f_{Y|X}(y|x)$；(2) 求条件概率 $P\{X\leqslant 1|Y\leqslant 1\}$.

10. 假设一电路装有三个同种电气元件，其工作状态相互独立，且无故障工作时间都服从参数为 $\lambda>0$ 的指数分布. 当三个元件都无故障时，电路正常工作，否则整个电路不能正常工作. 试求电路正常工作的时间 T 的概率分布.

四、证明题

设随机向量 (X,Y) 的概率密度函数为 $f(x,y)=\begin{cases}6xy^2, 0<x<1, 0<y<1\\ 0, \quad 其他\end{cases}$，证明 X 和 Y 相互独立.

第 4 章 随机变量的数字特征和二维正态分布

4.1 知识要点

1. 理解随机变量的数学期望与方差的概念,掌握它们的性质与计算.会计算随机变量函数的数学期望.

2. 掌握 0-1 分布、二项分布、泊松分布、正态分布、均匀分布和指数分布的数学期望与方差的计算,并记住其结果.

3. 了解矩、协方差、相关系数的概念及其性质,并会计算.

4. 了解切比雪夫不等式及其应用.

5. 了解二维正态分布.

6. 了解随机变量的数字特征在经济中的应用.

4.2 同步练习

一、填空题

1. 已知 $EX=-1$, $DX=3$,则 $E(3X^2-2)=$________.

2. 设 X_1,X_2,Y 均为随机变量,已知 $Cov(X_1,Y)=-1$, $Cov(X_2,Y)=3$,则 $Cov(X_1+2X_2,Y)=$________.

3. 设 X 表示 10 次独立重复射击命中目标的次数,每次射中目标的概率为 0.4,则 X^2 的数学期望 $EX^2=$________.

4. 设随机变量 X 的分布函数为 $F(x)=\begin{cases}1-\dfrac{4}{x^2}, & x\geqslant 2,\\ 0, & x<2\end{cases}$,则 X 的数学期望 $EX=$________.

5. 随机变量 X_1,X_2,X_3 相互独立,且都服从参数为 λ 的泊松分布,令 $Y=\dfrac{1}{3}(X_1+X_2+X_3)$,

则 Y^2 的数学期望等于________.

6. 设随机变量 X 服从参数为 λ 的指数分布,则 $P\{X>\sqrt{DX}\}=$________.

7. 设随机变量 X 服从参数为 λ 的泊松分布,且已知 $E[(X-1)(X-2)]=1$,则 $\lambda=$________.

8. 设随机变量 $X_{ij}(i,j=1,2,\cdots,n;n\geqslant 2)$ 独立同分布,$EX_{ij}=2$,则行列式 $Y=\begin{vmatrix} X_{11} & X_{12} & \cdots & X_{1n} \\ X_{21} & X_{22} & \cdots & X_{2n} \\ \vdots & \vdots & & \vdots \\ X_{n1} & X_{n2} & \cdots & X_{nn} \end{vmatrix}$ 的数学期望 $EY=$________.

9. 设随机变量 X 和 Y 的相关系数为0.6,若 $Z=X+8$,则 Y 与 Z 的相关系数为________.

10. 设二维随机变量 (X,Y) 服从 $N(\mu,\mu;\sigma^2,\sigma^2;0)$,则 $E(XY^2)=$________.

二、选择题

1. 设随机变量 X 和 Y 相互独立,且 $X\sim B(16,0.5)$,$Y\sim P(9)$,则 $D(X-2Y+1)=$(　　).

A. -14　　B. 13　　C. 40　　D. 41

2. 已知随机变量 X 的分布列为

X	-2	1	x
P	$\frac{1}{4}$	p	$\frac{1}{4}$

且 $EX=1$,则常数 $x=$(　　).

A. 2　　B. 4　　C. 6　　D. 8

3. 二维随机变量 (X,Y) 的分布列为

$X\backslash Y$	0	1
0	$\frac{1}{3}$	$\frac{1}{3}$
1	$\frac{1}{3}$	0

则 (X,Y) 的协方差 $Cov(X,Y)=$(　　).

A. $-\frac{1}{9}$　　B. 0　　C. $\frac{1}{9}$　　D. $\frac{1}{3}$

4. 设随机变量 X 的 $EX=\mu$,$DX=\sigma^2$($\mu>0,\sigma>0,\mu,\sigma$ 为常数),则对任意常数 C,必有(　　).

A. $E(X-C)^2=EX^2-C^2$　　B. $E(X-C)^2=E(X-\mu)^2$

C. $E(X-C)^2<E(X-\mu)^2$　　D. $E(X-C)^2\geqslant E(X-\mu)^2$

5. 设随机变量 X 和 Y 都服从正态分布,且它们不相关,则(　　).

A. X 和 Y 一定独立　　B. (X,Y) 服从二维正态分布

C. X 和 Y 未必独立　　D. $X+Y$ 服从一维正态分布

6. 设 EX,EY,DX,DY 及 $Cov(X,Y)$ 均存在,则 $D(X-Y)=$(　　).

A. $DX+DY$　　B. $DX-DY$

C. $DX+DY-2\mathrm{Cov}(X,Y)$ D. $DX-DY+2\mathrm{Cov}(X,Y)$

7. 设随机变量 $X\sim B\left(10,\dfrac{1}{2}\right)$, $Y\sim N(2,10)$, 且 $E(XY)=14$, 则 X 与 Y 的相关系数 $\rho_{XY}=($ $)$.

A. -0.8 B. -0.16 C. 0.16 D. 0.8

8. 设随机变量 $X\sim N(0,1)$, $Y\sim N(1,4)$, 且相关系数 $\rho_{XY}=1$, 则( ).

A. $P\{Y=-2X-1\}=1$ B. $P\{Y=2X-1\}=1$

C. $P\{Y=-2X+1\}=1$ D. $P\{Y=2X+1\}=1$

9. 设随机变量 X 与 Y 独立同分布, 记 $U=X-Y$, $V=X+Y$, 则随机变量 U 与 V 必然( ).

A. 不独立 B. 独立

C. 相关系数不为零 D. 相关系数为零

10. 设随机变量 X 与 Y 相互独立, 且 EX, EY 存在, 设 $U=\max\{X,Y\}$, $V=\min\{X,Y\}$, 则 $E(UV)=($ $)$.

A. $EU\cdot EV$ B. $EX\cdot EY$ C. $EU\cdot EY$ D. $EX\cdot EV$

三、计算题

1. 设离散型随机变量 X 的分布列为

X	0	1	4	9
P	0.1	x	y	0.4

且 $EX=5$, 求 x 与 y.

2. 已知随机变量 $X\sim f(x)=\begin{cases}\dfrac{1}{2}\cos\dfrac{x}{2}, & 0\leqslant x\leqslant\pi,\\ 0, & \text{其他}\end{cases}$, 对 X 独立重复观察 4 次, Y 表示观察值大于 $\dfrac{\pi}{3}$ 的次数, 求 EY.

3. 已知随机变量 $X\sim f(x)=\begin{cases}a+bx^2, & 0\leqslant x\leqslant 1,\\ 0, & \text{其他}\end{cases}$, 且 $EX=\dfrac{3}{5}$, 求 a, b 的值.

4. 设二维随机变量的联合分布列为

$X\backslash Y$	0	1	2
1	0.2	0.1	0.4
2	0.1	0.2	0

求: EX, EY, $E(XY)$.

5. 设二维随机变量 $(X,Y)\sim f(x,y)=\begin{cases}12y^2, & 0\leqslant y\leqslant x\leqslant 1,\\ 0, & \text{其他}\end{cases}$, 求: EX, EY, $E(XY)$.

6. 设随机变量 $X\sim f(x)=\begin{cases}x, & 0<x\leqslant 1,\\ 2-x, & 1<x\leqslant 2,\\ 0, & \text{其他}\end{cases}$ 求 DX.

7. 设二维随机变量$(X,Y)\sim f(x,y)=\begin{cases}\frac{1}{2},0<x<1,0<y<2,\\0,\quad 其他\end{cases}$,求 DX,DY.

8. 已知随机变量 $X\sim N(1,3^2)$,$Y\sim N(0,4^2)$,且 X 与 Y 的相关系数 $\rho_{XY}=-\frac{1}{2}$,设 $Z=\frac{X}{3}+\frac{Y}{2}$,

(1)求 Z 的数学期望 EZ 和方差 DZ;

(2)求 X 与 Z 的相关系数 ρ_{XZ}.

9. 假设一部机器在一天内发生故障的概率为 0.2,机器发生故障时全天停止工作,若一周 5 个工作日里无故障,可获得利润 10 万元;发生一次故障仍可获得利润 5 万元;发生二次故障所获得利润为 0 元;发生三次或三次以上故障就要亏损 2 万元. 求一周内利润期望是多少?

10. 设二维随机变量$(X,Y)\sim f(x,y)=\begin{cases}ye^{-(x+y)},x,y>0,\\0,\quad 其他\end{cases}$,判断 X 与 Y 是否不相关,是否独立.

四、证明题

1. 已知随机变量 X 的数学期望 EX 与方差 DX 都存在,且 $DX\neq 0$,随机变量 $Y=\frac{X-EX}{\sqrt{DX}}$,证明:$EY=0,DY=1$.

2. 若随机变量 X 和 Y 相互独立,且都服从参数为 n,p 的二项分布,证明:$Z=X+Y\sim B(2n,p)$.

3. 若 A,B 是二随机事件,且随机变量 $X=\begin{cases}1,A 发生\\0,A 不发生\end{cases}$ $Y=\begin{cases}1,B 发生\\0,B 不发生\end{cases}$,证明:若 $\rho(X,Y)=0$,则 A 与 B 相互独立.

第 5 章 大数定律与中心极限定理

5.1 知识要点

1. 了解切比雪夫不等式.
2. 理解依概率收敛、切比雪夫大数定律、伯努利大数定律、辛钦大数定律.
3. 掌握独立同分布的中心极限定理、棣莫弗—拉普拉斯中心极限定理.

5.2 同步练习

一、填空题

1. 设 $EX=-1, DX=4$,则由切比雪夫不等式估计概率 $P(-4<X<2)\geqslant$________.

2. 设随机变量 $X\sim U[0,1]$,由切比雪夫不等式可得 $P\left\{\left|X-\frac{1}{2}\right|\geqslant\frac{1}{\sqrt{3}}\right\}\leqslant$________.

3. 设随机变量 $X\sim B(100,0.2)$,由中心极限定理可知 $P(X\geqslant 30)\approx$________.
(已知 $\Phi(2.5)=0.993\ 8$)

4. 设随机变量 $X_1,X_2,\cdots,X_n,\cdots$ 相互独立且同分布,且其期望为 μ,方差为 δ^2,令 $Z_n=\frac{1}{n}\sum_{i=1}^{n}X_i$,则对任意的正数 ε,有 $\lim_{n\to\infty}P\{|Z_n-\mu|\leqslant\varepsilon\}=$________.

5. 设随机变量 $X_1,X_2,\cdots,X_n,\cdots$ 独立同分布,且 $EX_i=\mu, DX_i=\delta^2(i=1,2,\cdots,n)$,则对于任意的实数 x,$\lim_{n\to\infty}P\left\{\frac{\sum_{i=1}^{n}X_i-n\mu}{\sqrt{n}\delta}\leqslant x\right\}=$________.

二、选择题

1. 设随机变量 X 的期望为 μ,方差为 δ^2,试用切比雪夫不等式估计 X 与 μ 的偏差大于等于 2δ 的概率(　　).

A. $\geq\frac{1}{4}$　　B. $\leq\frac{1}{4}$　　C. $\geq\frac{1}{2}$　　D. $\leq\frac{1}{2}$

2. 设随机变量 $X_1,X_2,\cdots,X_7$ 相互独立同分布,且 $EX_i=1,DX_i=1,(i=1,2,\cdots,7)$ 令 $S_7=\sum_{i=1}^{7}X_i$,则对任意 $\varepsilon>0$,由切比雪夫不等式可得(　　).

A. $P\left\{\left|\frac{1}{7}S_7-1\right|<\varepsilon\right\}\geq 1-\frac{7}{\varepsilon^2}$　　B. $P\left\{\left|\frac{1}{7}S_7-1\right|<\varepsilon\right\}\geq 1-\frac{1}{\varepsilon^2}$

C. $P\{|S_7-7|<\varepsilon\}\geq 1-\frac{7}{\varepsilon^2}$　　D. $P\{|S_7-7|<\varepsilon\}\geq 1-\frac{1}{\varepsilon^2}$

3. 若随机变量 X 的方差 DX 存在,则 $P\left\{\frac{|X-EX|}{b}\geq 1\right\}\leq$(　　).

A. DX　　B. 1　　C. $\frac{DX}{b^2}$　　D. b^2DX

4. 设随机变量 $X_1,X_2,\cdots,X_n,\cdots$ 相互独立,且 $X_i(i=1,2,\cdots,n)$ 都服从参数为 $\frac{1}{2}$ 的指数分布,则当 n 充分大时,随机变量 $Z_n=\frac{1}{n}\sum_{i=1}^{n}X_i$ 的概率分布近似服从(　　).

A. $N(2,4)$　　B. $N\left(\frac{1}{2},\frac{1}{4n}\right)$　　C. $N(2n,4n)$　　D. $N\left(2,\frac{4}{n}\right)$

5. 设随机变量 $X_1,X_2,\cdots,X_n,\cdots$ 相互独立,它们满足大数定理,则 X_i 的分布可以是(　　).

A. $P(X_i=k)=(1-p)^{k-1}p,k=1,2,\cdots$

B. X_i 服从参数为 $\frac{1}{i}$ 的指数分布

C. X_i 服从参数为 i 的泊松分布

D. X_i 的密度函数为 $f(x)=\frac{1}{\pi(1+x^2)}$

6. 若 $X\sim N(-3,\delta^2)$ 且 $P(-5<X\leq -3)=0.4$,则 $P(X>-1)$ 为(　　).

A. 0.1　　B. 0.2　　C. 0.3　　D. 0.5

三、计算题

1. 随机掷 6 个骰子,利用切比雪夫不等式估计 6 个骰子出现点数之和在 15 点到 27 点之间的概率.

2. 设 $X_1,X_2,\cdots,X_n$ 是 n 个相互独立的随机变量,且 $EX_i=\mu,DX_i=8(i=1,2,\cdots,n)$,于是对 $\overline{X}=\frac{1}{n}\sum_{i=1}^{n}X_i$,请估计 $P(|\overline{X}-\mu|<4)$.

3. 抛掷硬币的实验中,至少抛多少次,才能使硬币正面出现的频率落在(0.4,0.6)区间的概率不小于 0.9.

4. 有一批建筑房屋用的木柱,其中 80% 的长度不小于 3 m,现从这批木材中随机抽取 100 根,问其中至少有 30 根短于 3 m 的概率是多少?

5. 某车间有同型号机床 200 台,它们独立地工作着,每台开动的概率均为 0.6,开动时耗电均为 1 千瓦. 问电厂至少要供给该车间多少电力,才能以 99.9% 的概率保证用电需

要？($\Phi(3)=0.998\ 65$，$\Phi(3.1)=0.999\ 032\ 4$)

6. 在人寿保险公司里，有10 000个同一年龄的人参加人寿保险. 在一年里这些人的死亡率为0.1%，参加保险的人在一年的头一天交付保险费10元. 死亡时，家属可以从保险公司领取2 000元的抚恤金. 求：

(1)保险公司一年中获利为不小于40 000元的概率；

(2)保险公司亏本的概率是多少？

7. 某电教中心有100台20英寸电视机，各台电视机发生故障的概率都是0.02. 各台电视机工作是相互独立的，试分别用二项分布、泊松分布、中心极限定理计算电视机出故障的台数不小于1的概率.

8. 计算机在进行加法运算时每个加数取最接近它的整数，假设所有取整误差是相互独立的，且服从$[-0.5,0.5]$上的均匀分布，(1)若将1 500个数相加，问误差总和的绝对值超过15的概率？(2)最多几个数加在一起可使得误差总和的绝对值小于10的概率不低于90%？

第 6 章 统计量及其分布

6.1 知识要点

1. 了解总体、个体、简单随机样本.
2. 理解统计量及常用统计量.
3. 理解χ^2 分布、t 分布、F 分布.

6.2 同步练习

一、填空题

1. 在一本书中随机地检查了 8 页，发现每页上的错误数为：3，4，3，0，3，5，4，2，其样本均值 $\bar{x}=$ ________，样本方差 $s^2=$ ________和样本标准差 $s=$ ________.

2. 设样本的频数为：

X	0	1	2	3	4
频数	1	3	2	1	2

则样本方差 $s^2=$ ________.

3. 设总体 $X\sim N(0,0.25)$，$X_1,X_2,\cdots,X_n$ 为来自总体的一个样本，要使 $\alpha\sum_{i=1}^{5}X_i^2\sim\chi^2(5)$，则应取常数 $\alpha=$ ________.

4. 设 $X_1,X_2,\cdots,X_6$ 是来自总体 X 的样本，$X\sim N(0,1)$，随机变量 $Y=(X_1+X_2)^2+(X_3+X_4)^2+(X_5+X_6)^2$，当常数 $C=$ ________时，CY 服从χ^2 分布，其自由度是________.

5. 设 $X\sim N(0,1)$，$Y\sim\chi^2(n)$，且 X,Y 相互独立，则$\frac{X}{\sqrt{Y}}\sqrt{n}\sim$ ________.

6. 设 $X_1,X_2,\cdots,X_5$ 是来自正态总体 X 的一个样本，$X\sim N(0,\delta^2)$，若$\frac{\alpha(X_1+X_2)}{\sqrt{X_3^2+X_4^2+X_5^2}}$服从 t

分布,则 $\alpha=$________.

7. 设总体 $X\sim N(0,2^2)$,$X_1,X_2,\cdots,X_6$ 是来自总体 X 的一个样本,$Y=\dfrac{3\sum\limits_{i=1}^{4}X_i^2}{4\sum\limits_{i=4}^{6}X_i^2}$,则 $Y\sim$________.

8. $X\sim N(\mu,\delta^2)$,$X_1,X_2,\cdots,X_n$ 是来自总体 X 的简单随机样本,则 $\overline{X}\sim$________,$\dfrac{\overline{X}-\mu}{S}\sqrt{n}\sim$________,$\dfrac{1}{\delta^2}\sum\limits_{i=1}^{n}(X_i-\overline{X})^2\sim$________,$\dfrac{1}{\delta^2}\sum\limits_{i=1}^{n}(X_i-\mu)^2\sim$________.

9. 设 $X_1,X_2,\cdots,X_5$ 是来自正态总体 $N(0,\sigma^2)$ 的样本,样本均值 $\bar{x}=\dfrac{1}{5}\sum\limits_{i=1}^{5}X_i$,样本方差 $s^2=\dfrac{1}{4}\sum\limits_{i=1}^{5}(X_i-\overline{X})^2$. 若 $\dfrac{cs^2}{\sigma^2}\sim\chi^2(4)$,则 $c=$________.

二、选择题

1. X_1,X_2,X_3 是来自正态总体 $N(\mu,\delta^2)$(μ,δ^2 未知)的样本,则(　　)是统计量.

A. $\overline{X}$　　B. $\overline{X}+\mu$　　C. $\dfrac{\overline{X}^2}{\delta^2}$　　D. $\dfrac{\overline{X}-\mu}{\delta}\sqrt{3}$

2. 设总体 $X\sim N(\mu,\delta^2)$,其中 μ,δ^2 已知,$X_1,X_2,\cdots,X_n(n\geqslant 3)$ 为来自总体 X 的样本,则下列统计量中服从 t 分布的是(　　).

A. $\dfrac{\overline{X}}{\sqrt{\dfrac{(n-1)s^2}{\delta^2}}}$　　B. $\dfrac{\overline{X}-\mu}{\sqrt{\dfrac{(n-1)s^2}{\delta^2}}}$　　C. $\dfrac{\dfrac{\overline{X}-\mu}{\delta/\sqrt{n}}}{\sqrt{\dfrac{(n-1)s^2}{\delta^2}}}$　　D. $\dfrac{\dfrac{\overline{X}-\mu}{\delta/\sqrt{n}}}{\sqrt{\dfrac{s^2}{\delta^2}}}$

3. 设 $X_1,X_2,\cdots,X_6$ 是来自正态总体 $N(0,1)$ 的样本,则统计量 $\dfrac{X_1^2+X_2^2+X_3^2}{X_4^2+X_5^2+X_6^2}$ 服从(　　).

A. 正态分布　　B. χ^2 分布　　C. t 分布　　D. F 分布

4. 设随机变量 $X_1,X_2,\cdots,X_4$ 独立同分布,都服从正态分布 $N(1,1)$,且 $k\left(\sum\limits_{i=1}^{4}X_i-4\right)^2$ 服从 $\chi^2(n)$ 分布,则 k 和 n 分别为(　　).

A. $k=\dfrac{1}{4},n=4$　　B. $k=\dfrac{1}{2},n=1$　　C. $k=\dfrac{1}{4},n=1$　　D. $k=\dfrac{1}{2},n=4$

5. 设 X 服从正态分布,已知 $EX=-1$,$E(X^2)=4$,则样本容量为 n 的样本均值 $\overline{X}$ 服从的分布为(　　).

A. $N\left(-1,\dfrac{4}{n}\right)$　　B. $N\left(-1,\dfrac{3}{n}\right)$　　C. $N\left(-\dfrac{1}{n},4\right)$　　D. $N\left(-\dfrac{1}{n},\dfrac{3}{n}\right)$

6. 设 $X_1,X_2,\cdots,X_n(n\geqslant 2)$ 为来自正态总体 $N(0,1)$ 的简单随机样本,$\overline{X}$ 为样本均值,S^2 为样本方差,则有(　　).

A. $\overline{nX}\sim N(0,1)$　　B. $(n-1)S^2\sim\chi^2(n)$

C. $\frac{(n-1)\overline{X}}{S} \sim t(n-1)$　　D. $\frac{(x-1)X_1^2}{\sum_{i=2}^{n} X_i^2} \sim F(1,n-1)$

7. 设 $X_1, X_2, \cdots, X_6$ 为来自总体 $N(0,2^2)$ 的一个样本，而 $Y_1, Y_2, \cdots, Y_8$ 为来自总体 $N(1,3^2)$ 的一个样本，且两个样本独立，以 $\overline{x}, \overline{y}$ 分别表示这两个样本的样本均值，则 $\overline{x}-\overline{y} \sim$ (　　).

A. $N\left(-1, \frac{43}{24}\right)$　B. $N\left(1, \frac{43}{24}\right)$　C. $N\left(-1, \frac{39}{24}\right)$　D. $N\left(1, \frac{39}{24}\right)$

三、计算题

1. 设 $X_1, X_2, \cdots, X_n$ 是来自 $U[-1,1]$ 的样本，试求 $E(\overline{X})$ 和 $D(\overline{X})$.

2. 设总体 $X \sim N(40, 5^2)$，

(1) 抽取容量为 36 的样本，求 $P(38 \leqslant \overline{X} \leqslant 43)$；

(2) 抽取容量为 64 的样本，求 $P(|\overline{X}-40|<1)$；

(3) 取容量 n 多大时，才能使 $P(|\overline{X}-40|<1)=0.95$？

3. 设 $X_1, X_2, \cdots, X_{25}$ 及 $Y_1, Y_2, \cdots, Y_{25}$ 分别为 $N(0,16)$ 和 $N(1,9)$ 两个独立总体中的简单随机样本，$\overline{X}, \overline{Y}$ 分别表示两个样本均值，求 $P(\overline{X}>\overline{Y})$.

4. 设总体 $X \sim N(\mu, \delta^2)$，已知样本容量 $n=24$，样本方差 $S^2=12.5227$，求总体标准差 δ 大于 3 的概率.

5. 假设样本 $X_1, X_2, \cdots, X_n$ 来自正态总体 $N(10, 2^2)$，样本均值 $\overline{X}$ 满足概率等式：

$P\{9.02 \leqslant \overline{X} \leqslant 10.98\}=0.95$，试确定样本容量 n 的大小.

四、证明题

1. 证明：容量为 2 的样本 x_1, x_2 的样本方差为 $s^2=\frac{1}{2}(x_1-x_2)^2$.

2. 已知 X 服从自由度为 n 的 t 分布，证明：X^2 服从自由度为 $(1,n)$ 的 F 分布.

第 7 章 参数估计

7.1 知识要点

1. 理解估计量的判断标准无偏性和有效性.
2. 掌握矩估计法.
3. 掌握最大似然估计法.
4. 理解单个正态总体的区间估计.
5. 了解两个正态总体的区间估计.

7.2 同步练习

一、填空题

1. 若 $X_1,X_2,\cdots,X_{10}$ 是来自总体 X 的样本,在 EX 的 3 个无偏估计量 $\hat{\mu}_1=\frac{1}{3}\sum_{i=1}^{3}X_i,\hat{\mu}_2=\frac{1}{5}\sum_{i=1}^{5}X_i,\hat{\mu}_3=\frac{1}{10}\sum_{i=1}^{10}X_i$ 中,最有效的是:________.

2. ________是总体均值 μ 的无偏估计,________是总体方差 δ^2 的无偏估计.

3. 设总体 $X\sim N(\mu,\delta^2)$,X_1,X_2,X_3 是来自总体的样本,则当常数 $\alpha=$____________时,$\hat{\mu}=\frac{1}{3}X_1+\alpha X_2+\frac{1}{6}X_3$ 是未知参数 μ 的无偏估计.

4. 设 $X_1,X_2,\cdots,X_n$ 是来自均匀总体 $U[0,\theta]$ 的样本,则未知参数 θ 的矩估计为________,θ 的最大似然估计为________.

5. 设总体 X 服从参数为 $\lambda(\lambda>0)$ 的指数分布,$X_1,X_2,\cdots,X_n$ 为总体 X 的一个样本,其样体均值 $\bar{x}=2$,则 λ 的矩估计值 $\hat{\lambda}=$________,λ 的最大似然估计值 $\hat{\lambda}=$________.

6. 设 $X_1,X_2,\cdots,X_{25}$ 为来自总体 X 的一个样本,$X\sim N(\mu,5^2)$,则 μ 的置信度为 0.90 的置信

区间长度为________.($\mu_{0.95}=1.645$)

7. 单个正态总体 $N(\mu,\delta^2)$,δ 未知时 μ 的置信水平为 $1-\alpha$ 的置信区间长度为________.

8. 设来自正态总体 $N(\mu,\delta^2)$ 容量为 9 的简单随机样本,其样本均值为 5,样本标准差为 0.9,则 μ 的置信度为 0.95 的置信区间为________,δ^2 的置信度为 0.95 的置信区间为________.($t_{0.975}(8)=2.3060$,$\chi^2_{0.975}(8)=17.5345$,$\chi^2_{0.025}(8)=2.1797$)

二、选择题

1. 若 $\hat{\theta}$ 为未知参数 θ 的估计量,且满足 $E(\hat{\theta})=\theta$,则称 $\hat{\theta}$ 是 θ 的(　　).

A. 无偏估计量　　B. 有偏估计量

C. 渐近无偏估计量　　D. 一致估计量

2. 设 X_1,X_2,X_3 是来自正态总体 $N(0,\delta^2)$ 的样本,已知统计量 $C(X_1^2+2X_2^2+X_3^2)$ 是方差 δ^2 的无偏估计量,则常数 C 等于(　　).

A. $\frac{1}{4}$　　B. $\frac{1}{2}$　　C. 2　　D. 4

3. 设总体 $N(\mu,\delta^2)$ 其中 μ 未知,$X_1,X_2,\cdots,X_4$ 为来自总体 X 的一个样本,则以下关于 μ 的四个无偏估计:$\hat{\mu}_1=\frac{1}{4}(x_1+x_2+x_3+x_4)$,$\hat{\mu}_2=\frac{1}{5}x_1+\frac{1}{5}x_2+\frac{1}{5}x_3+\frac{2}{5}x_4$,$\hat{\mu}_3=\frac{1}{6}x_1+\frac{2}{6}x_2+\frac{2}{6}x_3+\frac{1}{6}x_4$,$\hat{\mu}_4=\frac{1}{7}x_1+\frac{2}{7}x_2+\frac{3}{7}x_3+\frac{1}{7}x_4$ 中,哪一个最有效?(　　).

A. $\hat{\mu}_1$　　B. $\hat{\mu}_2$　　C. $\hat{\mu}_3$　　D. $\hat{\mu}_4$

4. 对于总体 $N(\mu,\delta^2)$ 的均值 μ 作区间估计,得出置信度为 90% 的置信区间,其意义是指这个区间(　　).

A. 平均含总体 90% 的值　　B. 有 90% 的机会含 μ 的值

C. 平均含样本 90% 的值　　D. 有 90% 的机会含样本的值

5. 设总体 $X\sim N(\mu,\delta^2)$,且 δ^2 已知,样本容量为 n 和显著性水平 α 固定,对于不同的样本观测值,μ 的置信区间的长度(　　).

A. 变长　　B. 变短　　C. 不变　　D. 无法确定

6. 设 θ 为总体的未知参数,θ_1,θ_2 为样本统计量,(θ_1,θ_2) 为 θ 的置信度为 $1-\alpha(0<\alpha<1)$ 的置信区间,则(　　).

A. $P(\theta_1<\theta<\theta_2)=1-\alpha$　　B. $P(\theta_1<\theta<\theta_2)=\alpha$

C. $P(\theta<\theta_1,\theta>\theta_2)=1-\alpha$　　D. $P(\theta<\theta_1,\theta>\theta_2)=\alpha$

三、计算题

1. 设总体 X 服从指数分布,若电子元件的使用寿命服从该指数分布,现在随机抽取 6 个电子元件,测得寿命数据如下(单位:小时):280,320,405,450,375,432,求 λ 的估计值.

2. 假设总体 X 的概率密度函数为:

$$f(x;\theta)=\begin{cases}(\theta+1)x^{\theta} & 0<x<1\\ 0 & \text{其他}\end{cases}\quad(\theta>-1)$$

给定一组样本观测值 $x_1,x_2,\cdots,x_n$,求未知参数 θ 的最大似然估计值 $\hat{\theta}$.

3. 假设总体 X 的概率密度函数为:

$$f(x)=\begin{cases}\theta x^{\theta-1} & 0<x<1\\ 0 & \text{其他}\end{cases}(\theta>0)$$

试求(1)θ 的矩估计 $\hat{\theta}_1$;(2)θ 的最大似然估计 θ_2.

4. 用天平称量某物体的质量 9 次,得平均值为 $\bar{x}=15.4$(g),已知天平称量结果为正态分布,其标准差为 0.1 g. 试求该物体质量的 0.95 置信区间. ($\mu_{0.975}=1.96$,$\mu_{0.95}=1.645$)

5. 某车间生产滚珠,从长期的实践知道,滚珠直径服从正态分布,从某天产品里随机抽取 6 个,测得直径为(单位:毫米)14.6,15.1,14.9,14.8,15.2,15.1,若总体方差 $\delta^2=0.06$,求置信度为 0.95 的总体均值 μ 的置信区间.

6. 测得化工产品 9 个样本的干燥时间分别为:6.0,5.7,5.8,6.5,7.0,6.3,5.6,6.1,5.0(单位:h),设干燥时间服从正态分布 $N(\mu,\delta^2)$,且 δ 未知,求参数 μ 的置信水平为 0.95 的置信区间. ($t_{0.975}(8)=2.3060$)

7. 用传统工艺加工某种水果罐头,每瓶中维生素 C 的含量为随机变量 X(单位:mg). 设 $X\sim N(\mu,\delta^2)$,其中 μ,δ^2 均未知. 现抽查 16 瓶罐头进行测试,测得维生素 C 的平均含量为 20.80 mg,样本标准差为 1.60 mg,试求 μ 的置信度 0.95 置信区间. ($t_{0.975}(15)=2.1314$,$t_{0.975}(16)=2.1199$)

8. 某厂生产的零件质量服从正态分布 $N(\mu,\delta^2)$,先从该厂生产的零件中抽取 9 个,测得其质量为(单位:g)45.3,45.4,45.1,45.3,45.5,45.7,45.4,45.3,45.6,试求总体方差 δ^2 的置信度为 0.95 的置信区间.

9. 为比较两种品种产品的产量,选择 18 块同样的试验田,采用相同的耕种方式,结果如下(单位:kg)

甲品种:628 583 510 554 612 523 530 615

乙品种:535 433 398 470 567 480 498 560 503 426

假定每个品种的单位面积产量均服从正态分布,且具有相同的方差,试求两个品种平均单位面积产量差的置信区间,置信水平为 0.95.

10. 有两位化验员 A,B 独立地对某种聚合的含氮量用同样的方法分别进行了 10 次和 11 次的测定,测定的方差分别为:$s_1^2=0.5419$,$s_2^2=0.6065$. 设 A,B 两位化验员测定值服从正态分布,其总体的方差分别为 δ_1^2,δ_2^2,求方差比 δ_1^2/δ_2^2 的置信度 0.95 的置信区间.

四、证明题

设总体 $X\sim U(\theta,2\theta)$,其中 $\theta>0$ 是未知参数,又 $x_1,x_2,\cdots,x_n$ 为取自该总体的样本,$\bar{x}$ 为样本均值,证明 $\hat{\theta}=\frac{2}{3}\bar{x}$是参数 θ 的无偏估计和相合估计.

第 8 章 假设检验

8.1 知识要点

1. 理解假设检验的基本思想与步骤.
2. 掌握单个正态总体的假设检验.
3. 了解两个正态总体的假设检验.

8.2 同步练习

一、填空题

1. 设 α,β 分别是假设检验中犯第一、第二类错误的概率且 H_0,H_1 分别为原假设和备择假设,则(1)$P\{$拒绝 $H_0|H_0$ 真$\}$ = ________;(2)$P\{$接受 $H_0|H_0$ 真$\}$ = ________;(3)$P\{$接受 $H_0|H_0$ 不真$\}$ = ________;(4)$P\{$拒绝 $H_0|H_0$ 不真$\}$ = ________.

2. u 检验和 t 检验是关于________的假设检验. 当________已知时,用 u 检验;当________未知时,用 t 检验.

3. 已知某厂生产的零件直径服从 $N(\mu,9)$. 现随机取 16 个零件检测其直径,并算得样本均值为 $\bar{x}=20$,做假设检验 $H_0:\mu=20,H_1:\mu\neq 20$,则检验统计量的值为:________.

4. 已知某产品使用寿命 X 服从正态分布,要求平均使用寿命不低于 1 000 个小时,现从一批这种产品中随机抽出 25 只,测得平均使用寿命为 950 小时,样本方差为 100 小时,则可用________检验这批产品是否合格.

5. 设大批电子元件的寿命服从正态分布,现随机抽取 7 只,测得寿命为 $x_1,x_2,\cdots,x_7$(小时),要检验这批电子元件的平均寿命是否为 $\mu_0=2\ 350$(小时),取统计量为________.

6. 设总体 $X\sim N(\mu,\delta^2)$,δ^2 为已知,统计假设为 $H_0:\mu=\mu_0,H_1:\mu\neq\mu_0$,若用 u 检验法,则在显著水平 α 下的拒绝域为________.

7. 设总体 $X\sim N(\mu,\delta^2)$,μ 未知,欲检验 $H_0:\delta^2=\delta_0^2$(δ_0 已知),则应取检验统计量为

________,服从________分布.

8. 设 α 是检验水平,β 是置信水平,若 λ 是统计量 T 的临界值,则 $\alpha =$________,$\beta =$________;若 λ_1,λ_2 是统计量χ^2 的临界值,且 $\lambda_1<\lambda_2$,则 $P(\chi^2>\lambda_2)=$________.

9. 设总体 $X\sim N(\mu,2^2)$,μ 未知,$X_1,X_2,\cdots,X_9$ 是来自总体的样本,在 $\alpha=0.05$ 的水平下检验假设 $H_0:\mu=\mu_0$,取拒绝域为 $W=\{|\overline{X}-\mu_0|>\lambda\}$,则 $\lambda=$________.

二、选择题

1. 进行假设检验时,对选取的统计量说法不正确的是(　　).

A. 是样本的函数　　B. 不能包含总体分布中的任何参数

C. 可以包含总体分布中的已知参数　　D. 其值可以由取定的样本值计算出来

2. 假设检验中,一般情况下(　　).

A. 只犯第一类错误

B. 只犯第二类错误

C. 既可能犯第一类错误也可能犯第二类错误

D. 不犯第一类错误也可能犯第二类错误

3. 在假设检验问题中检验水平 α 的意义是(　　).

A. 原假设 H_0 成立,经检验被拒绝的概率

B. 原假设 H_0 成立,经检验被接受的概率

C. 原假设 H_0 不成立,经检验被拒绝的概率

D. 原假设 H_0 不成立,经检验被接受的概率

4. 矿砂的 5 个样品经测得其铜含量为 $x_1,x_2,\cdots,x_5$(百分数),设铜含量服从正态分布 $X\sim N(\mu,\delta^2)$,δ^2 为未知,在 $\alpha=0.01$ 下,检验 $\mu=\mu_0$,则统计量(　　).

A. $t=\dfrac{\overline{x}-\mu_0}{\frac{\delta}{\sqrt{5}}}$　　B. $t=\dfrac{\overline{x}-\mu_0}{\frac{s}{\sqrt{5}}}$　　C. $t=\dfrac{\overline{x}-\mu_0}{\frac{\delta}{\sqrt{4}}}$　　D. $t=\dfrac{\overline{x}-\mu_0}{\frac{s}{\sqrt{4}}}$

5. 从一批零件中随机抽出 100 个测量其直径,测得的平均直径为 5.2 cm,若想知道这批零件的直径是否符合标准直径 5 cm 因此采用了 t 检验法,那么,在显著水平 α 下接受域为(　　).

A. $|t|<t_{1-\frac{\alpha}{2}}(99)$　　B. $|t|<t_{1-\frac{\alpha}{2}}(100)$　　C. $|t|>t_{1-\frac{\alpha}{2}}(99)$　　D. $|t|>t_{1-\frac{\alpha}{2}}(100)$

6. 在假设检验中,两个正态总体的方差 δ_1^2 和 δ_2^2 的检验. 对于 μ_1、μ_2 未知的情况下,假设 $H_0:\delta_1^2\leqslant\delta_2^2,H_1:\delta_1^2>\delta_2^2$ 则原假设 H_0 的拒绝域(α 为显著水平)为(　　).

A. $F>F_\alpha(n_1-1,n_2-1)$　　B. $F<F_\alpha(n_1-1,n_2-1)$

C. $F>F_{1-\alpha}(n_1-1,n_2-1)$　　D. $F<F_{1-\alpha}(n_1-1,n_2-1)$

7. 设总体 $X\sim N(\mu_1,\delta_1^2)$,$Y\sim N(\mu_2,\delta_2^2)$,$\delta_1^2=\delta_2^2$ 未知,关于两个正态总体均值的左侧假设检验为 $H_0:\mu_1\geqslant\mu_2,H_1:\mu_1<\mu_2$,则在显著水平 α 下,H_0 的拒绝域为(　　).

A. $t<t_{1-\alpha}(n_1+n_2-2)$　　B. $t>t_{1-\alpha}(n_1+n_2-2)$

C. $t<t_\alpha(n_1+n_2-2)$　　D. $t>t_\alpha(n_1+n_2-2)$

三、计算题

1. 某天开工时,需检验自动装包机工作是否正常,根据以往经验,其装包重量在正常情况

下服从正态分布 $N(100,1.5^2)$(单位:千克). 现抽测了 9 包,其重量为:99.3,98.7,100.5,101.2,98.3,99.7,99.5,102.0,100.5. 问这天装包机工作是否正常.(取显著性水平 $\alpha=0.05$)

2. 某工厂用自动包装机包装葡萄糖,规定标准质量为每袋净重 500 克. 现在随机地抽取 10 袋,测得各袋净重(克)为 495,510,505,498,503,492,502,505,497,506,设每袋净重服从正态分布 $N(\mu,\delta^2)$,问包装机工作是否正常(取显著性水平 $\alpha=0.05$)? 如果:

(1)已知每袋葡萄糖的净重的标准差 $\delta=5$ 克;

(2)未知 δ.

3. 机器包装食盐,假设每袋盐的净重服从正态分布,规定每袋标准重量为 1 kg,标准差不能超过 0.02 kg,某天开始工作后,为检查机器工作是否正常,从装好的食盐中随机抽取 9 袋,测得其净重(单位:kg)为:0.994,1.014,1.02,0.95,1.03,0.968,0.976, 1.048,0.982.

问这台包装机工作是否正常($\alpha=0.05$)?

4. 对两批同类电子元件的电阻进行测试,各抽 6 件,测得结果如下(单位:Ω):

A 批:0.140,0.138,0.143,0.141,0.144,0.137;

B 批:0.135,0.140,0.142,0.136,0.138,0.141.

已知元件服从正态分布,设 $\alpha=0.05$,问:

(1)两批元件的平均电阻是否有显著差异;

(2)两批元件的电阻的方差是否相等.

5. 某农业试验站为了研究某种新化肥对农作物产量的效力,在若干小区进行试验,测得产量(单位:kg)如下:

施肥:34,35,32,33,34,30

未施肥:29,27,32,31,28,32,31

设农场的产量服从正态分布,检验该种化肥对提高产量的效力是否显著($\alpha=0.10$)?

6. 已知某炼铁厂的铁水含碳量 X 在正常情况下服从正态分布 $N(4.55,0.108^2)$,一天测了 6 炉铁水,其含碳量为 4.48,4.40,4.46,4.50,4.44,4.43,假设方差不会改变,问这天的铁水含碳量的平均值是否有显著变化($\alpha=0.01$)?

7. 为检验一枚硬币的均匀性,共做了 200 次抛掷,其中正面朝上共出现 110 次,问这枚硬币是否匀称($\alpha=0.05$)?

第3篇 线性代数

第1章 行列式

1.1 知识要点

1. 了解行列式的概念，理解 n 阶行列式的定义，会用对角线法计算二阶和三阶行列式.

2. 熟练掌握行列式的性质，会用性质计算行列式，会用三角化法计算行列式.

3. 了解余子式和代数余子式的概念，理解行列式按行（列）展开定理，会用展开定理计算行列式. 掌握范德蒙德（Vandermonde）行列式的计算方法.

4. 掌握克拉默（Cramer）法则，会用克拉默法则求解二元或三元线性方程组，会用克拉默法则判断齐次线性方程组的解.

1.2 同步练习

一、填空题

1. $\tau(7146523)=$________.

2. 项 $a_{12}a_{53}a_{41}a_{24}a_{35}$ 在 5 阶行列式中的符号应为________.

3. $\begin{vmatrix} 1 & -2 & 3 \\ 2 & 1 & -1 \\ 4 & -3 & 5 \end{vmatrix}=$________.

4. $\begin{vmatrix} 1 & -1 & 0 \\ 2 & x & -1 \\ 3 & 0 & x \end{vmatrix}=$________.

5. 设 2 阶行列式 $\begin{vmatrix} a_1 & b_1 \\ a_2 & b_2 \end{vmatrix}=1$, $\begin{vmatrix} a_1 & c_1 \\ a_2 & c_2 \end{vmatrix}=-2$, 则 $\begin{vmatrix} a_1 & b_1+c_1 \\ a_2 & b_2+c_2 \end{vmatrix}=$________.

6. 若 $\begin{vmatrix} a_{11} & a_{12} & a_{13} \\ a_{21} & a_{22} & a_{23} \\ a_{31} & a_{32} & a_{33} \end{vmatrix}=2$, 则 $\begin{vmatrix} 2a_{11} & 2a_{12} & 2a_{12}-2a_{13} \\ 2a_{21} & 2a_{22} & 2a_{22}-2a_{23} \\ 2a_{31} & 2a_{32} & 2a_{32}-2a_{33} \end{vmatrix}=$________.

7. $\begin{vmatrix} 0 & 0 & 0 & a \\ b & 0 & 0 & 0 \\ 0 & c & 0 & 0 \\ 0 & 0 & d & 0 \end{vmatrix}=$________.

8. 设行列式 $D=\begin{vmatrix} 3 & 0 & 4 \\ 2 & 2 & 2 \\ 5 & 3 & -2 \end{vmatrix}$, 其第 3 行各元素的代数余子式之和为________.

9. 设 $D=\begin{vmatrix} 1 & 2 & 3 \\ \lambda & 0 & -4 \\ 5 & \lambda & 0 \end{vmatrix}$, 则元素 -4 的余子式 $M_{23}=$________, 元素 2 的代数余子式 $A_{12}=$________.

10. 若 $\begin{vmatrix} 1 & 2 & 3 & 4 \\ 5 & 6 & 7 & 8 \\ 0 & 0 & x & 3 \\ 0 & 0 & 4 & 5 \end{vmatrix}=0$, 则 $x=$________.

11. 范德蒙德行列式 $\begin{vmatrix} 1 & 1 & 1 & 1 \\ 1 & 2 & 3 & 4 \\ 1 & 4 & 9 & 16 \\ 1 & 8 & 27 & 64 \end{vmatrix}=$________.

12. 已知三元齐次线性方程组$\begin{cases}x_1+x_2-x_3=0\\2x_1+3x_2+ax_3=0\\x_1+2x_2+3x_3=0\end{cases}$有非零解，则 $a=$________.

13. 多项式$f(x)=\begin{vmatrix}x&-1&0&x\\2&2&3&x\\-7&10&4&3\\1&-7&1&x\end{vmatrix}$中，常数项为________.

14. 设$f(x)=\begin{vmatrix}x&1&-2&1\\0&1-x&1&1\\3&1&2x&1\\4&-3&2&3x-4\end{vmatrix}$，则$f(x)$的展开式中 x^4 的系数为________，x^3 的系数为________，常数项为________.

二、选择题

1. 3 阶行列式$|a_{ij}|=\begin{vmatrix}0&-1&1\\1&0&-1\\-1&1&0\end{vmatrix}$中元素 a_{21}的代数余子式 $A_{21}=$(　　).

A. -2　　B. -1　　C. 1　　D. 2

2. 设行列式$\begin{vmatrix}a_{11}&a_{12}&a_{13}\\a_{21}&a_{22}&a_{23}\\a_{31}&a_{32}&a_{33}\end{vmatrix}=2$，则$\begin{vmatrix}-a_{11}&2a_{12}&-3a_{13}\\-a_{21}&2a_{22}&-3a_{23}\\-a_{31}&2a_{32}&-3a_{33}\end{vmatrix}=$(　　).

A. -12　　B. -6　　C. 6　　D. 12

3. 下列排列为偶排列的是(　　).

A. 534621　　B. 564231　　C. 641253　　D. 465231

4. 与行列式$\begin{vmatrix}3&0&5\\2&1&2\\-6&-3&-2\end{vmatrix}$的值互为相反数的行列式是(　　).

A. $\begin{vmatrix}2&1&2\\-3&0&-5\\-6&-3&-2\end{vmatrix}$　　B. $\begin{vmatrix}0&5&3\\1&2&2\\-3&-2&-6\end{vmatrix}$

C. $\begin{vmatrix}2&1&2\\-6&-3&-2\\3&0&5\end{vmatrix}$　　D. $\begin{vmatrix}2&1&2\\3&0&5\\-6&-3&-2\end{vmatrix}$

5. 若 n 阶行列式 $D=0$，则(　　).

A. D 中必有一行(列)元素全为零

B. D 中必有两行(列)元素对应成比例

C. 以 D 为系数行列式的齐次线性方程组必有非零解

D. 以 D 为系数行列式的非齐次线性方程组必无解

6. 如果线性方程组$\begin{cases}2x_1-x_2+x_3=0\\x_1-x_2-x_3=0\\kx_1+x_2+x_3=0\end{cases}$有非零解,则(　　).

A. $k=-1$　　B. $k=0$　　C. $k=1$　　D. $k=2$

7. 如果线性方程组$\begin{cases}kx_1+x_3=0\\2x_1+kx_2+x_3=0\\kx_1-2x_2+x_3=0\end{cases}$只有零解,则下列答案中不正确的是(　　).

A. $k=0$　　B. $k=-1$　　C. $k=2$　　D. $k=-2$

8. λ 满足(　　)时,方程组$\begin{cases}\lambda x_1+x_2+x_3=1\\x_1+\lambda x_2+x_3=\lambda\\x_1+x_2+\lambda x_3=\lambda^2\end{cases}$有唯一解.

A. $\lambda\neq1$ 且 $\lambda\neq2$　　B. $\lambda\neq-1$ 且 $\lambda\neq2$

C. $\lambda\neq1$ 且 $\lambda\neq-2$　　D. $\lambda\neq-1$ 且 $\lambda\neq-2$

三、计算题

1. 计算行列式的值:$\begin{vmatrix}1&2&0&1\\1&3&5&0\\0&1&5&6\\1&2&3&4\end{vmatrix}$.

2. 计算行列式的值:$\begin{vmatrix}2&3&4&1\\3&4&1&2\\4&1&2&3\\1&2&3&4\end{vmatrix}$.

3. 计算行列式的值:$\begin{vmatrix}2&4&4&4\\4&2&4&4\\4&4&2&4\\4&4&4&2\end{vmatrix}$.

4. 计算 n 阶行列式的值:$\begin{vmatrix}a&c&c&\cdots&c\\c&a&c&\cdots&c\\c&c&a&\cdots&c\\\vdots&\vdots&\vdots&&\vdots\\c&c&c&\cdots&a\end{vmatrix}$.

5. 计算行列式的值:$\begin{vmatrix}3&-1&0&2\\1&3&1&0\\4&2&0&-1\\-2&0&-2&1\end{vmatrix}$.

6. 计算行列式的值:$\begin{vmatrix}2&-3&4&1\\4&2&3&2\\1&0&2&0\\3&-1&4&0\end{vmatrix}$.

7. 计算 n 阶行列式的值：$\begin{vmatrix} 1+a_1 & 1 & \cdots & 1 \\ 1 & 1+a_2 & \cdots & 1 \\ \vdots & \vdots & & \vdots \\ 1 & 1 & \cdots & 1+a_n \end{vmatrix}$，其中 $a_1a_2\cdots a_n\neq 0$.

8. 计算 n 阶行列式的值：$\begin{vmatrix} 1 & a_1 & 0 & \cdots & 0 & 0 \\ -1 & 1-a_1 & a_2 & \cdots & 0 & 0 \\ 0 & -1 & 1-a_2 & \cdots & 0 & 0 \\ \vdots & \vdots & \vdots & & \vdots & \vdots \\ 0 & 0 & 0 & \cdots & 1-a_{n-1} & a_n \\ 0 & 0 & 0 & \cdots & -1 & 1-a_n \end{vmatrix}$.

9. 计算 n 阶行列式的值：$\begin{vmatrix} x & y & 0 & \cdots & 0 & 0 \\ 0 & x & y & \cdots & 0 & 0 \\ 0 & 0 & x & \cdots & 0 & 0 \\ \vdots & \vdots & \vdots & & \vdots & \vdots \\ 0 & 0 & 0 & \cdots & x & y \\ y & 0 & 0 & \cdots & 0 & x \end{vmatrix}$.

10. 计算 n 阶行列式的值：$\begin{vmatrix} 2a & a^2 & 0 & \cdots & 0 & 0 \\ 1 & 2a & a^2 & \cdots & 0 & 0 \\ 0 & 1 & 2a & \cdots & 0 & 0 \\ \vdots & \vdots & \vdots & & \vdots & \vdots \\ 0 & 0 & 0 & \cdots & 2a & a^2 \\ 0 & 0 & 0 & \cdots & 1 & 2a \end{vmatrix}$.

第 2 章 矩阵

2.1 知识要点

1. 理解矩阵的概念,了解零矩阵、单位矩阵、对角矩阵、三角矩阵等特殊矩阵的定义及性质,了解对称矩阵和反对称矩阵的定义.

2. 熟练掌握矩阵的加法、数乘、乘法、转置运算规律,了解方阵的幂的性质,会运用转置矩阵和方阵行列式的性质.

3. 理解逆矩阵的概念,掌握矩阵可逆的充要条件以及逆矩阵的性质,了解伴随矩阵的概念以及与逆矩阵的关系,会用伴随矩阵法求低阶方阵的逆矩阵.

4. 了解分块矩阵的概念,会用分块矩阵简化计算.

5. 理解矩阵的初等变换和初等矩阵,知道初等矩阵的性质和矩阵等价的概念,掌握阶梯阵和最简阶梯阵的概念,熟练掌握用初等变换求逆矩阵和矩阵方程的方法.

6. 理解矩阵的秩的概念,会用初等变换求矩阵的秩.

2.2 同步练习

一、填空题

1. 设矩阵 $\boldsymbol{A}=\begin{pmatrix}1&2&0\\2&1&0\\0&0&1\end{pmatrix}$,$\boldsymbol{B}=\begin{pmatrix}1&0&0\\0&2&1\\0&1&3\end{pmatrix}$,则 $\boldsymbol{A}+2\boldsymbol{B}=$________.

2. 设 $\boldsymbol{A}$ 是 3 阶方阵,且 $|\boldsymbol{A}|=3$,则 $|-2\boldsymbol{A}|=$________,$|\boldsymbol{A}^2|=$________.

3. 设 $\boldsymbol{A}$ 是 4 阶方阵,$\boldsymbol{B}$ 是 5 阶方阵,且 $|\boldsymbol{A}|=2$,$|\boldsymbol{B}|=-2$,则 $|-|\boldsymbol{A}|\cdot\boldsymbol{B}|=$__________,$|-|\boldsymbol{B}|\cdot\boldsymbol{A}|=$________,$|2\boldsymbol{A}^{-1}|=$________.

4. 设 $\boldsymbol{A}$,$\boldsymbol{B}$ 均为 $n(n\geqslant 2)$ 阶方阵,$\boldsymbol{B}^*$ 为 $\boldsymbol{B}$ 的伴随矩阵,若 $|\boldsymbol{A}|=2$,$|\boldsymbol{B}|=-3$,则 $|2\boldsymbol{A}^{-1}\boldsymbol{B}^*|=$________.

5. 将 3 阶方阵 $\boldsymbol{A}$ 按列分块为 $\boldsymbol{A}=(\boldsymbol{A}_1,\boldsymbol{A}_2,\boldsymbol{A}_3)$，其中 $\boldsymbol{A}_j$ 是 $\boldsymbol{A}$ 的第 j 列 $(j=1,2,3)$，且 $|\boldsymbol{A}|=-2$，则 $|\boldsymbol{A}_1,2\boldsymbol{A}_3,\boldsymbol{A}_2|=$________，$|\boldsymbol{A}_1+2\boldsymbol{A}_2,2\boldsymbol{A}_2+3\boldsymbol{A}_3,3\boldsymbol{A}_3+\boldsymbol{A}_1|=$________.

6. 设 $\boldsymbol{A},\boldsymbol{B}$ 均为 n 阶可逆矩阵，则 $(\boldsymbol{AB})^2=\boldsymbol{A}^2\boldsymbol{B}^2$ 的充要条件是________.

7. 当 $k=$________时，矩阵 $\boldsymbol{A}=\begin{pmatrix}1&0&0\\0&k&0\\1&-1&1\end{pmatrix}$ 可逆.

8. 设矩阵 $\boldsymbol{A}=\begin{pmatrix}2&0&1\\-1&1&-3\end{pmatrix}$，$\boldsymbol{B}=\begin{pmatrix}0&4&2\\3&5&7\end{pmatrix}$，则 $\boldsymbol{A}^{\mathrm{T}}\boldsymbol{B}=$________.

9. 设 $\boldsymbol{A}=\begin{pmatrix}1&2\\-1&0\end{pmatrix}$，$f(x)=x^2-2x+1$，则 $f(\boldsymbol{A})=\boldsymbol{A}^2-2\boldsymbol{A}+\boldsymbol{E}=$________.

10. 设矩阵 $\boldsymbol{A}$ 的伴随矩阵 $\boldsymbol{A}^*=\begin{pmatrix}1&2\\3&4\end{pmatrix}$，则 $\boldsymbol{A}^{-1}=$________.

11. $(1\quad 0\quad 3)\begin{pmatrix}2\\1\\4\end{pmatrix}=$________.

12. 设 $\boldsymbol{A}$ 为 2 阶矩阵，将 $\boldsymbol{A}$ 的第 2 列的 (-2) 倍加到第 1 列得到 $\boldsymbol{B}=\begin{pmatrix}1&2\\3&4\end{pmatrix}$，则 $\boldsymbol{A}=$________.

13. 已知矩阵方程 $\begin{pmatrix}0&1&0\\1&0&0\\0&0&1\end{pmatrix}\boldsymbol{X}\begin{pmatrix}1&0&0\\0&0&1\\0&1&0\end{pmatrix}=\begin{pmatrix}1&-4&3\\2&0&-1\\1&-2&0\end{pmatrix}$，则 $\boldsymbol{X}=$________.

14. 已知矩阵 $\boldsymbol{A}=\begin{pmatrix}1&1&t\\1&-2&1\\-2&1&1\end{pmatrix}$ 的秩为 2，则数 $t=$________.

15. 设 $\boldsymbol{A}$ 为 3 阶矩阵，$r(\boldsymbol{A})=2$，若存在可逆矩阵 $\boldsymbol{P}$，使 $\boldsymbol{P}^{-1}\boldsymbol{AP}=\boldsymbol{B}$，则 $r(\boldsymbol{B})=$________.

16. 设 3 阶矩阵 $\boldsymbol{A}$ 的秩为 2，矩阵 $\boldsymbol{P}=\begin{pmatrix}0&0&1\\0&1&0\\1&0&0\end{pmatrix}$，$\boldsymbol{Q}=\begin{pmatrix}1&0&0\\0&1&0\\1&0&1\end{pmatrix}$，若矩阵 $\boldsymbol{B}=\boldsymbol{QAP}$，则 $r(\boldsymbol{B})=$________.

二、选择题

1. 设矩阵 $\begin{pmatrix}a+b&4\\0&d\end{pmatrix}=\begin{pmatrix}2&a-b\\c&3\end{pmatrix}$，则(　　).

A. $a=3,b=-1,c=1,d=3$　　B. $a=-1,b=3,c=1,d=3$

C. $a=3,b=-1,c=0,d=3$　　D. $a=-1,b=3,c=0,d=3$

2. 设 n 阶可逆矩阵 $\boldsymbol{A},\boldsymbol{B},\boldsymbol{C}$ 满足 $\boldsymbol{ABC}=\boldsymbol{E}$，则 $\boldsymbol{B}^{-1}=$(　　).

A. $\boldsymbol{A}^{-1}\boldsymbol{C}^{-1}$　　B. $\boldsymbol{C}^{-1}\boldsymbol{A}^{-1}$　　C. $\boldsymbol{AC}$　　D. $\boldsymbol{CA}$

3. 已知 $\boldsymbol{A}$ 是一个 3×4 矩阵，下列命题中正确的是(　　).

A. 若矩阵 $\boldsymbol{A}$ 中所有 3 阶子式都为 0，则 $r(\boldsymbol{A})=2$

B. 若 $\boldsymbol{A}$ 中存在 2 阶子式不为 0，则 $r(\boldsymbol{A})=2$

C. 若 $r(\boldsymbol{A})=2$,则 $\boldsymbol{A}$ 中所有3阶子式都为0

D. 若 $r(\boldsymbol{A})=2$,则 $\boldsymbol{A}$ 中所有2阶子式都不为0

4. 设 $\boldsymbol{A}$ 为 n 阶对称矩阵,$\boldsymbol{B}$ 为 n 阶反对称矩阵,则下列矩阵中为反对称矩阵的是(　　).

A. $\boldsymbol{AB}-\boldsymbol{BA}$　　B. $\boldsymbol{AB}+\boldsymbol{BA}$　　C. $\boldsymbol{AB}$　　D. $\boldsymbol{BA}$

5. 设 $\boldsymbol{A},\boldsymbol{B}$ 是任意的 n 阶方阵,下列命题中正确的是(　　).

A. $(\boldsymbol{A}+\boldsymbol{B})^2=\boldsymbol{A}^2+2\boldsymbol{AB}+\boldsymbol{B}^2$　　B. $(\boldsymbol{A}+\boldsymbol{B})(\boldsymbol{A}-\boldsymbol{B})=\boldsymbol{A}^2-\boldsymbol{B}^2$

C. $(\boldsymbol{A}-\boldsymbol{E})(\boldsymbol{A}+\boldsymbol{E})=(\boldsymbol{A}+\boldsymbol{E})(\boldsymbol{A}-\boldsymbol{E})$　　D. $(\boldsymbol{AB})^2=\boldsymbol{A}^2\boldsymbol{B}^2$

6. 设 $\boldsymbol{A},\boldsymbol{B}$ 均为 n 阶方阵,则必有(　　).

A. $|\boldsymbol{A}+\boldsymbol{B}|=|\boldsymbol{A}|+|\boldsymbol{B}|$　　B. $\boldsymbol{AB}=\boldsymbol{BA}$

C. $|\boldsymbol{AB}|=|\boldsymbol{BA}|$　　D. $(\boldsymbol{A}+\boldsymbol{B})^{-1}=\boldsymbol{A}^{-1}+\boldsymbol{B}^{-1}$

7. 设 $\boldsymbol{A},\boldsymbol{B}$ 均为 n 阶可逆矩阵,则下列各式成立的是(　　).

A. $(\boldsymbol{AB})^{\mathrm{T}}=\boldsymbol{A}^{\mathrm{T}}\boldsymbol{B}^{\mathrm{T}}$　　B. $(\boldsymbol{A}+\boldsymbol{B})^{\mathrm{T}}=\boldsymbol{A}^{\mathrm{T}}+\boldsymbol{B}^{\mathrm{T}}$

C. $(\boldsymbol{AB})^{-1}=\boldsymbol{A}^{-1}\boldsymbol{B}^{-1}$　　D. $(\boldsymbol{A}+\boldsymbol{B})^{-1}=\boldsymbol{A}^{-1}+\boldsymbol{B}^{-1}$

8. 设 $\boldsymbol{A}$ 是 n 阶可逆矩阵,$\boldsymbol{A}^*$ 是 $\boldsymbol{A}$ 的伴随矩阵,则(　　).

A. $|\boldsymbol{A}^*|=|\boldsymbol{A}|$　　B. $|\boldsymbol{A}^*|=|\boldsymbol{A}|^{n-1}$　　C. $|\boldsymbol{A}^*|=|\boldsymbol{A}|^n$　　D. $|\boldsymbol{A}^*|=|\boldsymbol{A}^{-1}|$

9. 设 $\boldsymbol{A},\boldsymbol{B}$ 为 n 阶方阵,且 $\boldsymbol{AB}=\boldsymbol{O}$,则必有(　　).

A. 若 $r(\boldsymbol{A})=n$,则 $\boldsymbol{B}=\boldsymbol{O}$　　B. 若 $\boldsymbol{A}\neq\boldsymbol{O}$,则 $\boldsymbol{B}=\boldsymbol{O}$

C. 或者 $\boldsymbol{A}=\boldsymbol{O}$,或者 $\boldsymbol{B}=\boldsymbol{O}$　　D. $|\boldsymbol{A}|+|\boldsymbol{B}|=0$

10. 设 $\boldsymbol{A},\boldsymbol{B}$ 为同阶方阵,则下面结论中正确的是(　　).

A. $\boldsymbol{AB}\neq\boldsymbol{O}\Leftrightarrow\boldsymbol{A}\neq\boldsymbol{O}$ 且 $\boldsymbol{B}\neq\boldsymbol{O}$　　B. $|\boldsymbol{A}|=0\Leftrightarrow\boldsymbol{A}=\boldsymbol{O}$

C. $|\boldsymbol{AB}|=0\Leftrightarrow|\boldsymbol{A}|=0$ 或 $|\boldsymbol{B}|=0$　　D. $|\boldsymbol{A}|\neq1\Leftrightarrow\boldsymbol{A}\neq\boldsymbol{E}$

11. 设 $\boldsymbol{A}$ 为 n 阶方阵,k 为常数,若 $|\boldsymbol{A}|=a$,则 $|k\boldsymbol{A}\boldsymbol{A}^{\mathrm{T}}|=$(　　).

A. ka^2　　B. k^2a　　C. k^2a^2　　D. k^na^2

12. 设 $\boldsymbol{A},\boldsymbol{B},\boldsymbol{C}$ 均为 n 阶矩阵,则下列结论中不正确的是(　　).

A. 若 $\boldsymbol{ABC}=\boldsymbol{E}$,则 $\boldsymbol{A},\boldsymbol{B},\boldsymbol{C}$ 都可逆

B. 若 $\boldsymbol{AB}=\boldsymbol{AC}$,且 $\boldsymbol{A}$ 可逆,则 $\boldsymbol{B}=\boldsymbol{C}$

C. 若 $\boldsymbol{AB}=\boldsymbol{AC}$,且 $\boldsymbol{A}$ 可逆,则 $\boldsymbol{BA}=\boldsymbol{CA}$

D. 若 $\boldsymbol{AB}=\boldsymbol{O}$,且 $\boldsymbol{A}\neq\boldsymbol{O}$,则 $\boldsymbol{B}=\boldsymbol{O}$

三、计算题

1. 设 $\boldsymbol{A}^*$ 是3阶方阵 $\boldsymbol{A}$ 的伴随矩阵,若 $|\boldsymbol{A}|=\dfrac{1}{2}$,求 $|(3\boldsymbol{A})^{-1}-2\boldsymbol{A}^*|$.

2. 设 $\boldsymbol{A}=\begin{pmatrix}5&2&0&0\\2&1&0&0\\0&0&8&-3\\0&0&5&-2\end{pmatrix}$,求 $\boldsymbol{A}^{-1}$, $|\boldsymbol{A}^5|$, $|\boldsymbol{A}\boldsymbol{A}^{\mathrm{T}}|$.

3. 设 $\boldsymbol{A}=\begin{pmatrix}a&b\\0&a\end{pmatrix}$,求 $\boldsymbol{A}^n$.

4. 已知向量 $\boldsymbol{\alpha}=(1,2,k)$, $\boldsymbol{\beta}=\left(1,\dfrac{1}{2},\dfrac{1}{3}\right)$,且 $\boldsymbol{\beta}\boldsymbol{\alpha}^{\mathrm{T}}=3$, $\boldsymbol{A}=\boldsymbol{\alpha}^{\mathrm{T}}\boldsymbol{\beta}$,求

(1)数 k 的值;

(2)$\boldsymbol{A}^{10}$.

5. 设 $\boldsymbol{A}=\begin{pmatrix}1&2&1\\0&2&1\\-1&1&0\end{pmatrix}$,求 $\boldsymbol{A}^{-1}$.

6. 已知矩阵 $\boldsymbol{A}=\begin{pmatrix}1&0&1\\1&-1&0\\0&1&2\end{pmatrix}$,$\boldsymbol{B}=\begin{pmatrix}3&0&1\\1&1&0\\0&1&4\end{pmatrix}$,求解矩阵方程 $\boldsymbol{AX}=\boldsymbol{B}$.

7. 设矩阵 $\boldsymbol{A},\boldsymbol{X}$ 满足 $\boldsymbol{AX}=\boldsymbol{A}+2\boldsymbol{X}$,其中 $\boldsymbol{A}=\begin{pmatrix}4&2&3\\1&1&0\\-1&2&3\end{pmatrix}$,求矩阵 $\boldsymbol{X}$.

8. 设 $\boldsymbol{A},\boldsymbol{B}$ 都是3阶方阵,且 $|\boldsymbol{A}|=3$,$|\boldsymbol{B}|=2$,$|\boldsymbol{A}^{-1}+\boldsymbol{B}|=2$,求 $|\boldsymbol{A}+\boldsymbol{B}^{-1}|$.

9. 求矩阵 $\boldsymbol{A}=\begin{pmatrix}3&3&0&2\\-1&-4&3&0\\1&-5&6&2\end{pmatrix}$的秩.

10. 问 a,b 为何值时,矩阵 $\boldsymbol{A}=\begin{pmatrix}1&1&1&1&0\\0&1&2&2&1\\0&-1&a-3&-2&b\\3&2&1&a&-1\end{pmatrix}$的秩为2.

四、证明题

1. 设方阵 $\boldsymbol{A}$ 满足 $\boldsymbol{A}^2-\boldsymbol{A}-2\boldsymbol{E}=\boldsymbol{O}$,证明 $\boldsymbol{A}$ 和 $\boldsymbol{A}+2\boldsymbol{E}$ 都可逆,并求 $\boldsymbol{A}^{-1}$和$(\boldsymbol{A}+2\boldsymbol{E})^{-1}$.

2. 设 $\boldsymbol{A}^3=2\boldsymbol{E}$,试证明 $\boldsymbol{A}+2\boldsymbol{E}$ 可逆,并求$(\boldsymbol{A}+2\boldsymbol{E})^{-1}$.

第 3 章 线性方程组

3.1 知识要点

1. 理解 n 维向量的概念及其运算、理解向量的线性组合，会求解向量的线性表示问题.

2. 理解向量组线性相关、线性无关的概念，掌握向量组线性相关、线性无关的有关性质及判别法.

3. 理解向量组的极大线性无关组和向量组的秩的概念，会求向量组的极大线性无关组及秩.

4. 理解向量组等价的概念，理解矩阵的秩与其行(列)向量组的秩之间的关系.

5. 理解齐次线性方程组有非零解的充分必要条件及非齐次线性方程组有解的充分必要条件.

6. 理解齐次线性方程组的基础解系、通解的概念，掌握齐次线性方程组的基础解系和通解的求法.

7. 理解非齐次线性方程组解的结构、通解的概念及求法.

8. 掌握用初等行变换求解线性方程组的方法.

3.2 同步练习

一、填空题

1. 设向量组 $\boldsymbol{\alpha}_1=(1,1,1)^{\mathrm{T}},\boldsymbol{\alpha}_2=(1,2,1)^{\mathrm{T}},\boldsymbol{\alpha}_3=(1,3,t)^{\mathrm{T}}$ 线性相关，则 $t=$________.

2. 设齐次线性方程组为 $x_1+x_2+x_3+\cdots+x_n=0$，则它的基础解系中所含向量的个数为________.

3. 若向量组 $\boldsymbol{\alpha}_1,\boldsymbol{\alpha}_2,\boldsymbol{\alpha}_3$ 线性无关，则 $\boldsymbol{\alpha}_1+\boldsymbol{\alpha}_2,\boldsymbol{\alpha}_2+\boldsymbol{\alpha}_3,\boldsymbol{\alpha}_3+\boldsymbol{\alpha}_1$ 线性________.

4. 已知向量 $\boldsymbol{\alpha}=(3,5,-1,0)^{\mathrm{T}},\boldsymbol{\beta}=(2,0,-4,3)^{\mathrm{T}}$，则 $3\boldsymbol{\beta}-2\boldsymbol{\alpha}=$________.

5. 设向量 $\boldsymbol{\alpha}_1=(1,1,1)^{\mathrm{T}},\boldsymbol{\alpha}_2=(1,1,0)^{\mathrm{T}},\boldsymbol{\alpha}_3=(1,0,0)^{\mathrm{T}},\boldsymbol{\beta}=(0,1,1)^{\mathrm{T}}$，则 $\boldsymbol{\beta}$ 由 $\boldsymbol{\alpha}_1,\boldsymbol{\alpha}_2,\boldsymbol{\alpha}_3$

线性表出的表示式为________.

6. 已知向量组 $\boldsymbol{\alpha}_1=(1,0,0,2)^{\mathrm{T}},\boldsymbol{\alpha}_2=(0,1,5,0)^{\mathrm{T}},\boldsymbol{\alpha}_3=(2,1,t+2,4)^{\mathrm{T}}$ 的秩为 2,则数 $t=$________.

7. 已知 $\boldsymbol{Ax}=\boldsymbol{\beta}$ 为 4 元非齐次线性方程组,$r(\boldsymbol{A})=3$,$\boldsymbol{\alpha}_1,\boldsymbol{\alpha}_2,\boldsymbol{\alpha}_3$ 为该方程组的 3 个解,且 $\boldsymbol{\alpha}_1=(1,2,3,4)^{\mathrm{T}},\boldsymbol{\alpha}_2+\boldsymbol{\alpha}_3=(3,5,7,9)^{\mathrm{T}}$,则该线性方程组的通解是________.

8. 设 $\boldsymbol{\eta}_1,\boldsymbol{\eta}_2$ 是 5 元齐次线性方程组 $\boldsymbol{Ax}=\boldsymbol{O}$ 的基础解系,则 $r(\boldsymbol{A})=$________.

9. 设 $\boldsymbol{A}$ 为 3 阶矩阵,$r(\boldsymbol{A})=2$,若存在可逆矩阵 $\boldsymbol{P}$,使 $\boldsymbol{P}^{-1}\boldsymbol{AP}=\boldsymbol{B}$,则 $r(\boldsymbol{B})=$________.

10. 齐次线性方程组$\begin{cases}x_1+x_2+x_3=0\\x_3-x_4=0\end{cases}$的基础解系中解向量的个数为________.

11. 向量组 $\boldsymbol{\alpha}_1=(1,2,3)^{\mathrm{T}},\boldsymbol{\alpha}_2=(3,4,5)^{\mathrm{T}},\boldsymbol{\alpha}_3=(1,1,1)^{\mathrm{T}}$ 的秩为________.

12. 设 $\boldsymbol{A}=\begin{pmatrix}1&2&-2\\4&t&3\\3&-1&1\end{pmatrix}$,$\boldsymbol{B}$ 为 3 阶非零矩阵,且 $\boldsymbol{AB}=\boldsymbol{O}$,则 $t=$________.

13. 若线性方程组$\begin{cases}x_1+2x_2+x_3=1\\2x_1+3x_2+(a+2)x_3=3\\x_1+ax_2-2x_3=0\end{cases}$无解,则常数 $a=$________.

14. 向量组 $\boldsymbol{\alpha}_1=(1,0,0,2)^{\mathrm{T}},\boldsymbol{\alpha}_2=(0,1,0,6)^{\mathrm{T}},\boldsymbol{\alpha}_3=(0,0,1,5)^{\mathrm{T}}$ 线性________.

二、选择题

1. 若 $\boldsymbol{\alpha}_1,\boldsymbol{\alpha}_2,\cdots,\boldsymbol{\alpha}_r$ 是向量组 $\boldsymbol{\alpha}_1,\boldsymbol{\alpha}_2,\cdots,\boldsymbol{\alpha}_r,\boldsymbol{\alpha}_{r+1},\cdots,\boldsymbol{\alpha}_n$ 的极大无关组,则下面结论不正确的是(　　).

A. $\boldsymbol{\alpha}_n$ 可由 $\boldsymbol{\alpha}_1,\boldsymbol{\alpha}_2,\cdots,\boldsymbol{\alpha}_r$ 线性表示　　B. $\boldsymbol{\alpha}_1$ 可由 $\boldsymbol{\alpha}_{r+1},\boldsymbol{\alpha}_{r+2},\cdots,\boldsymbol{\alpha}_n$ 线性表示

C. $\boldsymbol{\alpha}_1$ 可由 $\boldsymbol{\alpha}_1,\boldsymbol{\alpha}_2,\cdots,\boldsymbol{\alpha}_r$ 线性表示　　D. $\boldsymbol{\alpha}_n$ 可由 $\boldsymbol{\alpha}_{r+1},\boldsymbol{\alpha}_{r+2},\cdots,\boldsymbol{\alpha}_n$ 线性表示

2. 设向量组 $\boldsymbol{\alpha}_1,\boldsymbol{\alpha}_2,\cdots,\boldsymbol{\alpha}_s$ 的秩为 $r(r<s)$,则(　　).

A. $\boldsymbol{\alpha}_1,\boldsymbol{\alpha}_2,\cdots,\boldsymbol{\alpha}_s$ 中任意 r 个向量线性无关

B. $\boldsymbol{\alpha}_1,\boldsymbol{\alpha}_2,\cdots,\boldsymbol{\alpha}_s$ 中任意 $r-1$ 个向量线性无关

C. $\boldsymbol{\alpha}_1,\boldsymbol{\alpha}_2,\cdots,\boldsymbol{\alpha}_s$ 中任一向量可由其他 r 个向量线性表示

D. $\boldsymbol{\alpha}_1,\boldsymbol{\alpha}_2,\cdots,\boldsymbol{\alpha}_s$ 中任意 $r+1$ 个向量线性相关

3. 向量组 $\boldsymbol{\alpha}_1,\boldsymbol{\alpha}_2,\cdots,\boldsymbol{\alpha}_s$ 线性相关的充分必要条件是(　　).

A. $\boldsymbol{\alpha}_1,\boldsymbol{\alpha}_2,\cdots,\boldsymbol{\alpha}_s$ 中至少有一个是零向量

B. $\boldsymbol{\alpha}_1,\boldsymbol{\alpha}_2,\cdots,\boldsymbol{\alpha}_s$ 中至少有两个向量对应分量成比例

C. $\boldsymbol{\alpha}_1,\boldsymbol{\alpha}_2,\cdots,\boldsymbol{\alpha}_s$ 中至少有一个向量可由其余 $s-1$ 个向量线性表示

D. $\boldsymbol{\alpha}_1,\boldsymbol{\alpha}_2,\cdots,\boldsymbol{\alpha}_s$ 中的任一部分组线性相关

4. 设 $\boldsymbol{A}$ 是 n 阶方阵,其秩 $r<n$,则在 $\boldsymbol{A}$ 的 n 个列向量中(　　).

A. 必有 r 个列向量线性无关

B. 任意 r 个列向量线性无关

C. 任意 r 个列向量都构成极大无关向量组

D. 任意一个列向量都可以由其余 $r-1$ 个列向量线性表示

5. 若向量组 $\boldsymbol{\alpha},\boldsymbol{\beta},\boldsymbol{\gamma}$ 线性无关,向量组 $\boldsymbol{\alpha},\boldsymbol{\beta},\boldsymbol{\delta}$ 线性相关,则(　　).

A. $\boldsymbol{\delta}$ 必可由 $\boldsymbol{\alpha},\boldsymbol{\beta},\boldsymbol{\gamma}$ 线性表示　　B. $\boldsymbol{\delta}$ 必不可由 $\boldsymbol{\alpha},\boldsymbol{\beta},\boldsymbol{\gamma}$ 线性表示

C. $\boldsymbol{\alpha}$ 必可由 $\boldsymbol{\beta},\boldsymbol{\gamma},\boldsymbol{\delta}$ 线性表示　　D. $\boldsymbol{\beta}$ 必不可由 $\boldsymbol{\alpha},\boldsymbol{\gamma},\boldsymbol{\delta}$ 线性表示

6. 设 $\boldsymbol{A}$ 为 $m\times n$ 矩阵,线性方程组 $\boldsymbol{Ax}=\boldsymbol{b}$ 对应的导出组为 $\boldsymbol{Ax}=\boldsymbol{O}$,则下述结论中正确的是(　　).

A. 若 $\boldsymbol{Ax}=\boldsymbol{O}$ 仅有零解,则 $\boldsymbol{Ax}=\boldsymbol{b}$ 有唯一解

B. 若 $\boldsymbol{Ax}=\boldsymbol{O}$ 有非零解,则 $\boldsymbol{Ax}=\boldsymbol{b}$ 有无穷多解

C. 若 $\boldsymbol{Ax}=\boldsymbol{b}$ 有无穷多解,则 $\boldsymbol{Ax}=\boldsymbol{O}$ 仅有零解

D. 若 $\boldsymbol{Ax}=\boldsymbol{b}$ 有无穷多解,则 $\boldsymbol{Ax}=\boldsymbol{O}$ 有非零解

7. 设 n 元齐次线性方程组 $\boldsymbol{Ax}=\boldsymbol{O}$ 的系数矩阵 $\boldsymbol{A}$ 的秩为 r,则 $\boldsymbol{Ax}=\boldsymbol{O}$ 有非零解的充分必要条件是(　　).

A. $r=n$　　B. $r<n$　　C. $r\geqslant n$　　D. $r>n$

8. 设4阶矩阵 $\boldsymbol{A}$ 的秩为3,$\boldsymbol{\eta}_1,\boldsymbol{\eta}_2$ 为非齐次线性方程组 $\boldsymbol{Ax}=\boldsymbol{b}$ 的两个不同的解,c 为任意常数,则该方程组的通解为(　　).

A. $\boldsymbol{\eta}_1+c\dfrac{\boldsymbol{\eta}_1-\boldsymbol{\eta}_2}{2}$　　B. $\dfrac{\boldsymbol{\eta}_1-\boldsymbol{\eta}_2}{2}+c\boldsymbol{\eta}_1$　　C. $\boldsymbol{\eta}_1+c\dfrac{\boldsymbol{\eta}_1+\boldsymbol{\eta}_2}{2}$　　D. $\dfrac{\boldsymbol{\eta}_1+\boldsymbol{\eta}_2}{2}+c\boldsymbol{\eta}_1$

9. 4元齐次线性方程组 $\begin{cases}2x_2-x_3-x_4=0\\ x_1+x_2+x_3=0\\ x_1+3x_2-x_4=0\end{cases}$ 的基础解系所含解向量的个数为(　　).

A. 1　　B. 2　　C. 3　　D. 4

10. 设 $\boldsymbol{A}$ 为 3×4 矩阵,且 $\boldsymbol{A}$ 的秩 $r(\boldsymbol{A})=1$,则齐次线性方程组 $\boldsymbol{Ax}=\boldsymbol{O}$ 的基础解系所含解向量的个数为(　　).

A. 4　　B. 3　　C. 2　　D. 1

11. 设 $\boldsymbol{\alpha}_1,\boldsymbol{\alpha}_2,\boldsymbol{\alpha}_3$ 是非齐次线性方程组 $\boldsymbol{Ax}=\boldsymbol{b}$ 的解,则(　　).

A. $\boldsymbol{\alpha}_1+\boldsymbol{\alpha}_2$ 也是 $\boldsymbol{Ax}=\boldsymbol{b}$ 的解　　B. $\boldsymbol{\alpha}_1-\boldsymbol{\alpha}_2$ 也是 $\boldsymbol{Ax}=\boldsymbol{b}$ 的解

C. $\boldsymbol{\alpha}_1-\boldsymbol{\alpha}_2$ 是对应的齐次线性方程组的解　　D. $\boldsymbol{\alpha}_1+\boldsymbol{\alpha}_2+\boldsymbol{\alpha}_3$ 也是 $\boldsymbol{Ax}=\boldsymbol{b}$ 的解

12. 设向量 $\boldsymbol{\xi}_1=(1,0,2)^{\mathrm{T}},\boldsymbol{\xi}_2=(0,1,-1)^{\mathrm{T}}$ 都是线性方程组 $\boldsymbol{Ax}=\boldsymbol{O}$ 的解,则系数矩阵 A 应为(　　).

A. $\begin{pmatrix}2&0&-1\\0&1&1\end{pmatrix}$　　B. $\begin{pmatrix}0&1&-1\\4&-2&-2\\0&1&1\end{pmatrix}$

C. $\begin{pmatrix}-1&0&2\\0&1&-1\end{pmatrix}$　　D. $(-2,1,1)$

三、计算题

1. 判断向量组 $\boldsymbol{\alpha}_1=(3,1,0,2)^{\mathrm{T}},\boldsymbol{\alpha}_2=(1,-1,2,-1)^{\mathrm{T}},\boldsymbol{\alpha}_3=(1,3,-4,4)^{\mathrm{T}}$ 的线性相关性.

2. 已知向量组 $\boldsymbol{\alpha}_1=(-2,3,1)^{\mathrm{T}},\boldsymbol{\alpha}_2=(3,1,2)^{\mathrm{T}},\boldsymbol{\alpha}_3=(2,t,-1)^{\mathrm{T}}$,问:$t$ 为何值时,$\boldsymbol{\alpha}_1,\boldsymbol{\alpha}_2,\boldsymbol{\alpha}_3$ 线性相关?线性无关?

3. 已知向量组 $\boldsymbol{\alpha}_1=(1,2,4,2)^{\mathrm{T}},\boldsymbol{\alpha}_2=(2,3,3,5)^{\mathrm{T}},\boldsymbol{\alpha}_3=(-3,-5,-9,-8)^{\mathrm{T}}$ 和向量 $\boldsymbol{\beta}=(4,7,9,8)^{\mathrm{T}}$,判断向量 $\boldsymbol{\beta}$ 能否由向量组 $\boldsymbol{\alpha}_1,\boldsymbol{\alpha}_2,\boldsymbol{\alpha}_3$ 线性表示?若能,写出表示式.

4. 设有向量组 $\boldsymbol{\alpha}_1=\begin{pmatrix}1\\0\\2\\3\end{pmatrix},\boldsymbol{\alpha}_2=\begin{pmatrix}1\\1\\3\\5\end{pmatrix},\boldsymbol{\alpha}_3=\begin{pmatrix}1\\-1\\a+2\\1\end{pmatrix},\boldsymbol{\alpha}_4=\begin{pmatrix}1\\2\\4\\a+8\end{pmatrix},\boldsymbol{\beta}=\begin{pmatrix}1\\1\\b+3\\5\end{pmatrix}$,问 a,b 为何值时:

(1)$\boldsymbol{\beta}$ 不能由 $\boldsymbol{\alpha}_1,\boldsymbol{\alpha}_2,\boldsymbol{\alpha}_3,\boldsymbol{\alpha}_4$ 线性表示.

(2)$\boldsymbol{\beta}$ 可由 $\boldsymbol{\alpha}_1,\boldsymbol{\alpha}_2,\boldsymbol{\alpha}_3,\boldsymbol{\alpha}_4$ 唯一线性表示.

(3)$\boldsymbol{\beta}$ 可由 $\boldsymbol{\alpha}_1,\boldsymbol{\alpha}_2,\boldsymbol{\alpha}_3,\boldsymbol{\alpha}_4$ 线性表示,且表示法不唯一?并写出该表示式.

5. 求向量组 $\boldsymbol{\alpha}_1=(2,1,3,-1)^{\mathrm{T}},\boldsymbol{\alpha}_2=(3,-1,2,0)^{\mathrm{T}},\boldsymbol{\alpha}_3=(1,3,4,-2)^{\mathrm{T}},\boldsymbol{\alpha}_4=(4,-3,1,1)^{\mathrm{T}}$的秩和一个极大无关组,并将其余向量用此极大无关组线性表示.

6. 求向量组 $\boldsymbol{\alpha}_1=(1,2,1,2)^{\mathrm{T}},\boldsymbol{\alpha}_2=(1,0,3,1)^{\mathrm{T}},\boldsymbol{\alpha}_3=(2,-1,0,1)^{\mathrm{T}},\boldsymbol{\alpha}_4=(2,1,-2,2)^{\mathrm{T}},\boldsymbol{\alpha}_5=(2,2,4,3)^{\mathrm{T}}$ 的秩和一个极大无关组,并将其余向量用此极大无关组线性表示.

7. 求齐次线性方程组$\begin{cases}2x_1+x_2-2x_3+3x_4=0\\3x_1+2x_2-x_3+2x_4=0\\x_1+x_2+x_3-x_4=0\end{cases}$的基础解系与通解.

8. 求非齐次线性方程组$\begin{cases}x_1+2x_2+x_3-x_4=4\\3x_1+6x_2-x_3-3x_4=8\\5x_1+10x_2+x_3-5x_4=16\end{cases}$ 的通解(用其导出组的基础解系表示).

9. 求非齐次线性方程组$\begin{cases}x_1+x_2+x_3+x_4+x_5=-1\\3x_1+2x_2+x_3+x_4-3x_5=-5\\x_2+2x_3+2x_4+6x_5=2\\5x_1+4x_2+3x_3+3x_4-x_5=-7\end{cases}$ 的通解(用其导出组的基础解系表示).

10. 当 λ 取何值时,非齐次线性方程组$\begin{cases}\lambda x_1+x_2+x_3=1\\x_1+\lambda x_2+x_3=\lambda\\x_1+x_2+\lambda x_3=\lambda^2\end{cases}$ (1)有唯一解?(2)无解?(3)有无穷多个解?并求其通解.

11. a,b 为何值时,线性方程组$\begin{cases}x_1+ax_2+x_3=3\\x_1+2ax_2+x_3=4\\x_1+x_2+bx_3=4\end{cases}$有唯一解?无解?有无穷多解?在有无穷多解时,求其通解.

四、证明题

1. 设向量组 $\boldsymbol{\alpha}_1,\boldsymbol{\alpha}_2,\boldsymbol{\alpha}_3$ 线性无关,且有 $\boldsymbol{\beta}_1=\boldsymbol{\alpha}_1+\boldsymbol{\alpha}_2,\boldsymbol{\beta}_2=\boldsymbol{\alpha}_1+\boldsymbol{\alpha}_3,\boldsymbol{\beta}_3=\boldsymbol{\alpha}_2+\boldsymbol{\alpha}_3$,问向量组 $\boldsymbol{\beta}_1,\boldsymbol{\beta}_2,\boldsymbol{\beta}_3$ 是否线性无关?

2. 设向量组 $\boldsymbol{\alpha}_1,\boldsymbol{\alpha}_2,\boldsymbol{\alpha}_3$ 线性无关,且有 $\boldsymbol{\beta}_1=\boldsymbol{\alpha}_1+\boldsymbol{\alpha}_2+2\boldsymbol{\alpha}_3,\boldsymbol{\beta}_2=2\boldsymbol{\alpha}_1+\boldsymbol{\alpha}_2+\boldsymbol{\alpha}_3,\boldsymbol{\beta}_3=\boldsymbol{\alpha}_1+2\boldsymbol{\alpha}_2+\boldsymbol{\alpha}_3$,证明:$\boldsymbol{\beta}_1,\boldsymbol{\beta}_2,\boldsymbol{\beta}_3$ 也线性无关.

第 4 章

线性空间与线性变换

4.1 知

1. 理解线性空间与子空间的基本概念.

2. 理解基、坐标及坐标变换、线性变换的概念,会求基本向量空间的基、线性变换及过渡矩阵.

3. 理解 n 维欧氏空间 R^n 的概念,并会用施密特(Schmidt)正交化方法把一般向量组划为标准正交向量组.

4.2 同步练习

一、填空题

1. 若向量 $\boldsymbol{\alpha}=(1,-1,3)^{\mathrm{T}}$,$\boldsymbol{\beta}=(2,1,-1)^{\mathrm{T}}$ 则 $\boldsymbol{\alpha}^{\mathrm{T}}\boldsymbol{\beta}=$________.

2. 将向量 $\boldsymbol{\alpha}=(1,-1,\sqrt{2})$ 单位化后的向量为________.

3. 定义了线性运算的集合称为________.

4. 已知三维向量空间 R^3 一组基为 $\boldsymbol{\alpha}_1=(1,1,0)^{\mathrm{T}}$,$\boldsymbol{\alpha}_2=(1,0,1)^{\mathrm{T}}$,$\boldsymbol{\alpha}_3=(0,1,1)^{\mathrm{T}}$,则向量 $\boldsymbol{\alpha}_4=(2,0,0)^{\mathrm{T}}$ 在这组基下的坐标为________.

5. 设 $\boldsymbol{A}$ 为正交矩阵,则 $|\boldsymbol{A}|=$________.

6. 向量组 $(1,1,0,-1)$,$(1,2,3,0)$,$(2,3,3,-1)$ 生成的向量空间的维数是________.

7. 设全体三阶上三角形矩阵构成的线性空间为 V,则它的维数是________.

8. 次数不超过 2 的多项式全体构成线性空间 $P[x]_2$ 其中的元素 $f(x)=x^2+x+1$ 在基 1,$x-1$,$(x-1)(x-2)$ 下的坐标是________.

9. 若向量 $\boldsymbol{\alpha}=(1,1,-1,1)$ 与向量 $\boldsymbol{\beta}=(-2,1,a,-1)$ 正交,则 $a=$________.

10. 向量内积 $(\boldsymbol{\alpha},\boldsymbol{\alpha})=0$ 当且仅当 $\boldsymbol{\alpha}=$________.

二、选择题

1. 下列向量组中,能组成 R^3 的一组标准正交基的是(　　).

A. (1,0,0),(0,1,0),(0,0,1)　　B. (1,1,1),(2,2,2),(1,3,0)

C. (1,1,1),(0,1,1),(0,0,0)　　D. (2,1,1),(4,2,2),(1,2,3)

2. 下列关于内积性质中说法错误的是(　　).

A. $(\boldsymbol{\alpha},\boldsymbol{\beta})=(\boldsymbol{\beta},\boldsymbol{\alpha})$　　B. $(k\boldsymbol{\alpha},k\boldsymbol{\beta})=k(\boldsymbol{\alpha},\boldsymbol{\beta})$

C. $(\boldsymbol{\alpha}+\boldsymbol{\beta},\boldsymbol{\gamma})=(\boldsymbol{\alpha},\boldsymbol{\gamma})+(\boldsymbol{\beta},\boldsymbol{\gamma})$　　D. $(\boldsymbol{\alpha},\boldsymbol{\alpha})\geqslant 0$

3. 已知向量 $\boldsymbol{\alpha}=(1,-1,2)$,$\boldsymbol{\beta}=(a,1,-1)$ 且 $\boldsymbol{\alpha},\boldsymbol{\beta}$ 的夹角为 $\arccos\dfrac{\sqrt{6}}{6}$,则 $a=$(　　).

A. 1　　B. $\dfrac{4}{3}$　　C. $\dfrac{1}{6}$　　D. $\dfrac{7}{6}$

4. 若 $\boldsymbol{A}$ 为正交矩阵则 $|\boldsymbol{A}^*|=$(　　).

A. 1　　B. -1

C. ± 1　　D. 与 A 的阶数 n 有关

5. 下列说法中正确的是(　　).

A. R^n 中由 n 个正交向量组成的基称为标准正交基

B. 正交阵的行向量两两正交

C. 正交阵之和仍为正交阵

D. 既是对角阵又是正交阵的矩阵只有单位阵

6. 向量 $\boldsymbol{\alpha}=(1,-2,0,2)^{\mathrm{T}}$ 与 $\boldsymbol{\beta}=(2,0,0,2)^{\mathrm{T}}$ 的夹角为(　　).

A. $\dfrac{\pi}{2}$　　B. $\dfrac{\pi}{3}$　　C. $\dfrac{\pi}{4}$　　D. $\dfrac{\pi}{6}$

7. 设 $\boldsymbol{\alpha}_1=(1,0,1)^{\mathrm{T}}$,$\boldsymbol{\alpha}_2=(0,1,1)^{\mathrm{T}}$,$\boldsymbol{\alpha}_3=(1,1,0)^{\mathrm{T}}$ 是 R^3 的一组基,则向量 $\boldsymbol{\alpha}=(1,1,1)^{\mathrm{T}}$ 在该基下的坐标为(　　).

A. $\left(\dfrac{1}{2},\dfrac{1}{2},\dfrac{1}{2}\right)^{\mathrm{T}}$　　B. $\left(\dfrac{1}{3},-\dfrac{1}{3},1\right)^{\mathrm{T}}$　　C. $\left(-\dfrac{1}{2},1,\dfrac{1}{2}\right)^{\mathrm{T}}$　　D. $\left(\dfrac{3}{2},-\dfrac{1}{4},\dfrac{5}{4}\right)^{\mathrm{T}}$

8. 二维向量空间 R^2 中从基 $\boldsymbol{\alpha}_1=(1,0)^{\mathrm{T}}$,$\boldsymbol{\alpha}_2=(1,-1)^{\mathrm{T}}$ 到另一个基 $\boldsymbol{\beta}_1=(1,1)^{\mathrm{T}}$,$\boldsymbol{\beta}_2=(1,2)^{\mathrm{T}}$ 的过渡矩阵为(　　).

A. $\begin{bmatrix}1&5\\2&-2\end{bmatrix}$　　B. $\begin{bmatrix}1&2\\-1&-7\end{bmatrix}$　　C. $\begin{bmatrix}6&2\\-1&-3\end{bmatrix}$　　D. $\begin{bmatrix}2&3\\-1&-2\end{bmatrix}$

9. 下列说法中正确的是(　　).

A. 任何线性空间中一定含有零向量

B. 由 r 个向量生成的子空间一定是 r 维的

C. 次数为 n 的全体多项式对于多项式的加法和数乘构成线性空间

D. 在 n 维向量空间 V 中,所有分量等于 1 的全体向量的集合构成 V 的子空间

10. 下列 3 维向量的集合中,(　　)是 R^3 的子空间.

A. $\{(x_1,x_2,x_3)\mid x_1\cdot x_2\cdot x_3\leqslant 0;x_1,x_2,x_3\in\mathbf{R}\}$

B. $\{(x_1,x_2,x_3)\mid x_1^2+x_2^2+x_3^2=1;x_1,x_2,x_3\in\mathbf{R}\}$

C. $\{(x_1,x_2,x_3)\mid x_1=x_2=x_3;x_1,x_2,x_3\in\mathbf{R}\}$

D. $\{(x_1,x_2,x_3)\mid x_1 \geqslant x_2 \geqslant x_3; x_1,x_2,x_3 \in \mathbf{R}\}$

三、计算与证明题

1. 证明：$W=\{(x_1,x_2,\cdots,x_n)\mid x_1+x_2+\cdots+x_n=0; x_1,x_2,\cdots,x_n \in \mathbf{R}\}$ 是 R^n 的子空间，并求该子空间的维数与一组基.

2. 证明：$W=\{(x_1,x_2,\cdots,x_n)\mid x_1+x_2+\cdots+x_n=1; x_1,x_2\cdots,x_n \in \mathbf{R}\}$ 不是 R^n 的子空间.

3. 求 R^3 的两组基，$\boldsymbol{\alpha}_1=(1,1,1)^{\mathrm{T}}$，$\boldsymbol{\alpha}_2=(1,0,-1)^{\mathrm{T}}$，$\boldsymbol{\alpha}_3=(1,0,1)^{\mathrm{T}}$，$\boldsymbol{\beta}_1=(1,2,1)^{\mathrm{T}}$，$\boldsymbol{\beta}_2=(2,3,4)^{\mathrm{T}}$，$\boldsymbol{\beta}_3=(3,4,5)^{\mathrm{T}}$ 由基 $\boldsymbol{\alpha}_1,\boldsymbol{\alpha}_2,\boldsymbol{\alpha}_3$ 到基 $\boldsymbol{\beta}_1,\boldsymbol{\beta}_2,\boldsymbol{\beta}_3$ 的过渡矩阵.

4. 求 R^4 的两组基，$\boldsymbol{\alpha}_1=(1,2,-1,0)^{\mathrm{T}}$，$\boldsymbol{\alpha}_2=(1,1,0,0)^{\mathrm{T}}$，$\boldsymbol{\alpha}_3=(1,-1,2,1)^{\mathrm{T}}$，$\boldsymbol{\alpha}_4=(0,1,1,-1)^{\mathrm{T}}$，$\boldsymbol{\beta}_1=(1,2,3,4)^{\mathrm{T}}$，$\boldsymbol{\beta}_2=(-2,1,-4,3)^{\mathrm{T}}$，$\boldsymbol{\beta}_3=(3,-4,-1,2)^{\mathrm{T}}$，$\boldsymbol{\beta}_4=(4,3,-2,-1)^{\mathrm{T}}$ 由基 $\boldsymbol{\alpha}_1,\boldsymbol{\alpha}_2,\boldsymbol{\alpha}_3,\boldsymbol{\alpha}_4$ 到基 $\boldsymbol{\beta}_1,\boldsymbol{\beta}_2,\boldsymbol{\beta}_3,\boldsymbol{\beta}_4$ 的过渡矩阵，并写出相应的坐标变换公式.

5. 在 R^3 中取两组基，$\boldsymbol{e}_1=(1,0,0)^{\mathrm{T}}$，$\boldsymbol{e}_2=(0,1,0)^{\mathrm{T}}$，$\boldsymbol{e}_3=(0,0,1)^{\mathrm{T}}$，$\boldsymbol{\alpha}_1=(1,0,0)^{\mathrm{T}}$，$\boldsymbol{\alpha}_2=(1,1,0)^{\mathrm{T}}$，$\boldsymbol{\alpha}_3=(1,1,1)^{\mathrm{T}}$，

(1)求由基 $\boldsymbol{e}_1,\boldsymbol{e}_2,\boldsymbol{e}_3$ 到基 $\boldsymbol{\alpha}_1,\boldsymbol{\alpha}_2,\boldsymbol{\alpha}_3$ 的过渡矩阵；

(2)已知由基 $\boldsymbol{\alpha}_1,\boldsymbol{\alpha}_2,\boldsymbol{\alpha}_3$ 到基 $\boldsymbol{\beta}_1,\boldsymbol{\beta}_2,\boldsymbol{\beta}_3$ 的过渡矩阵为 $\boldsymbol{A}=\begin{pmatrix}1 & -1 & 0\\ 0 & 1 & -1\\ 0 & 0 & 1\end{pmatrix}$，求 $\boldsymbol{\beta}_1,\boldsymbol{\beta}_2,\boldsymbol{\beta}_3$；

(3)已知 $\boldsymbol{\alpha}$ 在基 $\boldsymbol{\beta}_1,\boldsymbol{\beta}_2,\boldsymbol{\beta}_3$ 下的坐标为$(1,2,3)^{\mathrm{T}}$，求 $\boldsymbol{\alpha}$ 在基 $\boldsymbol{\alpha}_1,\boldsymbol{\alpha}_2,\boldsymbol{\alpha}_3$ 下的坐标.

6. 设 R^3 中 $\boldsymbol{\alpha}_1,\boldsymbol{\alpha}_2,\boldsymbol{\alpha}_3$ 是一组基，且线性变换 $\boldsymbol{T}$ 在此基下的矩阵为 $\boldsymbol{A}=\begin{pmatrix}4 & 6 & 0\\ -3 & -5 & 0\\ -3 & -6 & 1\end{pmatrix}$，

(1)证明 $-\boldsymbol{\alpha}_1+\boldsymbol{\alpha}_2+\boldsymbol{\alpha}_3,\boldsymbol{\alpha}_3,-2\boldsymbol{\alpha}_1+\boldsymbol{\alpha}_2$ 也是 R^3 的一组基；

(2)求线性变换 $\boldsymbol{T}$ 在此基下的矩阵.

7. 求二阶矩阵构成的线性空间 $R^{2\times 2}$ 中元素 $\boldsymbol{A}=\begin{pmatrix}0 & 1\\ 2 & -3\end{pmatrix}$，在基 $\boldsymbol{G}_1=\begin{pmatrix}0 & 1\\ 1 & 1\end{pmatrix}$，$\boldsymbol{G}_2=\begin{pmatrix}1 & 0\\ 1 & 1\end{pmatrix}$，$\boldsymbol{G}_3=\begin{pmatrix}1 & 1\\ 0 & 1\end{pmatrix}$，$\boldsymbol{G}_4=\begin{pmatrix}1 & 1\\ 1 & 0\end{pmatrix}$下的坐标.

8. 已知 $\boldsymbol{a}_1=(1,1,1)^{\mathrm{T}}$，求一组非零向量 $\boldsymbol{a}_2,\boldsymbol{a}_3$，使 $\boldsymbol{a}_1,\boldsymbol{a}_2,\boldsymbol{a}_3$ 两两正交.

9. 设向量组 $\boldsymbol{\alpha}_1=(1,0,1)^{\mathrm{T}}$，$\boldsymbol{\alpha}_2=(1,1,0)^{\mathrm{T}}$，$\boldsymbol{\alpha}_3=(0,1,1)^{\mathrm{T}}$，试用施密特正交化方法把该向量组标准正交化.

10. 设向量组 $\boldsymbol{\alpha}_1=(1,1,1,0)^{\mathrm{T}}$，$\boldsymbol{\alpha}_2=(0,1,2,1)^{\mathrm{T}}$，$\boldsymbol{\alpha}_3=(3,1,-2,1)^{\mathrm{T}}$，试用施密特正交化方法把该向量组标准正交化.

11. 设 $\boldsymbol{A}$ 是 n 阶反对称矩阵 $\boldsymbol{x}$ 是 n 维列向量，若 $\boldsymbol{A}\boldsymbol{x}=\boldsymbol{y}$，证明 $\boldsymbol{x}$ 与 $\boldsymbol{y}$ 正交.

第 5 章

矩阵的特征值与特征向量

5.1 知识要点

1. 了解矩阵特征值,特征向量等概念及有关性质,会求矩阵特征值和特征向量.
2. 了解相似矩阵的概念.
3. 掌握将实对称矩阵化为对角阵的方法.
4. 了解投入产出数学模型.

5.2 同步练习

一、填空题

1. 与 n 阶单位矩阵相似的矩阵是 ________.

2. 已知矩阵 A 满足等式 $\boldsymbol{A}^2+\boldsymbol{A}-6\boldsymbol{E}=\boldsymbol{0}$,则 $\boldsymbol{A}$ 的特征值是________.

3. 若 n 阶矩阵 $\boldsymbol{A}$ 满足 $\boldsymbol{A}^2=3\boldsymbol{A}$,则 $\boldsymbol{A}$ 的全部特征值为________.

4. 设 3 阶矩阵 $\boldsymbol{A}$ 的特征值为 1,2,3,则 $|4\boldsymbol{A}^{-1}-\boldsymbol{E}|=$ ________.

5. 设 $\boldsymbol{A}$ 为正交矩阵,λ 为 $\boldsymbol{A}$ 的特征值,则 $|\lambda\boldsymbol{A}-\boldsymbol{E}|=$ ________.

6. 已知 $\boldsymbol{A}=\begin{bmatrix}1&a&1\\a&1&b\\1&b&1\end{bmatrix}$相似于对角阵$\begin{bmatrix}0&&\\&1&\\&&2\end{bmatrix}$,则 $a=$ ________,$b=$ ________.

7. 3 阶可逆矩阵 $\boldsymbol{A}$ 的特征值为 1,2,3,则 $\boldsymbol{A}^{-1}$的特征值为________.

8. 设 3 阶矩阵 $\boldsymbol{A}$ 有一个特征值为 1,且 $|\boldsymbol{A}|=0$ 及 $\boldsymbol{A}$ 的主对角线元素的和为 0,则 $\boldsymbol{A}$ 的其余两个特征值为________.

9. 已知矩阵 $\boldsymbol{A}=\begin{bmatrix}1&2&3\\-1&a&6\\b&1&-1\end{bmatrix}$的特征值之和是 2,特征值之积是 17,则 $a=$ ________,

$b=$ ________.

二、选择题

1. x 取值(　　)时,向量 $\boldsymbol{\alpha}=(-1,2,x,3)$ 与向量 $\boldsymbol{\beta}=(x,3,4,-1)$ 正交.

A. 2　　B. 0　　C. 1　　D. -1

2. 设 $\boldsymbol{A}=\begin{bmatrix}1 & -1 & 1\\ 2 & x & 4\\ -3 & -3 & 5\end{bmatrix}$,$\boldsymbol{A}$ 有特征值 $\lambda_1=2,\lambda_2=-\sqrt{2},\lambda_3=\sqrt{2}$,则 $x=$(　　).

A. 2　　B. -2　　C. 4　　D. -4

3. $\boldsymbol{A}$ 与 $\boldsymbol{B}$ 是两个相似的 n 阶矩阵,则不成立的是(　　).

A. 存在非奇异矩阵 $\boldsymbol{P}$,使 $\boldsymbol{P}^{-1}\boldsymbol{AP}=\boldsymbol{B}$

B. 存在对角矩阵 $\boldsymbol{D}$,使 $\boldsymbol{A}$ 与 $\boldsymbol{B}$ 都相似于 $\boldsymbol{D}$

C. $|\boldsymbol{A}|=|\boldsymbol{B}|$

D. $\lambda\boldsymbol{E}-\boldsymbol{A}$ 相似于 $\lambda\boldsymbol{E}-\boldsymbol{B}$

4. 零为矩阵 $\boldsymbol{A}$ 的特征值是 $\boldsymbol{A}$ 不可逆的(　　).

A. 充分条件　　B. 必要条件

C. 充要条件　　D. 非充分非必要条件

5. 3 阶矩阵 $\boldsymbol{A}$ 的特征值为 $1,-2,3$,则 A 的伴随矩阵 A^* 的特征值为(　　).

A. $-6,12,-18$　　B. $-6,3,-2$

C. $1,-\frac{1}{2},\frac{1}{3}$　　D. $-1,\frac{1}{2},-\frac{1}{3}$

6. 设 $\boldsymbol{\alpha}$ 和 $\boldsymbol{\beta}$ 是非齐次线性方程组 $(\lambda\boldsymbol{E}-\boldsymbol{A})\boldsymbol{x}=\boldsymbol{b}$ 的两个不同的解,则以下选项中一定是 $\boldsymbol{A}$ 对应特征值 λ 的特征向量为(　　).

A. $\boldsymbol{\alpha}$　　B. $\boldsymbol{\beta}$　　C. $\boldsymbol{\alpha}-\boldsymbol{\beta}$　　D. $\boldsymbol{\alpha}+\boldsymbol{\beta}$

7. 对于 n 阶实对称矩阵 $\boldsymbol{A}$,结论(　　)正确.

A. 一定有 n 个不同的特征根

B. 存在正交矩阵 $\boldsymbol{P}$,使 $\boldsymbol{A}$ 成为对角阵

C. $\boldsymbol{A}$ 的特征根一定是整数

D. 对应于不同特征根的特征向量线性无关但不一定正交

8. 矩阵 $\boldsymbol{A}=\begin{bmatrix}1 & & \\ & 1 & \\ & & 2\end{bmatrix}$ 与下列矩阵(　　)相似.

A. $\begin{bmatrix}2 & 0 & 3\\ 0 & 3 & 4\\ 0 & 0 & 1\end{bmatrix}$　　B. $\begin{bmatrix}1 & 0 & 0\\ 0 & 2 & 0\\ 0 & 0 & 2\end{bmatrix}$

C. $\begin{bmatrix}1 & 0 & 0\\ 0 & 1 & 1\\ 0 & 0 & 2\end{bmatrix}$　　D. $\begin{bmatrix}1 & 0 & 1\\ 0 & 2 & 0\\ 0 & 0 & 1\end{bmatrix}$

9. 设三阶矩阵 $\boldsymbol{A}$ 满足 $|\boldsymbol{A}+3\boldsymbol{E}|=0,|2\boldsymbol{A}-6\boldsymbol{E}|=0,|9\boldsymbol{A}+5\boldsymbol{E}|=0$,则 $|\boldsymbol{A}^*-3\boldsymbol{A}^{-1}|=$(　　).

A. $-\frac{2}{5}$　　B. $\frac{2}{5}$　　C. $-\frac{8}{5}$　　D. $\frac{8}{5}$

三 、计算题

1. 求$\begin{bmatrix} a & & \\ & \ddots & \\ & & a \end{bmatrix}$的特征值与特征向量.

2. 求$\boldsymbol{A}=\begin{bmatrix} 1 & -2 & 1 \\ 0 & 3 & -4 \\ 0 & 0 & 2 \end{bmatrix}$的特征值和特征向量.

3. 求$\boldsymbol{A}=\begin{bmatrix} -1 & 1 & 0 \\ -4 & 3 & 0 \\ 1 & 0 & 2 \end{bmatrix}$的特征值和特征向量.

4. 已知$\boldsymbol{\alpha}=(1 \quad k \quad 1)^{\mathrm{T}}$是$\boldsymbol{A}=\begin{bmatrix} 2 & 1 & 1 \\ 1 & 2 & 1 \\ 1 & 1 & 2 \end{bmatrix}$的逆矩阵$\boldsymbol{A}^{-1}$的特征向量,求常数$k$.

5. 设二阶方阵$\boldsymbol{A}$的特征值为$-2,1$,相对应的特征向量分别为$\begin{pmatrix} 1 \\ 1 \end{pmatrix},\begin{pmatrix} 4 \\ 1 \end{pmatrix}$,求

(1)$\boldsymbol{A}$,(2)$\boldsymbol{A}^{2017}$.

6. 若矩阵$\boldsymbol{A}=\begin{bmatrix} a & 1 & 4 \\ 0 & 3 & 0 \\ 1 & 0 & -2 \end{bmatrix}$与$\boldsymbol{B}=\begin{bmatrix} 3 & 0 & 0 \\ 0 & b & 0 \\ 0 & 0 & 2 \end{bmatrix}$相似,求$a$与$b$的值.

7. 求一个正交矩阵$\boldsymbol{Q}$,使得实对称矩阵$\boldsymbol{A}=\begin{bmatrix} 2 & 0 & 1 \\ 0 & -1 & 0 \\ 1 & 0 & 2 \end{bmatrix}$满足$\boldsymbol{Q}^{-1}\boldsymbol{A}\boldsymbol{Q}=\boldsymbol{\Lambda}$为对角矩阵.

8. 判断矩阵$\boldsymbol{A}=\begin{bmatrix} 1 & 4 & -8 \\ 0 & 2 & -2 \\ 0 & -1 & 3 \end{bmatrix}$是否可对角化,若能对角化,求一个相似变换矩阵$\boldsymbol{P}$,使得$\boldsymbol{P}^{-1}\boldsymbol{A}\boldsymbol{P}=\boldsymbol{\Lambda}$为对角矩阵.

9. 已知三阶方阵$\boldsymbol{A}$的特征值为$\lambda_1=-1,\lambda_2=2,\lambda_3=3$,求$6\boldsymbol{A}^{-1}-\boldsymbol{A}^{*}+\boldsymbol{A}^{\mathrm{T}}-\boldsymbol{A}^{2}+3\boldsymbol{E}$的特征值.

10. 设3阶实对称矩阵$\boldsymbol{A}$的3个特征值为$1,3,-3$,其中$\lambda_1=1,\lambda_2=3$对应的特征向量分别为$\boldsymbol{\alpha}_1=(\boldsymbol{\alpha} \quad -1 \quad 0)^{\mathrm{T}},\boldsymbol{\alpha}_2=(1 \quad 1 \quad \boldsymbol{\alpha})^{\mathrm{T}}$.

(1)求$\boldsymbol{A}$的属于特征值$\lambda_3=-3$的特征向量;

(2)求矩阵$\boldsymbol{A}$.

第 6 章 二次型

6.1 知识要点

1. 了解二次型的定义、二次型的矩阵形式.
2. 理解合同变换、合同矩阵.
3. 理解二次型的标准形、二次型的规范形.
4. 掌握化二次型为标准形的正交变换法与配方法.
5. 了解二次型的惯性定理.
6. 掌握正定二次型与正定矩阵的判定.

6.2 同步练习

一、填空题

1. 二次型 $f(x_1,x_2,x_3,x_4)=x_1^2+x_2^2-x_3^2-x_4^2+4x_1x_2+2x_3x_4$ 对应的实对称矩阵为:________.

2. 矩阵 $\boldsymbol{A}=\begin{bmatrix} a & b \\ b & c \end{bmatrix}$ 对应的二次型为:________.

3. 三元二次型 $f(y_1,y_2,y_3)=2y_1^2-3y_2^2$ 的正惯性指数为________,对应的对称矩阵的秩为________.

4. 二次型 $f(x_1,x_2)=x_1^2+x_2^2-4x_1x_2$ 的标准形为________.

5. 若矩阵 $\boldsymbol{A}=\begin{bmatrix} 5 & 2 & -1 \\ 2 & 1 & -1 \\ -1 & -1 & a \end{bmatrix}$ 为正定矩阵,则参数 a 的取值为________.

6. 若 n 阶实对阵矩阵 $\boldsymbol{A}$ 的秩为 r,且 $\boldsymbol{A}^2=\boldsymbol{A}$,则矩阵的正惯性指数为________.

7. 若实二次型 $f(x_1,x_2,x_3)=5x_1^2+x_2^2+\lambda x_3^2+4x_1x_2-2x_1x_3+4x_2x_3$ 为正定二次型,则 λ 应

满足的条件为________.

二、选择题

1. 与矩阵 $\boldsymbol{A}=\begin{bmatrix}-3 & & \\ & 1 & \\ & & -1\end{bmatrix}$ 合同的矩阵为(　　).

A. $\begin{bmatrix}2 & & \\ & 1 & \\ & & 0\end{bmatrix}$　　B. $\begin{bmatrix}1 & & \\ & -2 & \\ & & -3\end{bmatrix}$

C. $\begin{bmatrix}2 & & \\ & 1 & \\ & & -5\end{bmatrix}$　　D. $\begin{bmatrix}-1 & & \\ & 1 & \\ & & 1\end{bmatrix}$

2. 实二次型 $f=\boldsymbol{X}^{\mathrm{T}}\boldsymbol{A}\boldsymbol{X}$ 经可逆变换 $\boldsymbol{X}=\boldsymbol{C}\boldsymbol{Y}$ 化成标准型:$f=d_1y_1^2+d_2y_2^2+\cdots+d_ny_n^2$,则 d_1, $d_2,\cdots,d_n$(　　).

A. 都是 $\boldsymbol{A}$ 的特征值　　B. 都不是 $\boldsymbol{A}$ 的特征值

C. $|\boldsymbol{A}|=d_1d_2\cdots d_n$　　D. 不一定是 $\boldsymbol{A}$ 的特征值

3. 下列矩阵是正定的为(　　).

A. $\begin{bmatrix}1 & 2 & 1\\ 2 & 4 & 2\\ 1 & 2 & 1\end{bmatrix}$　　B. $\begin{bmatrix}1 & -1 & -2\\ -1 & 2 & -2\\ -2 & -2 & 7\end{bmatrix}$

C. $\begin{bmatrix}2 & 1 & -1\\ 1 & -6 & -2\\ -1 & -2 & -1\end{bmatrix}$　　D. $\begin{bmatrix}2 & 1 & 2\\ 1 & 2 & 1\\ 2 & 1 & 3\end{bmatrix}$

4. 若 $\boldsymbol{A},\boldsymbol{B}$ 均为 n 阶正定矩阵,则(　　)是正定矩阵.

A. $\boldsymbol{A}+\boldsymbol{B}$　　B. $\boldsymbol{A}-\boldsymbol{B}$　　C. $\boldsymbol{AB}$　　D. $\boldsymbol{A}^*-\boldsymbol{B}^*$

5. 下列说法错误的是(　　).

A. 矩阵 $\boldsymbol{A}$ 是正定矩阵,则 $\boldsymbol{A}$ 中所有对角元 $a_{ii}>0,i=1,2,\cdots,n$

B. 二次型 $f=\boldsymbol{X}^{\mathrm{T}}\boldsymbol{A}\boldsymbol{X}$ 正定的充分必要条件是它的矩阵 $\boldsymbol{A}$ 的特征值均为正数

C. 若矩阵 $\boldsymbol{A}$ 的所有对角元和行列式都为正数,则 $\boldsymbol{A}$ 必为正定矩阵

D. 二次型 $f=\boldsymbol{X}^{\mathrm{T}}\boldsymbol{A}\boldsymbol{X}$ 正定的充分必要条件是 $\boldsymbol{A}$ 与单位矩阵合同

6. 设 $A=\begin{bmatrix}1 & 0 & 1\\ 0 & 2 & 0\\ 1 & 0 & 1\end{bmatrix}$,若 $\boldsymbol{B}=(a\boldsymbol{E}_3+\boldsymbol{A})^2$ 为正定矩阵,则 a 满足的条件为(　　).

A. $a\neq0$　　B. $a\neq0$ 且 $a\neq-2$

C. $a\neq-2$　　D. $a\neq0$ 或 $a\neq-2$

7. 设 $\boldsymbol{A}$ 是一个四阶实矩阵,对于任意 4 维列向量 $\boldsymbol{X}$,都有 $\boldsymbol{X}^{\mathrm{T}}\boldsymbol{A}\boldsymbol{X}=0$,则(　　).

A. $|\boldsymbol{A}|=0$　　B. $|\boldsymbol{A}|<0$　　C. $|\boldsymbol{A}|>0$　　D. 以上都不对

三、计算题

1. 设 $f(x_1,x_2,x_3)=x_1^2+x_2^2-x_3^2+2x_1x_2-2x_1x_3-4x_2x_3$,求出经过线性变换 $\boldsymbol{x}=\boldsymbol{C}\boldsymbol{y}$ 以后得到

的二次型，其中 $C=\begin{bmatrix}1 & & \\ & 2 & \\ & & 3\end{bmatrix}$.

2. 设二次型 $f(x_1,x_2,x_3)=x^{T}Ax=ax_1^2+2x_2^2-2x_3^2+2bx_1x_3\ (b>0)$，已知它的矩阵 $\boldsymbol{A}$ 的特征值之和为1，特征值之积为 -12，

(1)求 a,b 的值；

(2)求正交变换 $\boldsymbol{x}=\boldsymbol{C}\boldsymbol{y}$，把它化为标准形；

(3)写出此二次型的规范形.

3. 已知 $f(x_1,x_2,x_3)=x_1^2+4x_2^2+2x_3^2+2tx_1x_2-2x_1x_3$ 为正定二次型，

(1)确定 t 的取值范围；

(2)写出二次型的规范形；

4. 设三阶实对称矩阵 $\boldsymbol{A}$ 满足 $\boldsymbol{A}^2+2\boldsymbol{A}=\boldsymbol{O}$，且 $r(\boldsymbol{A})=2$，

(1)求出 $\boldsymbol{A}$ 的全部特征值；

(2)当 k 为何值时，$k\boldsymbol{E}_n+\boldsymbol{A}$ 必为正定矩阵；

四、证明题

1. 设 $\boldsymbol{A}$ 是 n 阶正定矩阵，证明 $\boldsymbol{A}^{-1}$，$\boldsymbol{A}^{k}$，$\boldsymbol{A}^{*}$ 均是正定矩阵，k 为任意正整数.

2. 若 $\boldsymbol{A}$ 是正定矩阵，则一定存在正定矩阵 $\boldsymbol{B}$，使得 $\boldsymbol{A}=\boldsymbol{B}^2$.

答　案

第 1 篇　高等数学(微积分)

第 1 章

一、填空题

1. $[-1,3)$.

2. $\left[-\frac{1}{2},0\right]$.

3. $(-\infty,0]$.

4. $\frac{c}{a^2-b^2}\left(\frac{a}{x}-bx\right)$.

5. x^2+2.

6. 1.

7. $y=\mathrm{e}^{\sin^3 x}$.

8. $\frac{1}{x+2}$.

9. $y=\log_2\frac{x}{x-1}(x\in(-\infty,0)\cup(1+\infty))$.

10. $y=\ln u, u=2^v, v=\sin x$.

二、选择题

1. A　2. B　3. D　4. D　5. A　6. D　7. D　8. B　9. C　10. C

三、计算题

1. 解:给定函数的定义域要求满足:

$$\begin{cases}3x-2>0\\3x-2\neq 1\end{cases}$$

解得：$x>\frac{2}{3}$且$x\neq 1$，即：$D=\left(\frac{2}{3},1\right)\cup(1,+\infty)$.

2. 解：给定函数的定义域要求满足：

$$\begin{cases}\left|\frac{x-1}{5}\right|\leqslant 1\\ x^2<25\end{cases}$$

解得：$-4\leqslant x<5$，即：$D=[-4,5)$.

3. 解：由$0<\ln x<1$，解得：$1<x<e$，即$D=(1,e)$.

4. 解：给定函数的定义域要求满足：

$\left|\frac{2x-1}{3}\leqslant 1\right|$，解得：$-1\leqslant x\leqslant 2$，即：$D=[-1,2]$.

5. 解：这个函数在$x=\pm 1$时无定义，它的定义域

$D=[-2,-1)\cup(-1,1)\cup(1,2]$，$f(0)=1$.

6. 解：$f(x-1)=\begin{cases}(x-1)+2,0\leqslant x-1\leqslant 2\\ (x-1)^2\quad 2<x-1\leqslant 4\end{cases}$，即：$f(x-1)=\begin{cases}x+1, & 1\leqslant x\leqslant 3\\ (x-1)^2, & 3<x\leqslant 5\end{cases}$

$D=[1,3]\cup(3,5]=[1,5]$.

7. 解：$y=\sqrt{2+\cos^2 x}$.

8. 解：$f[\varphi(t)]=3[\varphi(t)]^3+2\varphi(t)$

$=3\lg^3(1+t)+2\lg(1+t)$.

9. 解：设$T\neq 0$，满足下式有：$|\sin(x+T)|+|\cos(x+T)|=|\sin x|+|\cos x|$，

从而有：$2|\sin(x+T)|\cdot|\cos(x+T)|=2|\sin x|\cdot|\cos x|$.

则：$|\sin 2(x+T)|=|\sin 2x|$，$\sin^2 2(x+T)=\sin^2 2x$，上式又可化为：

$\cos 4(x+T)=\cos 4x$，解得：$T=\frac{k\pi}{2}$和$T=\frac{k\pi}{2}-2x$，$k=0,\pm 1,\pm 2,\cdots$，后面的式子与x有关，不是周期，故所求周期为：$T=\frac{k\pi}{2}$，$k=\pm 1,\pm 2,\cdots$，最小正周期为：$\frac{\pi}{2}$.

10. 解：由$x+\sqrt{1+x^2}=2^y$得$2^{-y}=\frac{1}{x+\sqrt{1+x^2}}=\sqrt{1+x^2}-x$，则$2x=2^y-2^{-y}$，即：$x=\frac{1}{2}(2^y-2^{-y})$，故反函数为$y=\frac{1}{2}(2^x-2^{-x})$.

四、应用题

1. 解：每年生产Q台产品，以价格$P=30$万元/台销售，获得总收入为：$R=R(Q)=PQ=30Q$，又生产Q台商品的总成本为：

$C=C(Q)=Q\cdot\overline{C}(Q)=Q\cdot\left(Q+6+\frac{20}{Q}\right)=Q^2+6Q+20$，所以总利润

$L=L(Q)=R(Q)-C(Q)=30Q-(Q^2+6Q+20)=-Q^2+24Q-20(Q>0)$.

2. 解：(1)平均单位成本：$\overline{C}=\overline{C}(x)=\frac{C(x)}{x}=\frac{1}{9}x+6+\frac{100}{x}(x>0)$

(2)生产x kg的产品，以价格p元/kg销售，获得的总收入为：

$$R=R(x)=x\cdot p(x)=x\cdot\left(46-\frac{1}{3}x\right)=-\frac{1}{3}x^2+46x$$

又已知生产 x kg 产品的总成本为:$C=C(x)=\frac{1}{9}x^2+6x+100$,所以总利润

$L=L(x)=R(x)-C(x)=\left(-\frac{1}{3}x^2+46x\right)-\left(\frac{1}{9}x^2+6x+100\right)=-\frac{4}{9}x^2+40x-100$,

由于产量 $x>0$,又由于销售价格 $p>0$,即 $46-\frac{1}{3}x>0$,得到 $x<138$,因而函数定义域为 $0<x<138$.

第 2 章

一、填空题

1. 1.

2. $\frac{1}{2}$.

3. e^2.

4. $\frac{2}{\pi}$.

5. $3x^2$.

6. 0.

7. -7,6.

8. 16.

9. 0.

10. 可去间断点,1, $f(1)=2$.

二、选择题

1. B　2. C　3. B　4. A　5. D　6. C　7. A　8. A　9. B　10. C

三、计算题

1. 解:原式 $=2\times1^3+1^2-2=1$.

2. 解:原式 $=\frac{2^2+2+4}{2^2+1}=2$.

3. 解:由 $\lim\limits_{x\to2}\frac{x^2-4}{x+3}=\frac{2^2-4}{2+3}=0$,故 $\lim\limits_{x\to2}\frac{x+3}{x^2-4}=\infty$.

4. 解:原式 $=\lim\limits_{x\to-1}\frac{(x+1)(x+2)}{(x+1)(x-1)}=\lim\limits_{x\to-1}\frac{x+2}{x-1}=-\frac{1}{2}$.

5. 解:原式 $=\lim\limits_{x\to4}\frac{\sqrt{x}-2}{(\sqrt{x}+2)(\sqrt{x}-2)}=\lim\limits_{x\to4}\frac{1}{\sqrt{x}+2}=\frac{1}{4}$.

6. 解:原式 $=\lim\limits_{x\to4}\frac{(\sqrt{x}-2)(\sqrt{x}+2)}{(x-4)(x+5)(\sqrt{x}+2)}=\lim\limits_{x\to4}\frac{1}{(x+5)(\sqrt{x}+2)}=\frac{1}{36}$.

7. 解:原式 $=\lim\limits_{x\to0}\frac{\sin x}{x}\cdot\sin x=1\times0=0$.

8. 解:原式 $=\lim\limits_{x\to0}\frac{\frac{1}{2}\cdot(2x)^2}{x\cdot x}=2$.

9. 解:原式 $=\lim\limits_{x\to\infty}\left[\left(1+\dfrac{1}{x}\right)^x\right]^2=e^2$.

10. 解:原式 $=\lim\limits_{x\to 0}\dfrac{\frac{1}{2}\cdot\sin^2 x}{x^2}=\dfrac{1}{2}$.

11. 解:原式 $=e^{\lim\limits_{x\to\infty}\frac{\ln(2+x)}{x}}\overset{洛}{=\!=}e^{\lim\limits_{x\to\infty}\frac{1}{x+2}}=e^0=1$.

12. 解:原式 $=\lim\limits_{x\to 0}\dfrac{(\sqrt{1+x}-\sqrt{1-x})(\sqrt{1+x}+\sqrt{1-x})}{\sin 3x\cdot(\sqrt{1+x}+\sqrt{1-x})}$.

$=\lim\limits_{x\to 0}\dfrac{2x}{3x\cdot(\sqrt{1+x}+\sqrt{1-x})}=\dfrac{1}{3}$.

13. 解:原式 $=\lim\limits_{x\to 0}[1+(\cos x-1)]^{\frac{\cos^2 x}{\sin^2 x}}=\lim\limits_{x\to 0}\left[1+\left(-2\sin^2\dfrac{x}{2}\right)\right]^{\frac{1}{-2\sin^2\frac{x}{2}}\cdot\frac{\cos^2 x}{-2\cos^2\frac{x}{2}}}=e^{-\frac{1}{2}}$.

14. 解:原式 $=\lim\limits_{x\to 0}\dfrac{\sin x\cdot(1-\cos x)}{x^3\cdot\cos x}=\lim\limits_{x\to 0}\dfrac{x\cdot\frac{1}{2}x^2}{x^3\cdot\cos x}=\dfrac{1}{2}$.

15. 解:原式 $=\lim\limits_{n\to\infty}\dfrac{1+2+\cdots+n}{n^2}=\lim\limits_{n\to\infty}\dfrac{\frac{1}{2}n(n+1)}{n^2}=\dfrac{1}{2}$.

16. 解:原式 $=\lim\limits_{x\to\infty}\dfrac{(1-a)x^2-(a+b)x+1-b}{x+1}=0$,故$\begin{cases}1-a=0\\a+b=0\end{cases}$,

解得 $a=1,b=-1$.

四、证明题

1. 证明:设$f(x)=x^4-3x^2+1$,因为函数$f(x)$在闭区间$[0,1]$上连续,又有$f(0)=1$, $f(1)=-1$,故$f(0)\cdot f(-1)<0$,根据零点定理知,至少存在一点$\xi\in(0,1)$,使$f(\xi)=0$,$\xi^4-3\xi^2+1=0$,因此,方程$x^4+1=3x^2$在$(0,1)$内至少有一个实根ξ.

2. 证明:设$f(x)=x-a\cdot\sin x-b$,因为$f(x)$在$[0,a+b]$上连续,且$f(0)=-b<0$,

$f(a+b)=a+b-a\cdot\sin(a+b)-b=a[1-\sin(a+b)]\geqslant 0$,

故存在$\xi\in(0,a+b]$,使$f(\xi)=\xi-a\cdot\sin\xi-b=0$,从而方程$x=a\cdot\sin x+b$至少存在一个不大于$a+b$的正根.

第3章

一、填空题

1. $5\cdot f'(0)$.

2. $n!$.

3. $f'(0)$.

4. n.

5. $f'(1+\sin x)\cdot\cos x$.

6. $(2+x)\cdot e^x$.

7. $(a+2bx)\cdot e^{ax+bx^2}dx$.

8. $\dfrac{x}{x+1}$.

9. 5.

10. $\dfrac{1}{\arctan(1-x)}\cdot\dfrac{-1}{1+(1-x)^2}\mathrm{d}x$.

二、选择题

1. B　2. D　3. B　4. C　5. D　6. B　7. D　8. B　9. B　10. D

三、计算题

1. 解：$y'=\dfrac{1}{x+\sqrt{1+x^2}}\cdot\left(1+\dfrac{x}{\sqrt{1+x^2}}\right)=\dfrac{1}{\sqrt{1+x^2}}$.

2. 解：$y'=f'(x^2)\cdot 2x+\dfrac{1}{f(x)}\cdot f'(x)$.

3. 解：两边同时求 x 的导数：

$y+x\cdot y'=\mathrm{e}^{x+y}\cdot(1+y')$，　所以 $y'=\dfrac{y-\mathrm{e}^{x+y}}{\mathrm{e}^{x+y}-x}$.

4. 解：两边取自然对数：$\ln y=\tan x\cdot\ln\sin x$

两边求 x 的导数：$\dfrac{1}{y}\cdot y'=\sec^2 x\cdot\ln\sin x+\tan x\cdot\dfrac{\cos x}{\sin x}$，

所以 $y'=(\sin x)^{\tan x}\cdot(\sec^2 x\cdot\ln\sin x+1)$，

故：$\mathrm{d}y=(\sin x)^{\tan x}\cdot(\sec^2 x\cdot\ln\sin x+1)\cdot\mathrm{d}x$.

5. 解：$y'=\mathrm{e}^{x^2}+x\cdot\mathrm{e}^{x^2}\cdot 2x=(1+2x^2)\mathrm{e}^{x^2}$.

6. 解：$y'=f'(\tan x)\cdot\sec^2 x$.

7. 解：两边同时对 x 求导得：

$$1-y'+\cos\frac{y}{2}\cdot y'\cdot\frac{1}{2}=0\qquad y'=\frac{1}{1-\frac{1}{2}\cos\frac{y}{2}}.$$

8. 解：两边取自然对数：$\ln y=x[\ln x-\ln(1+x)]$，两边对 x 求导得：$\dfrac{1}{y}\cdot y'=\ln\dfrac{x}{1+x}+x\left(\dfrac{1}{x}-\dfrac{1}{1+x}\right)$

$y'=\left(\dfrac{x}{1+x}\right)^2\left(\ln\dfrac{x}{1+x}+\dfrac{1}{1+x}\right)$.

9. 解：两边取自然对数：$\ln y=\dfrac{1}{2}\cdot\ln(x+2)+4\ln(3-x)-5\ln(x+1)$

两边求 x 的导数：$\dfrac{1}{y}\cdot y'=\dfrac{1}{2}\cdot\dfrac{1}{x+2}-\dfrac{4}{3-x}-\dfrac{5}{x+1}$

所以 $y'=\dfrac{\sqrt{x+2}(3-x)^4}{(x+1)^5}\left[\dfrac{1}{2(x+2)}-\dfrac{4}{3-x}-\dfrac{5}{x+1}\right]$.

10. 解：$y'=\dfrac{1}{x+\sqrt{x^2+1}}\cdot\left(1+\dfrac{2x}{2\sqrt{x^2+1}}\right)=\dfrac{1}{\sqrt{x^2+1}}$

所以 $y''=-\frac{1}{2}(1+x^2)^{-\frac{3}{2}}\cdot 2x=-x(1+x^2)^{-\frac{3}{2}}$.

11. 解:等式两边同时对 x 求导得:$3x^2+3y^2\cdot y'-3\cos 3x+6y'=0$,

所以 $y'=\frac{\cos 3x-x^2}{y^2+2}$

所以 $dy\big|_{x=0}=\frac{\cos 3x-x^2}{y^2+2}\big|_{x=0}\cdot dx=\frac{1}{2}dx$.

12. 解:两边取自然对数得:$\ln y=\tan x\cdot\ln\cos x$

两边对 x 求导得:$\frac{1}{y}\cdot y'=\sec^2 x\cdot\ln\cos x-\tan x\cdot\frac{1}{\cos x}\cdot\sin x$

所以 $y'=(\cos x)^{\tan x}(\sec^2 x\cdot\ln\cos x-\tan^2 x)$.

13. 解:$y'=2x\cdot e^{x^2}\cos 2x+e^{x^2}(-\sin 2x)\cdot 2$

所以 $dy=2e^{x^2}(x\cos 2x-\sin 2x)dx$.

14. 解:方程两边同时对 x 求导,得:$2x+y+xy'+2y\cdot y'=0$,

故:$y'=\frac{-2x-y}{x+2y}$,故曲线在点$(2,-2)$处切线的斜率为 $k=y'\Big|_{\substack{x=2\\y=-2}}=1$,

切线方程:$y=x-4$.

15. 解:由 $f(x)$ 在 $x=0$ 连续,得 $\lim\limits_{x\to 0^+}f(x)=\lim\limits_{x\to 0^-}f(x)$ 即:$b+a+2=0$,

又由 $f(x)$ 在 $x=0$ 处可导,$f'_+(0)=f'_-(0)$,即:$b=a$,

故:$a=b=-1$.

四、应用题

1. 解:$R(Q)=Qp(Q)=10Q-\frac{Q^2}{5}$,$R(30)=120$,

$\overline{R}(Q)=p(Q)=10-\frac{Q}{5}$,$\overline{R}(30)=4$,$R'(Q)=10-\frac{2}{5}Q$,$R'(30)=-2$.

2. 解:(1)$Q'=-\frac{1}{5}e^{-\frac{p}{5}}$,$\eta(p)=-\frac{1}{5}e^{-\frac{p}{5}}\cdot\frac{p}{e^{-\frac{p}{5}}}=-\frac{p}{5}$;

(2)$\eta(3)=-0.6$,$\eta(5)=-1$,$\eta(6)=-1.2$.

第4章

一、填空题

1. 4.

2. $\left(\frac{2}{3},\frac{2}{3}e^{-2}\right)$.

3. 0.

4. $(-\infty,+\infty)$.

5. 20.

6. $y=\frac{1}{e^2}(4-x)$.

7. $y=x-1$.

8. 1.

9. -1.

10. -3.

二、选择题

1. B　2. D　3. A　4. B　5. C　6. D　7. C　8. C　9. D　10. A

三、计算题

1. 解:原式 $=\lim\limits_{x\to0}\dfrac{e^x-1-x}{x\cdot(e^x-1)}=\lim\limits_{x\to0}\dfrac{e^x-1-x}{x^2}=\lim\limits_{x\to0}\dfrac{e^x-1}{2x}=\dfrac{1}{2}$.

2. 解:原式 $=\lim\limits_{x\to0}(1+\sin x)^{\frac{1}{\sin x}\cdot\frac{\sin x}{x}}=e$.

3. 解:原式 $=\lim\limits_{x\to0}[1+\cos x-1]^{\frac{1}{\cos x-1}\cdot\frac{\cos x-1}{x^2}}=e^{\lim\limits_{x\to0}\frac{-\frac{1}{2}x^2}{x^2}}=e^{-\frac{1}{2}}$.

4. 解:原式 $=\lim\limits_{x\to0}\dfrac{e^{\sin x}(e^{x-\sin x}-1)}{x-\sin x}=\lim\limits_{x\to0}e^{\sin x}\dfrac{x-\sin x}{x-\sin x}=1$.

5. 解:原式 $=\lim\limits_{x\to0}\dfrac{2\cdot(\sqrt{1-x^2}-1)}{x^2(\sqrt{1+x}+\sqrt{1-x}+2)}$

$=\lim\limits_{x\to0}\dfrac{-2}{(\sqrt{1-x^2}+1)(\sqrt{1+x}+\sqrt{1-x}+2)}=-\dfrac{1}{4}$.

6. 解:原式 $=\lim\limits_{x\to+\infty}x\ln\left(1+\dfrac{2}{x}\right)=\lim\limits_{x\to+\infty}\ln\left(1+\dfrac{2}{x}\right)^x=2$.

改法① $=\lim\limits_{x\to+\infty}x\cdot\dfrac{2}{x}=2$

改法② $=\lim\limits_{x\to+\infty}\ln\left(1+\dfrac{2}{x}\right)^x=\lim\limits_{x\to+\infty}\ln\left[\left(1+\dfrac{2}{x}\right)^{\frac{x}{2}\cdot2}\right]=\ln e^2=2$

7. 解:原式 $=\lim\limits_{x\to0}(1+3x)^{\frac{1}{3x}\cdot\frac{3x}{\sin x}\cdot2}=e^6$.

8. 解:原式 $=\lim\limits_{x\to0}\dfrac{e^x(1-e^{\sin x-x})}{x^3}=\lim\limits_{x\to0}e^x\lim\limits_{x\to0}\dfrac{x-\sin x}{x^3}=\lim\limits_{x\to0}\dfrac{1-\cos x}{3x^2}=\dfrac{1}{6}$.

9. 解:原式 $=\lim\limits_{x\to0}\dfrac{x+\ln(1-x)}{x^2}\overset{洛}{=}\lim\limits_{x\to0}\dfrac{1}{2(x-1)}=-\dfrac{1}{2}$.

10. 解:原式 $=\lim\limits_{x\to0}\dfrac{x-\sin x}{x^3}=\lim\limits_{x\to0}\dfrac{1-\cos x}{3x^2}=\lim\limits_{x\to0}\dfrac{\frac{1}{2}x^2}{3x^2}=\dfrac{1}{6}$.

四、应用题

1. 解:设 $L(p)=p\cdot(1\,000-100p)-[1\,000+3(1\,000-100p)]$

$=-100p^2+1\,300p-4\,000$,

$L'(p)=-200p+1\,300$,

令 $L'(p)=0$,解得:$p=6.5$,又因为 $L''(p)=-200<0$,

故,当 $p=6.5$ 时,利润最大.

2. 解:(1) $\eta(p)=-\dfrac{1}{2}\times\dfrac{p}{12-\frac{p}{2}}=\dfrac{p}{p-24}$;

(2)$\eta(6)=-\frac{1}{3}$.

(3)$\eta(6)=-\frac{1}{3}<1$,所以价格上涨1%,总收益将增加,

$R'=f(p)\cdot(1+\eta)$,$R'(6)=f(6)\cdot\left(1-\frac{1}{3}\right)=6$,

$R=12p-\frac{p^2}{2}$,$R(6)=54$,$\left.\frac{ER}{Ep}\right|_{p=6}=R'(6)\cdot\frac{6}{R(6)}=\frac{2}{3}\approx0.67$,

故当$p=6$时,价格上涨1%,总收益将增加0.67%.

(4)$R'(p)=12-p$,且$R''(p)=-1<0$令$R'=0$,则$p=12$,$R(12)=72$,所以,当$p=12$时,总收益最大,最大总收益为72.

3. 解:$f(x)$的定义域为R,$f'(x)=6x^2-18x+12=6(x-2)(x-1)$,令$f'(x)=0$,得$x_1=1$和$x_2=2$. $x\in(-\infty,1)$时,$f'(x)>0$;$x\in(1,2)$,$f'(x)<0$;则在$x=1$处,$f(x)$有极大值$f(1)=2$;$x\in(2,+\infty)$时,$f'(x)>0$,在$x=2$处,$f(x)$有极小值$f(2)=1$.

4. 解:函数$f(x)$在$[0,6]$上连续,

$f'(x)=\frac{1}{3}(x-3)^{-\frac{2}{3}}(x-6)^{\frac{2}{3}}+\frac{2}{3}(x-3)^{\frac{1}{3}}(x-6)^{-\frac{1}{3}}=\frac{x-4}{(x-3)^{\frac{2}{3}}(x-6)^{\frac{1}{3}}}$;

故$f(x)$在$[0,6]$上有极值可疑点,$x_1=3$,$x_2=4$,$x_3=6$,与区间左端点一起算出对应的函数值如下:

$f(3)=f(6)=0$,$f(4)=\sqrt[3]{4}$,$f(0)=-3\sqrt[3]{4}$,函数$f(x)$在$x=4$处取得它在$[0,6]$上的最大值$\sqrt[3]{4}$,在端点$x=0$处取得它在$[0,6]$上的最小值$-3\sqrt[3]{4}$.

5. 解:函数的定义域为R,$y'=\frac{5}{3}x^{\frac{2}{3}}-\frac{2}{3}x^{-\frac{1}{3}}$,$y''=\frac{2(5x+1)}{9x^{\frac{4}{3}}}$,

当$x=-\frac{1}{5}$时,$y''=0$;当$x=0$时,y''不存在,故在$x=-\frac{1}{5}$和$x=0$将定义域分成3个部分区间$\left(-\infty,-\frac{1}{5}\right)$,$\left(-\frac{1}{5},0\right)$,$(0,+\infty)$,由$x\in\left(-\infty,-\frac{1}{5}\right)$时,$y''=0$,则$f(x)$在$\left(-\infty,-\frac{1}{5}\right)$内曲线是凸的;在$\left(-\frac{1}{5},0\right)$和$(0,+\infty)$,$y''>0$,$f(x)$在这两个部分区间是凹的,从而有一个拐点$\left(-\frac{1}{5},-\frac{6}{5}\sqrt[3]{\frac{1}{25}}\right)$.

五、证明题

1. 证明:令$f(x)=\ln x$,在$[b,a]$连续,(b,a)可导,满足拉格朗日中值定理,则:$f(a)-f(b)=f'(\xi)\cdot(a-b)$,即$\ln a-\ln b=\frac{1}{\xi}(a-b)$,由于$b<\xi<a$,从而$\frac{1}{a}<\frac{1}{\xi}<\frac{1}{b}$,所以$\frac{1}{a}(a-b)<\frac{1}{\xi}(a-b)<\frac{1}{b}(a-b)$,所以$\frac{1}{a}(a-b)<\ln a-\ln b<\frac{1}{b}(a-b)$,故$\frac{a-b}{a}<\ln\frac{a}{b}<\frac{a-b}{b}$.

2. 证明:令$f(x)=\frac{\ln x}{x}$,$x\in[a,b]$,$f'(x)=\frac{1-\ln x}{x^2}<0$,从而$f(x)$在$[a,b]$递减,则$f(a)>f(b)$,即:$\frac{\ln a}{a}>\frac{\ln b}{b}$,所以$b\ln a>a\ln b$,所以$\ln a^b>\ln b^a$,所以$a^b>b^a$.

3. 证明:设$f(t)=\ln(1+t)$,显然,$f(t)$在$[0,x]$上满足拉格朗日中值定理的条件,则存在$\xi\in(0,x)$,使得:$f(x)-f(0)=f'(\xi)(x-0)$,$(0<\xi<x)$,因为:$f(0)=0$,$f'(x)=\dfrac{1}{1+x}$,故上式即为:$\ln(1+x)=\dfrac{x}{1+\xi}$,$(0<\xi<x)$,由于$0<\xi<x$,所以$\dfrac{x}{1+x}<\dfrac{x}{1+\xi}<x$,即:$\dfrac{x}{1+x}<\ln(1+x)<x$.

4. 证明:设$f(t)=\ln t$,$(t>0)$,因$f(t)$在$[x,1+x]$上满足拉格朗日中值定理的条件,因此有:$f(1+x)-f(x)=f'(\xi)(1+x-x)$,$\xi\in(x,1+x)$,

即:$\ln(1+x)-\ln x=\dfrac{1}{\xi}$,$\xi\in(x,1+x)$,

因$0<x<\xi<1+x$,所以可得:$\ln(1+x)-\ln x>\dfrac{1}{1+x}$,$(x>0)$.

第5章

一、填空题

1. $-\sin x+c_1x+c_2$.

2. $y=4\left(1-\dfrac{1}{\sqrt{x}}\right)$.

3. $2\arctan\sqrt{x}+C$.

4. $x\ln x-x+C$.

5. $\dfrac{1}{12}(x+1)^{12}-\dfrac{1}{11}(x+1)^{11}+C$.

6. $3^x\cdot\ln 3-\sin x$.

7. $\dfrac{1}{3}F(3x)+C$.

8. $xe^{-x}+e^{-x}+C$.

9. $-\cos\dfrac{1}{x}+C$.

10. $\dfrac{1}{3}(1-x^2)^{\frac{3}{2}}+C$.

二、选择题

1.D　2.C　3.C　4.B　5.B　6.B　7.A　8.A　9.D　10.D

三、计算题

1. 解:原式$=\displaystyle\int\frac{1+x^2+x}{x(1+x^2)}dx=\int\frac{1}{x}dx+\int\frac{dx}{1+x^2}=\ln|x|+\arctan x+C$.

2. 解:原式$=\displaystyle\int\frac{e^x}{1+e^{2x}}dx=\arctan e^x+C$.

3. 解:令$t=\sqrt{x}$,$x=t^2$,$dx=2tdt$,

原式$=2\displaystyle\int\sin t\cdot tdt=2\int td(-\cos t)=2\left[t\cdot(-\cos t)+\int\cos tdt\right]$

$=-2t\cdot\cos t+2\sin t+C$

$=-2\sqrt{x}\cdot\cos\sqrt{x}+2\sin\sqrt{x}+C$.

4. 解:原式 $= \frac{1}{2}\int x\sin 2x\mathrm{d}x = -\frac{1}{4}\int x\mathrm{d}\cos 2x = -\frac{1}{4}\left(x\cos 2x - \int\cos 2x\mathrm{d}x\right)$

$= -\frac{1}{4}x\cos 2x + \frac{1}{8}\sin 2x + C.$

5. 解:原式 $= \int\frac{x^4 - 1 - x^2 - 1 + 2}{1 + x^2}\mathrm{d}x = \int\left[(x^2 - 1) - 1 + \frac{2}{1 + x^2}\right]\mathrm{d}x$

$= \frac{1}{3}x^3 - 2x + 2\arctan x + C.$

6. 解:原式 $= \int(\csc^2 x - 1)\mathrm{d}x = -\cot x - x + C.$

7. 解:原式 $= \int\frac{x^2 + 1 - 1}{1 + x^2}\cdot x\mathrm{d}x = \frac{1}{2}\int\left(1 - \frac{1}{1 + x^2}\right)\mathrm{d}(x^2)$

$= \frac{1}{2}[x^2 - \ln(1 + x^2)] + C.$

8. 解:原式 $= \int(x^2 - 3x + 1)^{100}\mathrm{d}(x^2 - 3x + 1) = \frac{1}{101}(x^2 - 3x + 1)^{101} + C.$

9. 解:原式 $= \int(\sin x - \cos x)^{-\frac{1}{3}}\mathrm{d}(\sin x - \cos x) = \frac{3}{2}(\sin x - \cos x)^{\frac{2}{3}} + C.$

10. 解:原式 $= \int\frac{x^5\mathrm{d}x}{x^6\cdot(x^6 + 4)} = \frac{1}{24}\int\left(\frac{1}{x^6} - \frac{1}{x^6 + 4}\right)\mathrm{d}(x^6)$

$= \frac{1}{24}[\ln(x^6) - \ln(x^6 + 4)] + C = \frac{1}{24}\ln\left(\frac{x^6}{x^6 + 4}\right) + C.$

11. 解:令 $t = \sqrt{2x}$, $x = \frac{1}{2}t^2$,原式 $= \int\frac{t}{1 + t}\mathrm{d}t = \int\left(1 - \frac{1}{1 + t}\right)\mathrm{d}t$

$= t - \ln|1 + t| + C = \sqrt{2x} - \ln(1 + \sqrt{2x}) + C.$

12. 解:令 $t = \sqrt{2 - x}$, $x = 2 - t^2$, $\mathrm{d}x = -2t\mathrm{d}t$,

原式 $= \int\frac{(2 - t^2)^2\cdot(-2t)\mathrm{d}t}{t} = -2\int(4 - 4t^2 + t^4)\mathrm{d}t$

$= -8t + \frac{8}{3}\cdot t^3 - \frac{2}{5}\cdot t^5 + C = -8(2 - x)^{\frac{1}{2}} + \frac{8}{3}\cdot(2 - x)^{\frac{3}{2}} - \frac{2}{5}(2 - x)^{\frac{5}{2}} + C.$

13. 解:令 $x = \tan t$, $-\frac{\pi}{2} < t < \frac{\pi}{2}$,则 $\mathrm{d}x = \sec^2 t\mathrm{d}t$

原式 $= \int\frac{1}{\sqrt{(\tan^2 t + 1)^3}}\mathrm{d}(\tan t) = \int\cos t\mathrm{d}t = \sin t + C = \frac{x}{\sqrt{x^2 + 1}} + C.$

14. 解:原式 $= \int\ln x\mathrm{d}\left(\frac{1}{3}x^3\right) = \frac{1}{3}x^3\cdot\ln x - \frac{1}{3}\int x^2\mathrm{d}x = \frac{1}{3}x^3\cdot\ln x - \frac{1}{9}x^3 + C.$

15. 解:原式 $= \frac{1}{2}\int\arctan x\mathrm{d}(x^2) = \frac{1}{2}x^2\cdot\arctan x - \frac{1}{2}\int\frac{x^2}{1 + x^2}\mathrm{d}x$

$= \frac{1}{2}x^2\cdot\arctan x - \frac{1}{2}(x - \arctan x) + C.$

四、应用题

1. 解：$f'(x)=1+x^2, f(x)=\int f'(x)\mathrm{d}x=x+\frac{1}{3}x^3+C$，

由 $f(0)=1$，得：$C=1$，所以 $f(x)=x+\frac{1}{3}x^3+1$.

2. 证明：由$\frac{\sin x}{x}$是 $f(x)$ 的一个原函数，所以 $f(x)=\left(\frac{\sin x}{x}\right)'=\frac{x\cos x-\sin x}{x^2}$，

$$\int xf'(x)\mathrm{d}x=\int x\mathrm{d}f(x)=x\cdot\frac{x\cos x-\sin x}{x^2}-\int f(x)\mathrm{d}x=\frac{x\cos x-\sin x}{x}-\frac{\sin x}{x}+C$$

$$=\cos x-\frac{2\sin x}{x}+C.$$

第6章

一、填空题

1. $<$.
2. 1.
3. $2xe^{x^2}$.
4. 0.
5. 2.
6. $\frac{5}{2}$.
7. π.
8. $\ln 2$.
9. $x-1$.
10. $\frac{3}{2}-\ln 2$.
11. 1.

二、选择题

1. C　2. D　3. A　4. B　5. B　6. C　7. D　8. C　9. B　10. B　11. B

三、计算题

1. 解：$\int_{-2}^{2}\frac{x+|x|}{2+x^2}\mathrm{d}x=\int_{-2}^{2}\frac{x}{2+x^2}\mathrm{d}x+\int_{-2}^{2}\frac{|x|}{2+x^2}\mathrm{d}x$

因为$\frac{x}{2+x^2}$为奇函数，且为对称区间，所以 $\int_{-2}^{2}\frac{x}{2+x^2}\mathrm{d}x=0$

因为$\frac{|x|}{2+x^2}$为偶函数，且为对称区间，所以 $\int_{-2}^{2}\frac{|x|}{2+x^2}\mathrm{d}x=2\int_{0}^{2}\frac{|x|}{2+x^2}\mathrm{d}x$

所以 $\int_{-2}^{2}\frac{x}{2+x^2}\mathrm{d}x+\int_{-2}^{2}\frac{|x|}{2+x^2}\mathrm{d}x=2\int_{0}^{2}\frac{|x|}{2+x^2}\mathrm{d}x=2\int_{0}^{2}\frac{x}{2+x^2}\mathrm{d}x$

$$=\int_0^2\frac{1}{2+x^2}\mathrm{d}(2+x^2)=\ln|2+x^2|\Big|_0^2=\ln 6-\ln 2=\ln 3.$$

2. 解: $\lim\limits_{x\to0}\dfrac{\int_0^x\arctan t\mathrm{d}t}{x^2}\xlongequal{\text{洛必达法则}}\lim\limits_{x\to0}\dfrac{\arctan x}{2x}\xlongequal{\arctan x\sim x(x\to0)}\lim\limits_{x\to0}\dfrac{x}{2x}=\dfrac{1}{2}$

3. 解: $\displaystyle\int_0^{e^2}\frac{\mathrm{d}x}{x\sqrt{1+\ln x}}=\int_1^{e^2}\frac{\mathrm{d}(1+\ln x)}{\sqrt{1+\ln x}}=2\sqrt{1+\ln x}\Big|_0^{e^2}=2(\sqrt{1+2}-1)=2(\sqrt{3}-1)$

4. 解: $\displaystyle\int_0^{\frac{\pi}{2}}x\sin x\mathrm{d}x=-\int_0^{\frac{\pi}{2}}x\mathrm{d}\cos x=-x\cos x\Big|_0^{\frac{\pi}{2}}+\int_0^{\frac{\pi}{2}}\cos x\mathrm{d}x=\sin x\Big|_0^{\frac{\pi}{2}}=1$

5. 解: $\lim\limits_{n\to\infty}\dfrac{1}{n}\left[\sin\dfrac{\pi}{n}+\sin\dfrac{2\pi}{n}+\cdots+\sin\dfrac{(n-1)\pi}{n}\right]$

$=\lim\limits_{n\to\infty}\dfrac{1}{n}\left[\sin\dfrac{\pi}{n}+\sin\dfrac{2\pi}{n}+\cdots+\sin\dfrac{(n-1)\pi}{n}+\sin\dfrac{n\pi}{n}\right]$

$=\lim\limits_{n\to\infty}\dfrac{1}{n}\sum\limits_{i=1}^{n}\left(\sin\dfrac{i}{n}\pi\right)=\displaystyle\int_0^1\sin\pi x\mathrm{d}x=\frac{1}{\pi}\int_0^1\sin(\pi x)\mathrm{d}(\pi x)=\frac{1}{\pi}[-\cos(\pi x)]\Big|_0^1=\frac{2}{\pi}$

6. 解:令$\sqrt{x}=t$,则$x=t^2$,$\mathrm{d}x=2t\mathrm{d}t$,$x:0\to16$,$t:0\to4$,所以

$\displaystyle\int_0^{16}\sin\sqrt{x}\mathrm{d}x=2\int_0^4t\sin t\mathrm{d}t=-2\int_0^4t\mathrm{d}(\cos t)=-2t\cos t\,|_0^4+2\int_0^4\cos t\mathrm{d}t$

$=-8\cos4+2\sin t\,|_0^4=-8\cos4+2\sin4=2(\sin4-4\cos4)$

7. 解: $\displaystyle\int_1^{+\infty}\frac{1}{x(1+x^2)}\mathrm{d}x=\frac{1}{2}\int_1^{+\infty}\frac{1}{x^2(1+x^2)}\mathrm{d}(x^2)=\frac{1}{2}\int_1^{+\infty}\left(\frac{1}{x^2}-\frac{1}{x^2+1}\right)\mathrm{d}(x^2)$

$=\dfrac{1}{2}\left(\ln\dfrac{x^2}{x^2+1}\right)\Big|_1^{+\infty}=-\dfrac{1}{2}\ln\left(\dfrac{1}{2}\right)=\dfrac{1}{2}\ln2$

8. 解: $\displaystyle\int_0^1\frac{1}{(2-x)\sqrt{1-x}}\mathrm{d}x$($x=1$为瑕点)

$\displaystyle\int_0^1\frac{1}{(2-x)\sqrt{1-x}}\mathrm{d}x\xlongequal[x=1-t^2]{\sqrt{1-x}=t}\int_1^0\frac{-2t}{(2-1+t^2)t}\mathrm{d}t=2\int_0^1\frac{1}{1+t^2}\mathrm{d}t=2\arctan t\,|_0^1=$

$2\left(\dfrac{\pi}{4}-0\right)=\dfrac{\pi}{2}$

9. 解: $\displaystyle\int_{-2}^1f(x)\mathrm{d}x=\int_{-2}^0(-1)\mathrm{d}x+\int_0^1 1\mathrm{d}x=-2+1=-1$

10. 解: $\displaystyle\int_0^{\frac{\pi}{2}}\frac{\cos x}{4+\sin^2x}\mathrm{d}x=\int_0^{\frac{\pi}{2}}\frac{1}{4+\sin^2x}\mathrm{d}(\sin x)\xlongequal{\sin x=t}\int_0^1\frac{1}{4+t^2}\mathrm{d}t=\frac{1}{2}\arctan\frac{t}{2}\,|_0^1=\frac{1}{2}\arctan\frac{1}{2}$

11. 解:因为$0<x<\dfrac{1}{e}$,所以$-\infty<\ln x<-1$,令$t=-\ln x$则

$\displaystyle\int_0^{\frac{1}{e}}\frac{1}{x|\ln x|^2}\mathrm{d}x=-\int_{+\infty}^1\frac{1}{t^2}\mathrm{d}t=\int_1^{+\infty}\frac{1}{t^2}\mathrm{d}t=-\frac{1}{t}\,|_1^{+\infty}=1$

12. 解：因为 $f(x)=3x^2+\int_0^2 g(x)\mathrm{d}x, g(x)=-x^3+3x^2\int_0^2 f(x)\mathrm{d}x$，令 $=\int_0^2 f(x)\mathrm{d}x=a$，则

$f(x)=3x^2+\int_0^2(-x^3+3ax^2)\mathrm{d}x=3x^2-\frac{x^4}{4}\Big|_0^2+3a\left(\frac{x^3}{3}\right)\Big|_0^2=3x^2-4+8a$，

上式两边在[0,2]上积分，

$\int_0^2 f(x)\mathrm{d}x=\int_0^2(3x^2-4+8a)\mathrm{d}x=3\frac{x^3}{3}\Big|_0^2-4(2-0)+8a(2-0)=16a$

因为 $\int_0^2 f(x)\mathrm{d}x=a$，所以 $a=16a\Rightarrow a=0$，

所以 $F(x)=f(x)+g(x)=3x^2+\int_0^2 g(x)\mathrm{d}x-x^3+3x^2\int_0^2 f(x)\mathrm{d}x$

$$=3x^2+\int_0^2(-x^3)\mathrm{d}x-x^3=-x^3+3x^2-4$$

则：$F'(x)=-3x^2+6x$ 令 $F'(x)=0$，则驻点为：$x=0$ 或 $x=2$，

所以 $F''(0)=6>0, F''(2)=-6<0$，

所以 $x=0$ 为极小值点，所以 $x=2$ 为极大值点，且

当 $x=0$ 时，$F_{\min}(0)=-4$，当 $x=2$ 时，$F_{\max}(2)=0$

四、应用题

1. 解：总成本函数：

$C(x)=50+\int_0^x C'(t)\mathrm{d}t=50+\int_0^x(t^2-14t+111)\mathrm{d}t=\frac{1}{3}x^3-7x^2+111x+50$，

总收益函数为：$R(x)=\int_0^x R'(t)\mathrm{d}t=\int_0^x(100-2t)\mathrm{d}t=100x-x^2$，

总利润函数为：$L(x)=R(x)-C(x)=-\frac{1}{3}x^3+6x^2-11x-50.$

2. 解：$y=\frac{1}{x}$ 与 $y=x, x=2$ 图像如图所示：

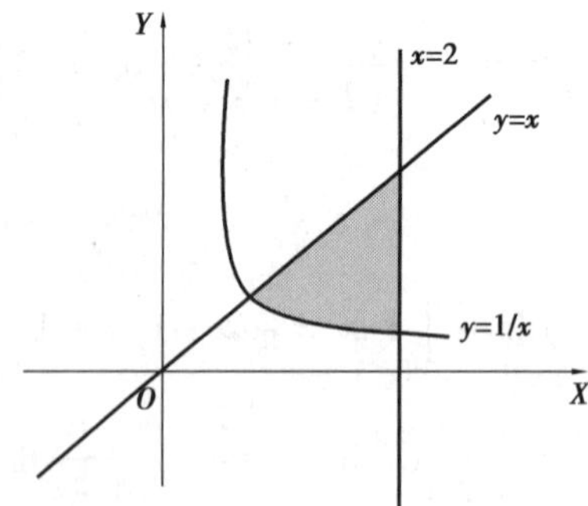

所以 $S=\int_1^2\left(x-\frac{1}{x}\right)\mathrm{d}x=\left(\frac{x^2}{2}-\ln x\right)\Big|_1^2=\frac{3}{2}-\ln 2$

3. 解：联立方程 $\begin{cases}y=\ln x\\ y=\mathrm{e}+1-x\end{cases}$ 解得唯一交点(e,1)，因此所给曲线围成图形如图所示：

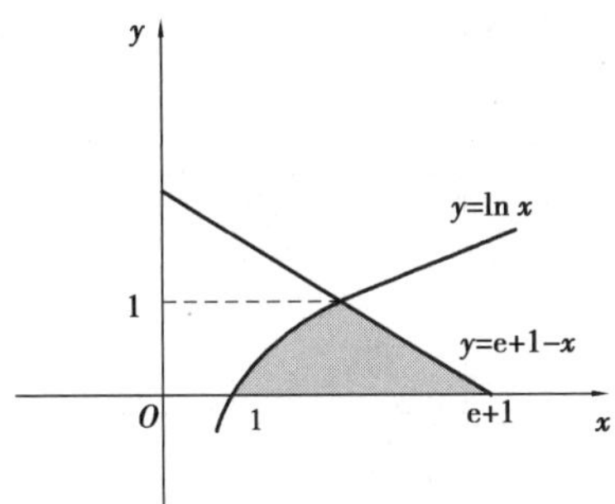

其面积：$S = \int_0^1 (e + 1 - y - e^y)dy = e + 1 - \frac{1}{2} - e^y \mid_0^1 = \frac{3}{2}$.

4. 解：绕 x 轴，如图所示：$V_x = \pi\int_0^{\frac{\pi}{2}} \sin^2 x dx = \pi \cdot \frac{1}{2} \cdot \frac{\pi}{2} = \frac{\pi^2}{4}$

绕 y 轴：$V_y = \pi\left(\frac{\pi}{2}\right)^2 \cdot 1 - \pi\int_0^1 (\arcsin y)^2 dy \xlongequal{\text{令} \arcsin y = t} \frac{\pi^3}{4} - \pi\left[\int_0^{\frac{\pi}{2}} t^2 d(\sin t)\right]$

$= \frac{\pi^3}{4} - \pi\left(t^2 \cdot \sin t \mid_0^{\frac{\pi}{2}} - 2\int_0^{\frac{\pi}{2}} t \sin t dt\right) = \frac{\pi^3}{4} - \pi\left(\frac{\pi^2}{4} - 2\int_0^{\frac{\pi}{2}} t \sin t dt\right)$

$= 2\pi\int_0^{\frac{\pi}{2}} t \sin t dt = -2\pi\int_0^{\frac{\pi}{2}} t d(\cos t) = -2\pi\left(t \cos t \mid_0^{\frac{\pi}{2}} - \int_0^{\frac{\pi}{2}} \cos t dt\right)$

$= 2\pi\int_0^{\frac{\pi}{2}} \cos t dt = 2\pi \sin t \mid_0^{\frac{\pi}{2}} = 2\pi$

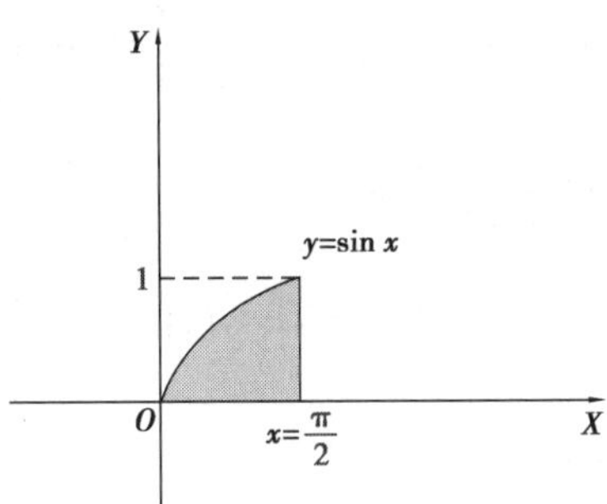

5. 解：绕 x 轴，如图所示：$V_x = \pi\int_0^e (\ln x)^2 dx = \pi\left[x(\ln x)^2 \mid_1^e - 2\int_1^e x \ln x \cdot \frac{1}{x} dx\right]$

$= \pi\left(e - 2\int_1^e \ln x dx\right) = \pi\left[e - 2\left(x \ln x \mid_1^e - \int_1^e x \cdot \frac{1}{x} dx\right)\right]$

$= \pi[e - 2(e - x \mid_1^e)] = \pi[e - 2(e - e + 1)] = \pi(e - 2)$

绕 y 轴：$V_y = \pi(e)^2 \cdot 1 - \pi\int_0^1 (e^y)^2 dy = \pi e^2 - \frac{1}{2}\pi\int_0^1 e^{2y} d(2y)$

$= \pi e^2 - \frac{1}{2}\pi e^{2y} \mid_0^1 = \pi e^2 - \frac{1}{2}\pi(e^2 - 1) = \frac{1}{2}\pi(e^2 + 1)$

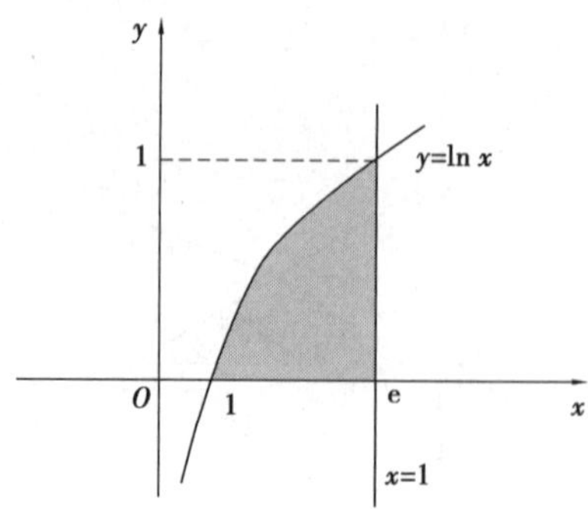

五、证明题

1. 证明：因为 $\cos x=\sin\left(\frac{\pi}{2}-x\right)$，所以令 $t=\frac{\pi}{2}-x$，则：

$$\int_0^{\frac{\pi}{2}}\cos^n x\mathrm{d}x=\int_0^{\frac{\pi}{2}}\sin^n\left(\frac{\pi}{2}-x\right)\mathrm{d}x=-\int_{\frac{\pi}{2}}^0\sin^n t\mathrm{d}t=\int_0^{\frac{\pi}{2}}\sin^n t\mathrm{d}t=\int_0^{\frac{\pi}{2}}\sin^n x\mathrm{d}x$$

所以 $\int_0^{\frac{\pi}{2}}\sin^n x\mathrm{d}x=\int_0^{\frac{\pi}{2}}\cos^n x\mathrm{d}x,(n=0,1,2,3,\cdots)$

2. 证明：令 $g(x)=xf(\sin x)$，则 $g(x)$ 在 $[0,\pi]$ 上连续，由于 $\sin(\pi-x)=\sin x$，于是 $g(\pi-x)=(\pi-x)f[\sin(\pi-x)]=(\pi-x)f(\sin x)$，代入积分得：

$$\int_0^{\pi}xf(\sin x)\mathrm{d}x=\frac{1}{2}\int_0^{\pi}[g(x)+g(\pi-x)]\mathrm{d}x$$

$$=\frac{1}{2}\int_0^{\pi}[xf(\sin x)+(\pi-x)f(\sin x)]\mathrm{d}x=\frac{\pi}{2}\int_0^{\pi}f(\sin x)\mathrm{d}x,$$

令 $x=\pi-t$，则 $\int_{\frac{\pi}{2}}^{\pi}f(\sin x)\mathrm{d}x=\int_{\frac{\pi}{2}}^{0}f(\sin t)(-\mathrm{d}t)=\int_0^{\frac{\pi}{2}}f(\sin x)\mathrm{d}x,$

所以 $\int_0^{\pi}xf(\sin x)\mathrm{d}x=\frac{\pi}{2}\int_0^{\pi}f(\sin x)\mathrm{d}x=\pi\int_0^{\frac{\pi}{2}}f(\sin x)\mathrm{d}x.$

【注：$\int_0^{\pi}g(x)\mathrm{d}x=\int_0^{\pi}g(\pi-x)\mathrm{d}x$

因为 $\int_0^{\pi}g(\pi-x)\mathrm{d}x=\int_0^{\pi}(\pi-x)f[\sin(\pi-x)]\mathrm{d}x=-\int_0^{\pi}(\pi-x)f[\sin(\pi-x)]\mathrm{d}(\pi-x)$

$\xlongequal{令\pi-x=t}-\int_{\pi}^{0}tf(\sin t)\mathrm{d}t=\int_0^{\pi}xf(\sin x)\mathrm{d}x=\int_0^{\pi}g(x)\mathrm{d}x$，所以 $\int_0^{\pi}g(x)\mathrm{d}x=\int_0^{\pi}g(\pi-x)\mathrm{d}x$】

因为 $\int_0^{\pi}\frac{x\sin x}{1+\cos^2 x}\mathrm{d}x=\int_0^{\pi}\frac{x\sin x}{2-\sin^2 x}\mathrm{d}x=\int_0^{\pi}xf(\sin x)\mathrm{d}x$

所以 $\int_0^{\pi}\frac{x\sin x}{1+\cos^2 x}\mathrm{d}x=\pi\int_0^{\frac{\pi}{2}}\frac{\sin x}{1+\cos^2 x}\mathrm{d}x=-\pi\int_0^{\frac{\pi}{2}}\frac{1}{1+\cos^2 x}\mathrm{d}\cos x$

$=-\pi\arctan(\cos x)\Big|_0^{\frac{\pi}{2}}=\frac{\pi^2}{4}$

3. 证明：设抛物线方程为：$y=a(x-1)(x-3)$，其中 $a\neq0$，假设 $a>0$，如图所示：

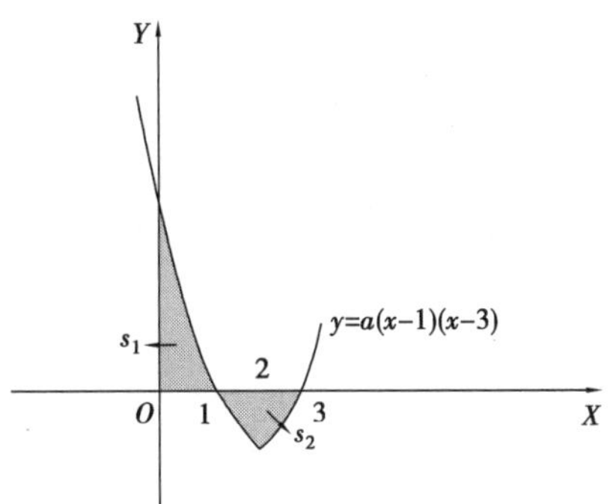

此抛物线与两坐标轴围成的图形的面积：

$$s_1=\int_0^1|a(x-1)(x-3)|\mathrm{d}x=a\int_0^1[(x-2)^2-1]\mathrm{d}x=\frac{4}{3}a,$$

$$s_2=\int_1^3|a(x-1)(x-3)|\mathrm{d}x=a\int_1^3[1-(x-2)^2]\mathrm{d}x=\frac{4}{3}a,$$

比较知此抛物线与两坐标轴围成图形的面积等于此抛物线仅与 x 轴围成图形的面积. 当 $a<0$ 时,同理可证.

第 7 章

一、填空题

1. 2 阶　2.

2. $y=x^2+c$.

3. $y=x\ln cx$.

4. $y=ce^x$.

5. $y=c_1\sin x+c_2\cos x$.

6. $y=\frac{x}{2}(\ln x)^2+cx$.

7. $y=e^x+c_1x^2+c_2x+c_3$.

8. e^{2x}.

9. $y=c_1e^{-x}+c_2e^{2x}$.

10. $e^{\tan\frac{x}{2}}$.

二、选择题

1. C　2. D　3. B　4. D　5. C　6. D　7. C　8. B　9. B　10. C　11. C

三、计算题,求下列微分方程的通解或特解.

1. 解：因为 $y\mathrm{d}y=-x\mathrm{d}x$,所以$\int y\mathrm{d}y=\int -x\mathrm{d}x$,所以$\frac{y^2}{2}=-\frac{x^2}{2}+c_1$,

所以 $x+y\frac{\mathrm{d}y}{\mathrm{d}x}=0$ 的通解为：$x^2+y^2=c$.

2. 解：因为 $y'\sin x=y\ln y$,所以$\frac{\mathrm{d}y}{\mathrm{d}x}\sin x=y\ln y$,分离变量得：

所以$\frac{\mathrm{d}y}{y\ln y}=\frac{\mathrm{d}x}{\sin x}$,所以$\int\frac{\mathrm{d}y}{y\ln y}=\int\frac{\mathrm{d}x}{\sin x}$,

所以$\int\frac{\mathrm{d}y}{y\ln y}=\int\frac{\mathrm{d}\ln y}{\ln y}=\ln|\ln y|+c_1$,

$$\int\frac{\mathrm{d}x}{\sin x}=\int\frac{\left(\sin^2\frac{x}{2}+\cos^2\frac{x}{2}\right)\mathrm{d}x}{2\sin\frac{x}{2}\cos\frac{x}{2}}=\int\left(\tan\frac{x}{2}+\cot\frac{x}{2}\right)\mathrm{d}\frac{x}{2}$$

$$=-\ln\left|\cos\frac{x}{2}\right|+\ln\left|\sin\frac{x}{2}\right|+c_2=\ln\left|\tan\frac{x}{2}\right|+c_2$$

所以$\ln|\ln y|=\ln\left|\tan\frac{x}{2}\right|+\ln|c_1|_1=\ln\left|c\tan\frac{x}{2}\right|$,所以$\ln y=c\tan\frac{x}{2}$,

所以微分方程$y'\sin x=y\ln y$的通解为:$y=\mathrm{e}^{c\tan\frac{x}{2}}$.

3. 解:原方程可化为:$y'=\sqrt{1-\left(\frac{y}{x}\right)^2}+\frac{y}{x}$,令$\frac{y}{x}=u$,则方程可化为:

$xu'+u=\sqrt{1-u^2}+u$,所以$\frac{\mathrm{d}u}{\sqrt{1-u^2}}=\frac{\mathrm{d}x}{x}$,两边积分得$\arcsin u=\ln|x|+c$,

所以原方程的通解为:$\arcsin\frac{y}{x}=\ln|x|+c$.

4. 解:$\frac{\mathrm{d}y}{\mathrm{d}x}=\frac{y^2}{xy-x^2}=\frac{\left(\frac{y}{x}\right)^2}{\frac{y}{x}-1}$,令$u=\frac{y}{x}$,原方程可化为:

$u+x\frac{\mathrm{d}u}{\mathrm{d}x}=\frac{u^2}{u-1}$,则$x\frac{\mathrm{d}u}{\mathrm{d}x}=\frac{u}{u-1}$,分离变量$\left(1-\frac{1}{u}\right)\mathrm{d}u=\frac{\mathrm{d}x}{x}$,

积分得$u-\ln|u|+c=\ln|x|$,所以$\ln|xu|=u+c$,

因此原方程的通解为:$\ln|y|=\frac{y}{x}+c$.

5. 解:根据一阶线性微分方程的通解公式:$y=\mathrm{e}^{-\int p(x)\mathrm{d}x}\left[\int q(x)\mathrm{e}^{\int p(x)\mathrm{d}x}\mathrm{d}x+c\right]$,由题目知:

$p(x)=\frac{1-2x}{x^2}$,$q(x)=1$,所以原方程的通解为:

$$y=\mathrm{e}^{-\int\frac{1-2x}{x^2}\mathrm{d}x}\left[\int\mathrm{e}^{\int\frac{1-2x}{x^2}\mathrm{d}x}\mathrm{d}x+c\right]=x^2\mathrm{e}^{\frac{1}{x}}\left[\int\frac{1}{x^2}\mathrm{e}^{-\frac{1}{x}}\mathrm{d}x+c\right]=x^2\mathrm{e}^{\frac{1}{x}}\left(\mathrm{e}^{-\frac{1}{x}}+c\right)=cx^2\mathrm{e}^{\frac{1}{x}}+x^2$$

(其中c为任意常数)

6. 解:将方程$xy'+2y=\sin x$化为:$y'+\frac{2}{x}y=\frac{\sin x}{x}$,为一阶非齐次线性微分方程,其中$p(x)=\frac{2}{x}$,$q(x)=\frac{\sin x}{x}$,所以:

$$y=\mathrm{e}^{-\int\frac{2}{x}\mathrm{d}x}\left[\int\frac{\sin x}{x}\mathrm{e}^{\int\frac{2}{x}\mathrm{d}x}\mathrm{d}x+c\right]=x^{-2}\left[\int x\sin x\mathrm{d}x+c\right]=x^{-2}(\sin x-x\cos x+c).$$

7. 解:方程$x^2y'+2xy=x-1$的标准形式为:$y'+\frac{2}{x}y=\frac{x-1}{x^2}$,则$p(x)=\frac{2}{x}$,$q(x)=\frac{x-1}{x^2}$,

所以$x^2y'+2xy=x-1$的通解为:

$y = e^{-\int \frac{2}{x}dx}\left[\int \frac{x-1}{x^2}e^{\int \frac{2}{x}dx}dx + c\right] = x^{-2}\left[\int (x-1)dx + c\right] = x^{-2}\left(\frac{x^2}{2} - x + c\right) = \frac{1}{2} - \frac{1}{x} + \frac{c}{x^2}$,

$y|_{x=1} = 0$ 时,有$\frac{1}{2} - \frac{1}{1} + \frac{c}{1} = 0 \Rightarrow c = \frac{1}{2}$,所以 $y|_{x=1} = 0$ 的特解为:$y^* = \frac{1}{2} - \frac{1}{x} + \frac{1}{2x^2}$.

8. 解:由 $2ydx + (y^2 - 6x)dy = 0$ 知$\frac{dy}{dx} = \frac{2y}{6x - y^2}$,$\frac{dx}{dy} - \frac{3}{y}x = -\frac{1}{2}y$,方程可以看成 x 关于 y 的一阶非齐次微分方程,由一阶线性非齐次微分方程的通解公式:$y = e^{-\int p(x)dx}\left[\int q(x)e^{\int p(x)dx}dx + c\right]$,类似可以得到:$x = e^{-\int p(y)dy}\left[\int q(y)e^{\int p(y)dy}dy + c\right]$,其中:$p(y) = -\frac{3}{y}$,$q(y) = -\frac{1}{2}y$,代入得:$x = e^{-\int -\frac{3}{y}dy}\left[\int -\frac{1}{2}ye^{\int -\frac{3}{y}dy}dy + c\right] = y^3\left(-\frac{1}{2}\int yy^{-3}dy + c\right) = y^3\left(\frac{1}{2y} + c\right)$,

因此,原方程的通解为:$x = y^3\left(\frac{1}{2y} + c\right)$.

9. 解:令 $y' = p$,则$(1 + x^2)\frac{dp}{dx} = 2xp$,分离变量$\frac{dp}{p} = \frac{2x}{1 + x^2}dx$,积分得:

$\ln|p| = \ln(1 + x^2) + \ln c_1$,所以 $p = c_1(1 + x^2)$,所以$\frac{dy}{dx} = c_1(1 + x^2)$,

所以 $y = c_1\left(x + \frac{x^3}{3}\right) + c_2$.

10. 解:(采用常数变易法)原方程对应的齐次方程为:$\frac{dy}{dx} + 3y = 0$,分离变量后解得:

$y = ce^{-3x}$,因此令非齐次微分方程的通解为:$y = c(x)e^{-3x}$,代入原方程:

$c'(x)e^{-3x} - 3c(x)e^{-3x} + 3[c(x)e^{-3x}] = e^{2x}$,整理得:$c'(x) = e^{5x}$,解得:

$c(x) = \frac{1}{5}e^{5x} + c$,所以原方程的通解为:$y = \frac{1}{5}e^{2x} + ce^{-3x}$.

11. 解:原方程对应齐次微分方程的特征方程为:$\lambda^2 - 3\lambda = 0 \Rightarrow \lambda_1 = 0, \lambda_2 = 3$,所以齐次方程的通解为:$y = c_1 + c_2e^{3x}$. 由特征方程的解知,原方程有形如:

$y^*(x) = x(ax + b)$的特解,代入原方程,得:

$[y^*(x)]'' - 3[y^*(x)]' = 2a - 3(2ax + b) = -6ax + 2a - 3b = -6x + 2$,因此有:

$\begin{cases} -6a = -6 \\ 2a - 3b = 2 \end{cases} \Rightarrow \begin{cases} a = 1 \\ b = 0 \end{cases}$,所以特解为:$y^*(x) = x^2$,

因此原方程的通解为:$y = c_1 + c_2e^{3x} + x^2$(其中 c_1, c_2 为任意常数.)

12. 解:原方程对应齐次微分方程的特征方程为:$\lambda^2 + 1 = 0 \Rightarrow \lambda_1 = i, \lambda_2 = -i$,所以齐次方程的通解为:$y = c_1\cos x + c_2\sin x$. 由特征方程的解知,原方程有形如:

$y^*(x) = x(a\cos x + b\sin x)$的特解,代入原方程,得:

$[x(a\cos x + b\sin x)]'' + x(a\cos x + b\sin x) = -2a\sin x + 2b\cos x = 2\cos x$,因此有:

$\begin{cases} -2a = 0 \\ 2b = 2 \end{cases} \Rightarrow \begin{cases} a = 0 \\ b = 1 \end{cases}$,所以特解为:$y^*(x) = x\sin x$,

因此原方程的通解为:$y = c_1\cos x + c_2\sin x + x\sin x$(其中 c_1, c_2 为任意常数).

13. 解:在方程两边关于 x 求导得:

$f'(x)\cos x+f(x)\sin x=1$,所以$f'(x)+\tan xf(x)=\sec x$,为一阶线性非齐次微分方程:

所以$f(x)=e^{-\int\tan x\mathrm{d}x}\left[\int\sec x e^{\int\tan x\mathrm{d}x}\mathrm{d}x+c\right]=e^{\ln\cos x}\left[\int\frac{1}{\cos x}e^{-\ln\cos x}\mathrm{d}x+c\right]$

$=\cos x\left[\int\frac{1}{\cos^2 x}\mathrm{d}x+c\right]=\cos x(\tan x+c)=\sin x+c\cos x$,把 $x=0$ 代入方程

$f(x)\cos x+2\int_0^x f(t)\sin t\mathrm{d}t=x+1$,所以 $f(0)\cos 0+2\int_0^0 f(t)\sin t\mathrm{d}t=0+1$,所以 $f(0)=1$,

代入 $f(x)=\sin x+c\cos x$,得 $f(0)=\sin 0+c\cos 0=1$,所以 $c=1$,

因此 $f(x)$ 的表达式为:$f(x)=\sin x+\cos x$.

四、应用与证明题

1. 解:由题设知,过曲线上任意点 $M(x,y)$的切线斜率为:

$\frac{\mathrm{d}y}{\mathrm{d}x}=\frac{x+y\ln x}{x\ln x}=\frac{1}{\ln x}+\frac{1}{x}y$,即$\frac{\mathrm{d}y}{\mathrm{d}x}-\frac{1}{x}y=\frac{1}{\ln x}$,由一阶线性非齐次微分方程的通解公式,可得:

$y=e^{\int\frac{1}{x}\mathrm{d}x}\left[\int\frac{1}{\ln x}e^{-\int\frac{1}{x}\mathrm{d}x}\mathrm{d}x+c\right]=x\left(\int\frac{1}{\ln x}\cdot\frac{1}{x}\mathrm{d}x+c\right)=x(\ln|\ln x|+c)=x\ln|\ln x|+cx$.

由曲线过点(e,1)给出定常数 $c=\frac{1}{e}$,所以曲线方程为:$y=\frac{x}{e}+x\ln|\ln x|$.

2. 解:由题设知:

$E=\frac{p}{Q}\frac{\mathrm{d}Q}{\mathrm{d}p}=-3p^3$,分离变量得$\frac{\mathrm{d}Q}{Q}=-3p^2\mathrm{d}p$,两边积分得:

$\int\frac{\mathrm{d}Q}{Q}=-3\int p^2\mathrm{d}p\Rightarrow\ln|Q|=-p^3+c_1$,所以 $Q=ce^{-p^3}$,当价格 $p=0$ 时,需求量最大,此时有 $10=ce^{-0^3}\Rightarrow c=10$,因此需求函数为:所以 $Q=10e^{-p^3}$(万件).

3. 解:因为 $y''=x$,所以 $y'=\int x\mathrm{d}x=\frac{x^2}{2}+c_1$,所以 $y=\int\left(\frac{x^2}{2}+c_1\right)\mathrm{d}x=\frac{x^3}{6}+c_1x+c_2$,

又因为 $y=\frac{x^3}{6}+c_1x+c_2$ 经过点 $M(0,1)$,所以 $1=\frac{0^3}{6}+c_1\cdot 0+c_2\Rightarrow c_2=1$,

在点 $M(0,1)$与直线 $y=\frac{x}{2}+1$ 相切,所以$\frac{0^2}{2}+c_1=\frac{1}{2}\Rightarrow c_1=\frac{1}{2}$,

所以所求的积分曲线为:所以 $y=\frac{x^3}{6}+\frac{1}{2}x+1$.

4. 证明:因为 $y'=\sin(c_1-x)$,$y''=-\cos(c_1-x)$

所以$(y'')^2=[-\cos(c_1-x)]^2=\cos^2(c_1-x)=1-\sin^2(c_1-x)=1-(y')^2$,即

$y=\cos(c_1-x)+c_2$ 满足方程$(y'')^2=1-(y')^2$. 又 $y=\cos(c_1-x)+c_2$ 含有两个相互独立的常数,所以是方程$(y'')^2=1-(y')^2$ 的通解.

第 8 章

一、填空题

1. $(0,0,2)$ 2. $(1,-8,10)$ 3. -1 4. $\left(\frac{2}{3},\frac{1}{3},-\frac{2}{3}\right)$ 5. $5\sqrt{3}$ 6. $\frac{x^2}{a^2}-\frac{z^2}{b^2}=1$

7. $2x+2y-z-4=0$ 8. $\frac{x-1}{3}=\frac{y-3}{-2}=\frac{z-2}{-1}$

9. $x+\frac{y}{3}+\frac{z}{2}=1$ 10. $\frac{x+1}{2}=\frac{y}{-3}=\frac{z-2}{2}$

二、选择题

1. A 2. B 3. C 4. A 5. B 6. B 7. C 8. C 9. B 10. A

三、计算题

1. 解:直线的方向为 $\vec{s}=\overrightarrow{AB}=(1,1,-3)$,因此直线的对称式方程为:

$\frac{x+1}{1}=\frac{y-1}{1}=\frac{z-2}{-3}$,令 $\frac{x+1}{1}=\frac{y-1}{1}=\frac{z-2}{-3}=t$,则参数方程为:$\begin{cases}x=t-1\\y=t+1\\z=-3t+2\end{cases}$.

2. 解:$l_1:\begin{cases}x+y+z-1=0\\x+y+2z+1=0\end{cases}$的方向向量为

$$\vec{s_1}=(1,1,1)\times(1,1,2)=\begin{vmatrix}\vec{i}&\vec{j}&\vec{k}\\1&1&1\\1&1&2\end{vmatrix}=(1,-1,0),$$

$l_2:\begin{cases}3x+y+1=0\\y+3z+2=0\end{cases}$的方向向量为

$$\vec{s_2}=(3,1,0)\times(0,1,3)=\begin{vmatrix}\vec{i}&\vec{j}&\vec{k}\\3&1&0\\0&1&3\end{vmatrix}=(3,-9,3)=3(1,-3,1),$$

$$\cos(\widehat{\vec{s_1},\vec{s_2}})=\frac{\vec{s_1}\cdot\vec{s_2}}{|\vec{s_1}||\vec{s_2}|}=\frac{4}{\sqrt{22}},$$

故 l_1,l_2 之间的夹角为 $\arccos\frac{4}{\sqrt{22}}$,及 $\pi-\arccos\frac{4}{\sqrt{22}}$.

3. 解:取 $\vec{n}$ 为直线 l 的方向向量 $\vec{s}=\begin{vmatrix}\vec{i}&\vec{j}&\vec{k}\\1&2&-1\\2&1&-1\end{vmatrix}=-(1,1,3)$,

所求平面方程为:$(x-2)+(y-1)+3(z-1)=0$,即 $x+y+3z-6=0$.

4. 解:记点$(3,1,-2)$为 A,显然直线上有点 $B(4,-3,0)$,

取 $\vec{n}=\overrightarrow{AB}\times\vec{s}=\begin{vmatrix}\vec{i} & \vec{j} & \vec{k}\\ 1 & -4 & 2\\ 5 & 2 & 1\end{vmatrix}=(-8,9,22)$,

则所求平面方程为 $-8(x-3)+9(y-1)+22(z+2)=0$,即 $8x-9y-22z-59=0$.

5. 解:取 $\vec{n}=\overrightarrow{OA}\times\overrightarrow{n_1}=\begin{vmatrix}\vec{i} & \vec{j} & \vec{k}\\ 6 & -3 & 2\\ 4 & -1 & 2\end{vmatrix}=(-4,-4,6)$,

则所求平面方程为 $-4(x-6)-4(y+3)+6(z-2)=0$,即 $2x+2y-3z=0$.

6. 解:设所求平面方程为 $By+Cz=0$,依题意有 $4B-2C=0$,故 $C=2B$,因此所求平面方程为 $y+2z=0$.

7. 解:取直线 l 的方向向量为

$$\vec{s}=\overrightarrow{n_1}\times\overrightarrow{n_2}=(1,0,2)\times(0,1,-3)=\begin{vmatrix}\vec{i} & \vec{j} & \vec{k}\\ 1 & 0 & 2\\ 0 & 1 & -3\end{vmatrix}=(-2,3,1),$$

所求直线方程为 $\frac{x}{-2}=\frac{y-2}{3}=\frac{z-4}{1}$.

8. 解:取所求直线方向向量为 $\vec{s}=\begin{vmatrix}\vec{i} & \vec{j} & \vec{k}\\ 4 & 5 & 6\\ 7 & 8 & 9\end{vmatrix}=-3(1,-2,1)$,

所求直线方程为 $\frac{x+1}{1}=\frac{y-2}{-2}=\frac{z-3}{-1}$.

9. 解:点 $A(-3,-2,0)$ 和 $B(-3,-4,-1)$ 分别在两直线上,也在平面上.

取 $\vec{n}=\overrightarrow{AB}\times\vec{s}=\begin{vmatrix}\vec{i} & \vec{j} & \vec{k}\\ 0 & -2 & -1\\ 3 & -2 & 1\end{vmatrix}=(-4,-3,6)$,

则所求平面方程为 $-4(x+3)-3(y+2)+6(z-0)=0$,

即 $4x+3y-6z+18=0$.

10. 解:由题设知 C 为两曲面的交线:$\begin{cases}y^2=ax\\ y^2+z^2=4ax\end{cases}$,消去 y,

得 C 向 zOx 平面上的投影柱面为:$z^2=3ax$,故交线 C 在 zOx 平面上的投影曲线为 $\begin{cases}z^2=3ax\\ y=0\end{cases}$.

四、证明题

1. 若四边形的对角线互相平分,证明它是平行四边形。

证:设四边形顶点按顺序为 A,B,C,D,其对角线交点为 M,

由假设 $\overrightarrow{MA}=-\overrightarrow{MC}$,$\overrightarrow{MB}=-\overrightarrow{MD}$,因此 $\overrightarrow{AB}=\overrightarrow{AM}+\overrightarrow{MB}=\overrightarrow{MC}+\overrightarrow{DM}=\overrightarrow{DC}$,

即 $|AB|=|DC|$，且 $AB//DC$，于是四边形 $ABCD$ 是平行四边形。

2. 证明直线 $\begin{cases} x+2y-z-1=0 \\ -2x+y+z+1=0 \end{cases}$ 与直线 $\begin{cases} 3x+6y-3z-1=0 \\ 2x-y-z+34=0 \end{cases}$ 平行。

证：$\overrightarrow{s_1}=(1,2,-1)\times(-2,1,1)=\begin{vmatrix} \vec{i} & \vec{j} & \vec{k} \\ 1 & 2 & -1 \\ -2 & 1 & 1 \end{vmatrix}=(3,1,5)$，

$\overrightarrow{s_2}=(3,6,-3)\times(2,-1,-1)=\begin{vmatrix} \vec{i} & \vec{j} & \vec{k} \\ 3 & 6 & -3 \\ 2 & -1 & -1 \end{vmatrix}=(-9,-3,-15)=-3\overrightarrow{s_1}$，

所以 $\overrightarrow{s_1}//\overrightarrow{s_2}$，亦即两直线平行。

第 9 章

一、填空题

1. x^2-2y.
2. $D=\{(x,y)\mid y\geqslant x^2, 0<x^2+y^2<1\}$.
3. 2.
4. 10.
5. $f'_y(1,y)=e^y\sin\pi y+\pi e^y\cos\pi y$，$f'_y(1,1)=-\pi e$.
6. $e(dx+dy)$.
7. 0.
8. $-4<a<4$，小.
9. $\frac{3}{4}$.
10. $\frac{1}{2}(1-e^{-4})$.
11. $\int_0^1 dx\int_{x^2}^{x} f(x,y)dy$.
12. $(1-x)f(x)$.
13. $\frac{\pi}{2}$，π.
14. 2π.
15. $\int_{-\frac{\sqrt{2}}{2}a}^{0} dy\int_{-y}^{\sqrt{a^2-y^2}} f(x,y)dx+\int_0^{\frac{\sqrt{2}}{2}a} dy\int_y^{\sqrt{a^2-y^2}} f(x,y)dx$.

二、选择题

1. B 2. D 3. B 4. D 5. B 6. A 7. D 8. D 9. B 10. A 11. D 12. B 13. A

三、计算题

1. 解：$z'_x=ye^{xy}+2xy$，$z'_y=xe^{xy}+x^2$.

2. 解：$z'_x=y(1+xy)^{y-1}\cdot(1+xy)'_x=y^2(1+xy)^{y-1}$，$z'_x\Big|_{\substack{x=1\\y=1}}=1$；

$z'_y=[e^{y\ln(1+xy)}]'_y=e^{y\ln(1+xy)}\cdot(y\ln(1+xy))'_y=(1+xy)^y\left[\ln(1+xy)+\frac{xy}{1+xy}\right]$,

$z'_y\Big|_{\substack{x=1\\y=1}}=1+2\ln 2$.

3. 解$\frac{\partial z}{\partial x}=\frac{1}{1+\left(\frac{y}{x}\right)^2}\cdot\left(-\frac{y}{x^2}\right)=-\frac{y}{x^2+y^2},\frac{\partial z}{\partial y}=\frac{1}{1+\left(\frac{y}{x}\right)^2}\cdot\frac{1}{x}=\frac{x}{x^2+y^2}$

所以 $\mathrm{d}z=-\frac{y}{x^2+y^2}\mathrm{d}x+\frac{x}{x^2+y^2}\mathrm{d}y=\frac{1}{x^2+y^2}(x\mathrm{d}y-y\mathrm{d}x)$.

4. 解：$\frac{\partial z}{\partial x}=\ln(x+y)+\frac{x}{x+y},\frac{\partial z}{\partial y}=\frac{x}{x+y}$

$\frac{\partial^2 z}{\partial x^2}=\frac{1}{x+y}+\frac{x+y-x}{(x+y)^2}=\frac{x+2y}{(x+y)^2},\frac{\partial^2 z}{\partial y^2}=-\frac{x}{(x+y)^2}$,

$\frac{\partial^2 z}{\partial x\partial y}=\frac{1}{x+y}+\frac{-x}{(x+y)^2}=\frac{y}{(x+y)^2}$.

5. 解：$\frac{\partial u}{\partial x}=\frac{z}{y}x^{\frac{z}{y}-1},\frac{\partial u}{\partial y}=x^{\frac{z}{y}}\cdot\ln x\left(-\frac{z}{y^2}\right)=-\frac{z\ln x}{y^2}x^{\frac{z}{y}},\frac{\partial u}{\partial z}=x^{\frac{z}{y}}\cdot\ln x\cdot\frac{1}{y}=\frac{\ln x}{y}x^{\frac{z}{y}}$.

6. $\frac{\partial z}{\partial x}=\frac{1}{2\sqrt{xy+\frac{x}{y}}}\cdot\left(xy+\frac{x}{y}\right)'_x=\frac{1+y^2}{2y\sqrt{xy+\frac{x}{y}}},\frac{\partial z}{\partial y}=\frac{1}{2\sqrt{xy+\frac{x}{y}}}\cdot\left(xy+\frac{x}{y}\right)'_y=\frac{x(y^2-1)}{2y^2\sqrt{xy+\frac{x}{y}}}$,

$\mathrm{d}z=\frac{\partial z}{\partial x}\mathrm{d}x+\frac{\partial z}{\partial y}\mathrm{d}y=\frac{1+y^2}{2y\sqrt{xy+\frac{x}{y}}}\mathrm{d}x+\frac{x(y^2-1)}{2y^2\sqrt{xy+\frac{x}{y}}}\mathrm{d}y$,

$\mathrm{d}z\Big|_{(2,1)}=\frac{1+1}{2\cdot\sqrt{2+2}}\mathrm{d}x+\frac{2\cdot(1-1)}{2\cdot\sqrt{2+2}}\mathrm{d}y=\frac{1}{2}\mathrm{d}x$.

7. 解：因为$\frac{\partial z}{\partial x}=e^{x-3y},\frac{\partial z}{\partial y}=-3e^{x-3y}$，而$\frac{\mathrm{d}x}{\mathrm{d}t}=2\cos 2t,\frac{\mathrm{d}y}{\mathrm{d}t}=\frac{2t}{t^2}=\frac{2}{t}$

由全导数公式可知：

$\frac{\mathrm{d}z}{\mathrm{d}t}=\frac{\partial z}{\partial x}\frac{\mathrm{d}x}{\mathrm{d}t}+\frac{\partial z}{\partial y}\frac{\mathrm{d}y}{\mathrm{d}t}=2e^{x-3y}\cos 2t-3e^{x-3y}\cdot\frac{2}{t}=2e^{x-3y}\left(\cos 2t-\frac{3}{t}\right)$.

8. 解：函数是由 $z=f(x,u,v)=xe^u\sin v+e^u\cos v,u=xy,v=x+y$ 复合而成

于是可得：$\frac{\partial f}{\partial x}=e^u\sin v,\frac{\partial f}{\partial u}=xe^u\sin v+e^u\cos v,\frac{\partial f}{\partial v}=xe^u\cos v-e^u\sin v$

$\frac{\partial u}{\partial x}=y,\frac{\partial v}{\partial x}=1,\frac{\partial u}{\partial y}=x,\frac{\partial v}{\partial y}=1$

所以：$\frac{\partial z}{\partial x}=\frac{\partial f}{\partial x}+\frac{\partial f}{\partial u}\frac{\partial u}{\partial x}+\frac{\partial f}{\partial v}\frac{\partial v}{\partial x}$

$=e^u\sin v+(xe^u\sin v+e^u\cos v)\cdot y+(xe^u\cos v-e^u\sin v)\cdot 1$

$=e^{xy}[xy\sin(x+y)+(x+y)\cos(x+y)]$.

$\frac{\partial z}{\partial y}=\frac{\partial f}{\partial u}\frac{\partial u}{\partial y}+\frac{\partial f}{\partial v}\frac{\partial v}{\partial y}=(xe^u\sin v+e^u\cos v)\cdot x+(xe^u\cos v-e^u\sin v)\cdot 1$

$=e^{xy}[(x^2-1)\sin(x+y)+2x\cos(x+y)]$.

9. 解：$\frac{\partial z}{\partial u}=2u\ \ln\ v,\frac{\partial z}{\partial v}=\frac{u^2}{v},\frac{\partial u}{\partial x}=-\frac{y}{x^2},\frac{\partial v}{\partial x}=2x,\frac{\partial u}{\partial y}=\frac{1}{x},\frac{\partial v}{\partial y}=2y.$

$$\frac{\partial z}{\partial x}=\frac{\partial z}{\partial u}\cdot\frac{\partial u}{\partial x}+\frac{\partial z}{\partial v}\cdot\frac{\partial v}{\partial x}=2u\ \ln\ v\cdot\left(-\frac{y}{x^2}\right)+\frac{u^2}{v}\cdot 2x=-\frac{2y^2}{x^3}\ln(x^2+y^2)+\frac{2y^2}{x(x^2+y^2)};$$

$$\frac{\partial z}{\partial y}=\frac{\partial z}{\partial u}\cdot\frac{\partial u}{\partial y}+\frac{\partial z}{\partial v}\cdot\frac{\partial v}{\partial y}=2u\ \ln\ v\cdot\frac{1}{x}+\frac{u^2}{v}\cdot 2y=\frac{2y}{x^2}\ln(x^2+y^2)+\frac{2y^3}{x^2(x^2+y^2)}.$$

10. 解：令 $u=xy,v=x^2+y^2$，则 $z=f(xy,x^2+y^2)$ 可看成由 $u=xy,v=x^2+y^2,z=f(u,v)$ 复合而成，所以 $\frac{\partial z}{\partial x}=yf'_u+2xf'_v=yf'_1+2xf'_2$；

求 $\frac{\partial f'_1}{\partial y}$ 和 $\frac{\partial f'_2}{\partial y}$ 时，注意到 $f'_1=f'_u(xy,x^2+y^2)$ 及 $f'_2=f'_v(xy,x^2+y^2)$ 仍然是复合函数，因此根据复合函数求导法则，有

$$\frac{\partial f'_1}{\partial y}=\frac{\partial f'_1}{\partial u}\cdot\frac{\partial u}{\partial y}+\frac{\partial f'_1}{\partial v}\cdot\frac{\partial v}{\partial y}=xf''_{11}+2yf''_{12},\frac{\partial f'_2}{\partial y}=\frac{\partial f'_2}{\partial u}\cdot\frac{\partial u}{\partial y}+\frac{\partial f'_2}{\partial v}\cdot\frac{\partial v}{\partial y}=xf''_{21}+2yf''_{22}.$$

于是 $\frac{\partial^2 z}{\partial x\partial y}=f'_1+y(xf''_{11}+2yf''_{12})+2x(xf''_{21}+2yf''_{22})=f'_1+xyf''_{11}+2(x^2+y^2)f''_{12}+4xyf''_{22}.$

11. 解：令 $u=x^2y,v=x+2y$，则 $z=f(u,v)$，于是

$$\mathrm{d}z=f'_1\mathrm{d}u+f'_2\mathrm{d}v=f'_1(2xy\mathrm{d}x+x^2\mathrm{d}y)+f'_2(\mathrm{d}x+2\mathrm{d}y)=(2xyf'_1+f'_2)\mathrm{d}x+(x^2f'_1+2f'_2)\mathrm{d}y$$

由此可得

$$\frac{\partial z}{\partial x}=2xyf'_1+f'_2,\frac{\partial z}{\partial y}=x^2f'_1+2f'_2.$$

12. 解：设 $F(x,y,z)=z^3-3xyz-a^3$，则

$\frac{\partial F}{\partial x}=-3yz,\frac{\partial F}{\partial y}=-3xz,\frac{\partial F}{\partial z}=3z^2-3xy$，应用公式得 $\frac{\partial z}{\partial x}=\frac{yz}{z^2-xy},\frac{\partial z}{\partial y}=\frac{xz}{z^2-xy}.$

因此，有

$$\frac{\partial^2 z}{\partial x\partial y}=\frac{\partial}{\partial y}\left(\frac{\partial z}{\partial x}\right)=\frac{\partial}{\partial y}\left(\frac{yz}{z^2-xy}\right)=\frac{\left(z+y\frac{\partial z}{\partial y}\right)(z^2-xy)-yz\left(2z\frac{\partial z}{\partial y}-x\right)}{(z^2-xy)^2}$$

$$=\frac{\left(z+y.\frac{xz}{z^2-xy}\right)(z^2-xy)-yz\left(2z.\frac{xz}{z^2-xy}-x\right)}{(z^2-xy)^2}=\frac{z^3(z^2-xy)-2xyz^3+xyz(z^2-xy)}{(z^2-xy)^3}$$

$$=\frac{z(z^4-2xyz^2-x^2y^2)}{(z^2-xy)^3}.$$

13. 解：设 $F(x,y)=xy^2+\mathrm{e}^{x+2y}-\mathrm{e}$，则

$$\frac{\partial F}{\partial x}=y^2+\mathrm{e}^{x+2y},\frac{\partial F}{\partial y}=2xy+2\mathrm{e}^{x+2y},$$

所以 $\frac{\mathrm{d}y}{\mathrm{d}x}=-\frac{\frac{\partial F}{\partial x}}{\frac{\partial F}{\partial y}}=-\frac{y^2+\mathrm{e}^{x+2y}}{2xy+2\mathrm{e}^{x+2y}}.$

将 $x=1$ 代入原方程，得到 $y=0$，从而 $\left.\frac{\mathrm{d}y}{\mathrm{d}x}\right|_{x=1}=-\frac{1}{2}.$

14. 解：令 $F(x,y,z)=\mathrm{e}^z-xyz,\frac{\partial F}{\partial x}=-yz,\frac{\partial F}{\partial y}=-xz,\frac{\partial F}{\partial z}=\mathrm{e}^z-xy$，

所以$\frac{\partial z}{\partial x}=-\frac{\frac{\partial F}{\partial x}}{\frac{\partial F}{\partial z}}=-\frac{-yz}{\mathrm{e}^z-xy}=\frac{yz}{\mathrm{e}^z-xy},\frac{\partial z}{\partial y}=-\frac{\frac{\partial F}{\partial y}}{\frac{\partial F}{\partial z}}=-\frac{-xz}{\mathrm{e}^z-xy}=\frac{xz}{\mathrm{e}^z-xy}$

有全微分公式可得：

$$\mathrm{d}z=\frac{\partial z}{\partial x}\mathrm{d}x+\frac{\partial z}{\partial y}\mathrm{d}y=\frac{yz}{\mathrm{e}^z-xy}\mathrm{d}x+\frac{xz}{\mathrm{e}^z-xy}\mathrm{d}y=\frac{z}{\mathrm{e}^z-xy}(y\mathrm{d}x+x\mathrm{d}y).$$

15. 解：先解方程组$\begin{cases}f'_x(x,y)=3x^2+6x-9=0,\\f'_y(x,y)=-3y^2+6y=0,\end{cases}$

求得驻点为$(1,0),(1,2),(-3,0),(-3,2)$.

求出二阶偏导数

$f''_{xx}(x,y)=6x+6,f''_{xy}(x,y)=0,f''_{yy}(x,y)=-6y+6.$

在驻点$(1,0)$处，$A=f''_{xx}(1,0)=12,B=f''_{xy}(1,0)=0,C=f''_{yy}(1,0)=6$. 故 $B^2-AC=-72<0$，又因为 $A>0$，所以函数在驻点$(1,0)$处有极小值$f(1,0)=-5$；

在驻点$(1,2)$处，$A=f''_{xx}(1,2)=12,B=f''_{xy}(1,2)=0,C=f''_{yy}(1,2)=-6$. 故 $B^2-AC=-12\cdot(-6)=72>0$，所以函数在该驻点处无极值；

在驻点$(-3,0)$处，$A=f''_{xx}(-3,0)=-12,B=f''_{xy}(-3,0)=0,C=f''_{yy}(-3,0)=6$. 故 $B^2-AC=-(-12)\cdot 6=72>0$，所以函数在该驻点处无极值；

在驻点$(-3,2)$处，$A=f''_{xx}(-3,2)=-12,B=f''_{xy}(-3,2)=0,C=f''_{yy}(-3,2)=-6$. 故 $B^2-AC=-(-12)\cdot(-6)=-72<0$，又因为 $A<0$，所以函数在驻点$(-3,2)$处有极大值$f(-3,2)=31$.

16. 解：积分区域 D 如图形 1 所示：积分区域表示为 D：$-1\leqslant y\leqslant 2,y^2\leqslant x\leqslant y+2$

$$\iint\limits_D xy\mathrm{d}x\mathrm{d}y=\int_{-1}^{2}\mathrm{d}y\int_{y^2}^{y+2}xy\mathrm{d}x=\int_{-1}^{2}y\cdot\frac{1}{2}x^2\Big|_{y^2}^{y+2}\mathrm{d}y=\frac{1}{2}\int_{-1}^{2}(y^3+4y^2+4y-y^5)\mathrm{d}y$$

$$=\frac{1}{2}\left(\frac{y^4}{4}+\frac{4y^3}{3}+2y^2-\frac{y^6}{6}\right)\Big|_{-1}^{2}=\frac{1}{2}\left(4+\frac{32}{3}+8-\frac{32}{3}-\frac{1}{4}+\frac{4}{3}-2+\frac{1}{6}\right)=\frac{45}{8}.$$

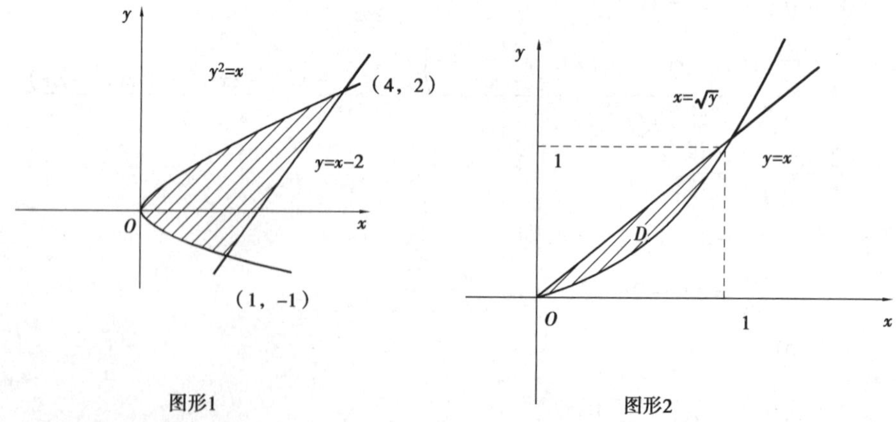

图形1　　图形2

17. 解：积分区域 D 如图形 2 所示：D:$0\leqslant y\leqslant 1,y\leqslant x\leqslant\sqrt{y}$，若先对 x 后对 y 积分，

$\iint\limits_D \frac{\sin x}{x}\mathrm{d}x\mathrm{d}y = \int_0^1 \mathrm{d}y\int_y^{\sqrt{y}} \frac{\sin x}{x}\mathrm{d}x$,因为$\int \frac{\sin x}{x}\mathrm{d}x$ 不可积,则无法求解.

故应改变积分次序,将积分区域 D 表示为 $D:0\leqslant x\leqslant 1, x^2\leqslant y\leqslant x$,所以

$$\iint\limits_D \frac{\sin x}{x}\mathrm{d}x\mathrm{d}y = \int_0^1 \mathrm{d}x\int_{x^2}^{x} \frac{\sin x}{x}\mathrm{d}y = \int_0^1 \frac{\sin x}{x}(x - x^2)\mathrm{d}x = \int_0^1 (\sin x - x\sin x)\mathrm{d}x$$

$$= \int_0^1 \sin x\mathrm{d}x - \int_0^1 x\sin x\mathrm{d}x = \int_0^1 \sin x\mathrm{d}x + \int_0^1 x\mathrm{d}\cos x = -\cos x\big|_0^1 + x\cos x\big|_0^1 - \int_0^1 \cos x\mathrm{d}x$$

$$= -\cos 1 + 1 + \cos 1 - \sin x\big|_0^1 = 1 - \sin 1.$$

18. 解:积分区域 D 如图形 3 所示,积分区域 $D:0\leqslant x\leqslant 1, x\leqslant y\leqslant 5x$

$$\iint\limits_D (x + 6y)\mathrm{d}x\mathrm{d}y = \int_0^1 \mathrm{d}x\int_x^{5x} (x + 6y)\mathrm{d}y = \int_0^1 (xy + 3y^2)\big|_x^{5x}\mathrm{d}x = \int_0^1 (5x^2 + 75x^2 - x^2 - 3x^2)\mathrm{d}x$$

$$= \int_0^1 76x^2\mathrm{d}x = 76\cdot\frac{x^3}{3}\bigg|_0^1 = \frac{76}{3}.$$

19. 解:积分区域 D 如图形 4 所示,积分区域表示 $D:-\frac{\pi}{2}\leqslant\theta\leqslant\frac{\pi}{2}, 0\leqslant r\leqslant 2\cos\theta$

$$\iint\limits_D \sqrt{x^2 + y^2}\mathrm{d}x\mathrm{d}y = \int_{-\frac{\pi}{2}}^{\frac{\pi}{2}} \mathrm{d}\theta\int_0^{2\cos\theta} r^2\mathrm{d}r = \int_{-\frac{\pi}{2}}^{\frac{\pi}{2}} \frac{1}{3}r^3\big|_0^{2\cos\theta}\mathrm{d}\theta \xlongequal{\text{由奇偶性可知}} \frac{16}{3}\int_0^{\frac{\pi}{2}} \cos^3\theta\mathrm{d}\theta = \frac{16}{3}\int_0^{\frac{\pi}{2}} (1 -$$

$$\sin^2\theta)\cos\theta\mathrm{d}\theta = \int_{-\frac{\pi}{2}}^{\frac{\pi}{2}} \frac{8}{3}\cos^3\theta\mathrm{d}\theta = \frac{16}{3}\int_0^{\frac{\pi}{2}} (1 - \sin^2\theta)\mathrm{d}\sin\theta = \frac{16}{3}\left(\sin\theta - \frac{1}{3}\sin^3\theta\right)\bigg|_0^{\frac{\pi}{2}} = \frac{32}{9}.$$

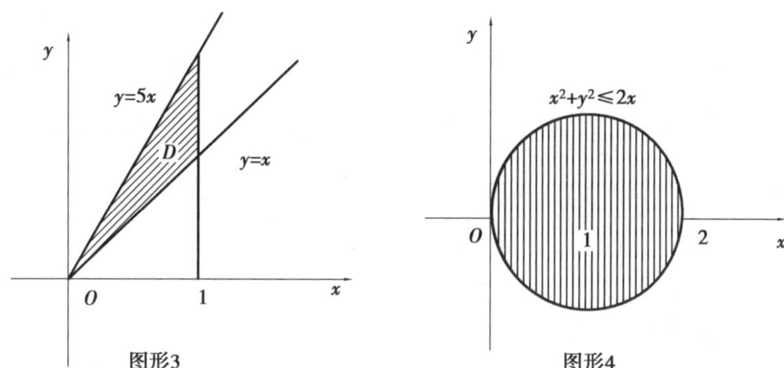

图形3　　图形4

20. 解:积分区域 D 如图形 5 所示,在极坐标系下,圆 $x^2 + y^2 = 1$ 的方程为 $r = 1$,则 $D = \left\{(r,\theta)\,\middle|\,0\leqslant r\leqslant 1, 0\leqslant\theta\leqslant\frac{\pi}{2}\right\}$

于是$\iint\limits_D \frac{1 - x^2 - y^2}{1 + x^2 + y^2}\mathrm{d}\sigma = \int_0^{\frac{\pi}{2}} \mathrm{d}\theta\int_0^1 \frac{1 - r^2}{1 + r^2}r\mathrm{d}r = \frac{\pi}{4}\int_0^1 \frac{1 - r^2}{1 + r^2}\mathrm{d}r^2$(令 $t = r^2$)

$$= \frac{\pi}{4}\int_0^1 \frac{1 - t}{1 + t}\mathrm{d}t = \frac{\pi}{4}\int_0^1 \left(\frac{2}{1 + t} - 1\right)\mathrm{d}t = \frac{\pi}{4}[2\ln(1 + t) - t]_0^1 = \frac{2\ln 2 - 1}{4}\pi.$$

21. 解:积分区域 D 如图形 6 所示,积分区域表示 $D:\frac{\pi}{4}\leqslant\theta\leqslant\frac{\pi}{2}, 0\leqslant r\leqslant 2\cos\theta$, 于是

$$\iint\limits_D y\mathrm{d}x\mathrm{d}y = \int_{\frac{\pi}{4}}^{\frac{\pi}{2}} \mathrm{d}\theta\int_0^{2\cos\theta} r^2\sin\theta\mathrm{d}r = \int_{\frac{\pi}{4}}^{\frac{\pi}{2}} \sin\theta\cdot\frac{1}{3}r^3\big|_0^{2\cos\theta}\mathrm{d}\theta = \frac{8}{3}\int_{\frac{\pi}{4}}^{\frac{\pi}{2}} \sin\theta\cdot\cos^3\theta\mathrm{d}\theta =$$

$\frac{-8}{3}\int_{\frac{\pi}{4}}^{\frac{\pi}{2}}\cos^3\theta \,\mathrm{d}\cos\theta = -\frac{2}{3}\cos^4\theta\Big|_{\frac{\pi}{4}}^{\frac{\pi}{2}} = \frac{1}{6}.$

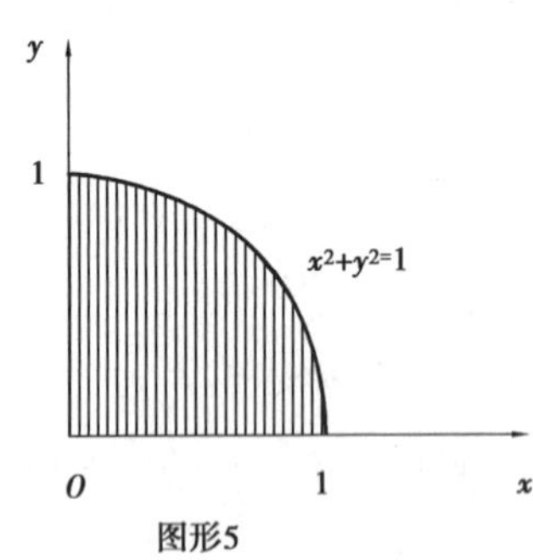

图形5

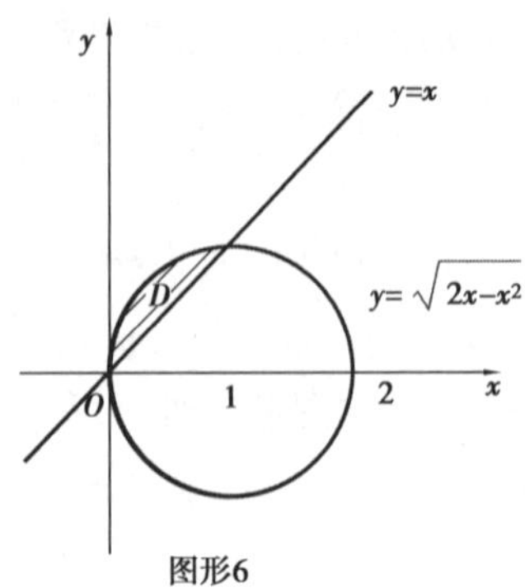

图形6

22. 解:(1)这是无界区域上的反常二重积分,若记 $D_R = \{(x,y)\mid x^2+y^2\leqslant R^2\}$.

显然,当 $R\to+\infty$ 时,$D_R\to$D. 又在极坐标系下 $D_R = \{(r,\theta)\mid 0\leqslant r\leqslant R, 0\leqslant\theta\leqslant 2\pi\}$.

于是$\iint\limits_{D_R} \mathrm{e}^{-(x^2+y^2)\mathrm{d}\sigma} = \int_0^{2\pi}\mathrm{d}\theta\int_0^R \mathrm{e}^{-r^2}r\mathrm{d}r = \pi\int_0^R \mathrm{e}^{-r^2}\mathrm{d}r^2 = \pi(1-\mathrm{e}^{-R^2})$,

所以 $I = \iint\limits_D \mathrm{e}^{-(x^2+y^2)\mathrm{d}Q} = \lim\limits_{R\to+\infty}\iint\limits_{D_R}\mathrm{e}^{-(x^2+y^2)\mathrm{d}\sigma} = \lim\limits_{R\to+\infty}\pi(1-\mathrm{e}^{-R^2}) = \pi$.

(2) 由于 $I = \int_{-\infty}^{+\infty}\mathrm{e}^{-x^2}\mathrm{d}x\int_{-\infty}^{+\infty}\mathrm{e}^{-y^2}\mathrm{d}y = \left(\int_{-\infty}^{+\infty}\mathrm{e}^{-x^2}\mathrm{d}x\right)^2 = I_1^2 = \pi$,从而 $I_1 = \sqrt{\pi}$.

四、应用题

解(1)先考虑无条件极值问题,由题意及极值存在的必要条件,求解方程组

$\begin{cases}L_x = -2x+8=0\\ L_y = -8y+24=0\end{cases}$,得到唯一驻点(4,3),这时所消耗的原料为 14 000 kg < 15 000 kg 在使用限额内,又因为

$B^2-AC = L_{xy}^2(4,3) - L_{xx}^2(4,3)\cdot L_{yy}^2(4,3) = 0-(-2)\cdot(-8) = -16<0$,

且 $A = L_{xx}^2(4,3) = -2<0$. 所以(4,3)为极大值点,即为最大值点. 于是甲、乙两种产品分别为 4 000只和 3 000 只时利润最大,最大利润为 $L(4,3)=37$ 单位.

(2)当原料拥有量为 12 000 kg 时,应用原料已超出,应考虑在约束条件 $2x+2y=12$ 下求 $L(x,y)$的最大值,为此构造拉格朗日函数

$F(x,y,\lambda) = -x^2-4y^2+8x+24y-15+\lambda(6-x-y)$.

求解方程组

$$\begin{cases}F'_x = -2x+8-\lambda=0,\\ F'_y = -8y+24-\lambda=0,\\ F'_\lambda = 6-x-y=0.\end{cases}$$

得到驻点 $x=3.2, y=2.8$. 由于该问题只有一个可能的极值点(3.2,2.8),又由于问题的实际意义知,一定存在最大值,所以这唯一可能的极值点一定是最大值点,即在原料为 12 000 kg 时,甲、乙两种产品各生产 3 200 只和 2 800 只时利润最大,最大利润为 $L(3.2,2.8)=36.2$ 单位.

五、证明题

1. 证明：因为 $\frac{\partial u}{\partial x}=\varphi(x+y)+x\varphi'(x+y)+y\phi'(x+y)$，

$\frac{\partial u}{\partial y}=x\varphi'(x+y)+\phi(x+y)+y\phi'(x+y)$，

$\frac{\partial^2 u}{\partial x^2}=\varphi'(x+y)+\varphi'(x+y)+x\varphi''(x+y)+y\phi''(x+y)=2\varphi'(x+y)+x\varphi''(x+y)+y\phi''(x+y)$，

$\frac{\partial^2 u}{\partial x\partial y}=\varphi'(x+y)+x\varphi''(x+y)+\phi'(x+y)+y\phi''(x+y)$，

$\frac{\partial^2 u}{\partial y^2}=x\varphi''(x+y)+\phi'(x+y)+\phi'(x+y)+y\phi''(x+y)=x\varphi''(x+y)+2\phi'(x+y)+y\phi''(x+y)$.

所以

$\frac{\partial^2 u}{\partial x^2}-2\frac{\partial^2 u}{\partial x\partial y}+\frac{\partial^2 u}{\partial y^2}=2\varphi'(x+y)+x\varphi''(x+y)+y\phi''(x+y)-2(\varphi'(x+y)+x\varphi''(x+y)+\phi'(x+y)+y\phi''(x+y))+x\varphi''(x+y)+2\phi'(x+y)+y\phi''(x+y)=0$.

结论得证.

2. 证明：设 $u=\mathrm{e}^{xy}$，$v=\cos(xy)$，则 $z=f(u,v)$，

$\frac{\partial z}{\partial x}=\frac{\partial f}{\partial u}\frac{\partial u}{\partial x}+\frac{\partial f}{\partial v}\frac{\partial v}{\partial x}=f'_u\cdot\mathrm{e}^{xy}\cdot y+f'_v\cdot(-\sin(xy))\cdot y=y(\mathrm{e}^{xy}\cdot f'_u-\sin(xy)\cdot f'_v)$，

$\frac{\partial z}{\partial y}=\frac{\partial f}{\partial u}\frac{\partial u}{\partial y}+\frac{\partial f}{\partial v}\frac{\partial v}{\partial y}=f'_u\cdot\mathrm{e}^{xy}\cdot x+f'_v\cdot(-\sin(xy))\cdot x=x(\mathrm{e}^{xy}\cdot f'_u-\sin(xy)\cdot f'_v)$，

因此 $x\frac{\partial z}{\partial x}-y\frac{\partial z}{\partial y}=x\cdot y(\mathrm{e}^{xy}\cdot f'_u-\sin(xy)\cdot f'_v)-y\cdot x(\mathrm{e}^{xy}\cdot f'_u-\sin(xy)\cdot f'_v)=0$.

3. 证明：因为 $\iint\limits_{x^2+y^2\leq t^2}f(\sqrt{x^2+y^2})\mathrm{d}x\mathrm{d}y=\int_0^{2\pi}\mathrm{d}\theta\int_0^t f(r)r\mathrm{d}r=2\pi\int_0^t f(r)r\mathrm{d}r$.

$\lim\limits_{t\to0^+}\frac{3}{2\pi t^3}\iint\limits_{x^2+y^2\leq t^2}f(\sqrt{x^2+y^2})\mathrm{d}x\mathrm{d}y=\lim\limits_{t\to0^+}\frac{3\cdot2\pi\int_0^t f(r)r\mathrm{d}r}{2\pi t^3}=\lim\limits_{t\to0^+}\frac{3\cdot\int_0^t f(r)r\mathrm{d}r}{t^3}$

$=\lim\limits_{t\to0^+}\frac{3\cdot f(t)\cdot t}{3t^2}=\lim\limits_{t\to0^+}\frac{f(t)}{t}$，因为 $f(0)=0$，从而 $\lim\limits_{t\to0^+}\frac{f(t)}{t}=f'(0)$，

所以 $\lim\limits_{t\to0^+}\frac{3}{2\pi t^3}\iint\limits_{x^2+y^2\leq t^2}f(\sqrt{x^2+y^2})\mathrm{d}x\mathrm{d}y=f'(0)$. 结论得证.

第 10 章

一、填空题

1. 0.

2. 2.

3. -1.

4. $2s-a_1-a_2$.

5. 收敛.

6. 绝对收敛.

7. $(-1,1]$.

8. $R=+\infty$.

9. $(0,4)$.

10. $\sum\limits_{n=0}^{\infty}\frac{(-1)^n}{n!}x^n,|x|<+\infty$.

二、选择题

1. B　2. B　3. C　4. B　5. C　6. C　7. A　8. C　9. D　10. C

三、计算题

1. 解：$\sum\limits_{n=1}^{\infty}\frac{2^n+3^n}{6^n}=\sum\limits_{n=1}^{\infty}\frac{2^n}{6^n}+\sum\limits_{n=1}^{\infty}\frac{3^n}{6^n}=\sum\limits_{n=1}^{\infty}\left(\frac{1}{3}\right)^n+\sum\limits_{n=1}^{\infty}\left(\frac{1}{2}\right)^n=\frac{\frac{1}{3}}{1-\frac{1}{3}}+\frac{\frac{1}{2}}{1-\frac{1}{2}}=\frac{3}{2}$.

2. (1)解：因为$1+\frac{1}{3}+\frac{1}{5}+\frac{1}{7}+\cdots=\sum\limits_{n=1}^{\infty}\frac{1}{2n-1}$，当$n>1$时，$\frac{1}{2n-1}>\frac{1}{2n}$，而$\sum\limits_{n=1}^{\infty}\frac{1}{2n}$发散，根据比较判别法得，级数$\sum\limits_{n=1}^{\infty}\frac{1}{2n-1}$发散，所以$1+\frac{1}{3}+\frac{1}{5}+\frac{1}{7}+\cdots$发散.

(2) 解：因为$\frac{1}{(n+1)(n+4)}\leqslant\frac{1}{n^2}$，而$\sum\limits_{n=1}^{\infty}\frac{1}{n^2}$收敛，根据比较判别法可知，级数$\sum\limits_{n=1}^{\infty}\frac{1}{(n+1)(n+4)}$也收敛.

(3) 解：当$n\to\infty$时，$\frac{4^n}{5^n-2^n}\leqslant\left(\frac{4}{5}\right)^n$，几何级数$\sum\limits_{n=1}^{\infty}\left(\frac{4}{5}\right)^n$收敛，则级数$\sum\limits_{n=1}^{\infty}\frac{4^n}{5^n-2^n}$收敛.

(4) 解：当$n\to\infty$时，$\frac{\sqrt[3]{n}}{(2+n)\sqrt{n}}\leqslant\frac{\sqrt[3]{n}}{n\sqrt{n}}=\frac{1}{n^{\frac{7}{6}}}$，而$\sum\limits_{n=1}^{\infty}\frac{1}{n^{\frac{7}{6}}}$是$p$级数$p=\frac{7}{6}>1$收敛，则级数$\sum\limits_{n=1}^{\infty}\frac{\sqrt[3]{n}}{(2+n)\sqrt{n}}$也收敛.

(5) 解：因为$0<\sin x<x,(0<x<\frac{\pi}{2})$，所以$0<\left|5^{n+1}\sin\frac{\pi}{6^n}\right|\leqslant\left|5^{n+1}\cdot\frac{\pi}{6^n}\right|=5\pi\left(\frac{5}{6}\right)^n$，而几何级数$\sum\limits_{n=1}^{\infty}5\pi\left(\frac{5}{6}\right)^n$收敛，由比较判别法可知，级数$\sum\limits_{n=0}^{\infty}5^{n+1}\sin\frac{\pi}{6^n}$绝对收敛.

(6) 解：因为$\frac{n\cos^2\frac{n}{3}\pi}{3^n}\leqslant\frac{n}{3^n}$. 可设级数$\sum\limits_{n=1}^{\infty}u_n=\sum\limits_{n=1}^{\infty}\frac{n}{3^n}$. 由于

$\lim\limits_{n\to\infty}\frac{u_{n+1}}{u_n}=\lim\limits_{n\to\infty}\frac{\frac{n+1}{3^{n+1}}}{\frac{n}{3^n}}=\frac{1}{3}\lim\limits_{n\to\infty}\frac{n+1}{n}=\frac{1}{3}<1$. 根据比值判别法可知，级数$\sum\limits_{n=1}^{\infty}\frac{n}{3^n}$收敛，再由比较判别法可知，原级数收敛.

(7) 解:因为

$$\lim_{n\to\infty}\frac{u_{n+1}}{u_n}=\lim_{n\to\infty}\frac{\dfrac{4^{n+1}(n+1)!}{(n+1)^{n+1}}}{\dfrac{4^n n!}{n^n}}=\lim_{n\to\infty}\frac{4^{n+1}(n+1)!}{(n+1)^{n+1}}\cdot\frac{n^n}{4^n n!}=4\lim_{n\to\infty}\left(\frac{n}{n+1}\right)^n=4\lim_{n\to\infty}\frac{1}{\left(1+\frac{1}{n}\right)^n}=$$

$\dfrac{4}{\mathrm{e}}>1$ 由比值判别法可知,级数发散.

(8) 解:由于$\lim\limits_{n\to\infty}\sqrt[n]{u_n}=\lim\limits_{n\to\infty}\left(\dfrac{n}{n+4}\right)^n=\lim\limits_{n\to\infty}\left(1-\dfrac{4}{n+4}\right)^n=\mathrm{e}^{-4}<1$,根据根值判别法可知,级数收敛.

(9) 解:$u_n=\sqrt{n+1}-\sqrt{n}=\dfrac{1}{\sqrt{n+1}+\sqrt{n}}$,$u_{n+1}=\dfrac{1}{\sqrt{n+2}+\sqrt{n+1}}<\dfrac{1}{\sqrt{n+1}+\sqrt{n}}=u_n$,

且$\lim\limits_{n\to\infty}u_n=0$. 根据莱布尼茨定理可知,交错级数$\sum\limits_{n=1}^{\infty}(-1)^{n+1}(\sqrt{n+1}-\sqrt{n})$收敛.

(10) 解:$\lim\limits_{n\to\infty}\sqrt[n]{|u_n|}=\lim\limits_{n\to\infty}\sqrt[n]{\left|(-2)^n\left(\dfrac{3n+2}{8n-1}\right)^n\right|}=\lim\limits_{n\to\infty}2\cdot\dfrac{3n+2}{8n-1}=\dfrac{3}{4}<1$. 因此级数$\sum\limits_{n=1}^{\infty}(-2)^n\left(\dfrac{3n+2}{8n-1}\right)^n$绝对收敛.

(11) 解:因为$\lim\limits_{n\to\infty}\dfrac{u_{n+1}}{u_n}=\lim\limits_{n\to\infty}\dfrac{\dfrac{(n+1)!}{10^{n+1}}}{\dfrac{n!}{10^n}}=\lim\limits_{n\to\infty}\dfrac{n+1}{10}=\infty$,由比值判别法可知原级数发散.

3. 解:$R=\lim\limits_{n\to\infty}\left|\dfrac{a_n}{a_{n+1}}\right|=\lim\limits_{n\to\infty}\dfrac{(2n+1)!}{(2n-1)!}=\lim\limits_{n\to\infty}2n(2n+1)=+\infty$,因此该幂级数的收敛半径为$R=+\infty$,收敛区间为$(-\infty,+\infty)$.

4. 解:作变换 $y=x-3$. 则所给幂级数变为$\sum\limits_{n=0}^{\infty}\dfrac{y^n}{2n+1}$是关于 y 的幂级数. 因此$\rho=\lim\limits_{n\to\infty}\left|\dfrac{a_{n+1}}{a_n}\right|=\lim\limits_{n\to\infty}\dfrac{\dfrac{1}{2n+3}}{\dfrac{1}{2n+1}}=1$,所以收敛半径 $R=1$. 因此收敛区间为$|y|<1$,所以得到$2<x<4$.

当$x=2$时,级数成为交错级数$\sum\limits_{n=0}^{\infty}\dfrac{(-1)^n}{2n+1}$,该级数收敛;当$x=4$时,级数成为$\sum\limits_{n=0}^{\infty}\dfrac{1}{2n+1}$,该级数是发散的. 因此原级数的收敛域为$[2,4)$.

5. 解:因为$\rho=\lim\limits_{n\to\infty}\left|\dfrac{a_{n+1}}{a_n}\right|=\lim\limits_{n\to\infty}\dfrac{n+1}{n+2}=1$,所以收敛半径$R=1$. 当$x=-1$时,级数成为交错级数$\sum\limits_{n=0}^{\infty}\dfrac{(-1)^n}{n+1}$收敛;当$x=1$时,级数$\sum\limits_{n=0}^{\infty}\dfrac{1}{n+1}$为调和级数,是发散的. 因此级数的收敛域为$[-1,1)$.

设和函数为$s(x)$,即$s(x)=\sum\limits_{n=0}^{\infty}\dfrac{x^n}{n+1}$,$x\in[-1,1)$. 显然$s(0)=1$;而当$x\neq0$时,

$s(x)\frac{1}{x}\sum_{n=0}^{\infty}\frac{x^{n+1}}{n+1}=\frac{1}{x}\sum_{n=0}^{\infty}\int_0^x t^n\mathrm{d}t=\frac{1}{x}\int_0^x(\sum_{n=0}^{\infty}t^n)\mathrm{d}t=\frac{1}{x}\int_0^x\frac{1}{1-t}\mathrm{d}t=-\frac{1}{x}\ln(1-x),x\in[-1,0)\cup(0,1)$.

所以 $s(x)\begin{cases}-\frac{1}{x}\ln(1-x),x\in[-1,0)\cup(0,1),\\1,x=0.\end{cases}$

6. 解：$f(x)=\frac{x^2}{2-x-x^2}=\frac{x^2}{(1-x)(2+x)}=\frac{x^2}{3}\left(\frac{1}{1-x}+\frac{1}{2+x}\right)$

$$=\frac{x^2}{3}\left(\frac{1}{1-x}+\frac{1}{2\left(1+\frac{x}{2}\right)}\right)=\frac{x^2}{3}\left(\frac{1}{1-x}+\frac{1}{2}\cdot\frac{1}{\left(1+\frac{x}{2}\right)}\right).$$

因为 $\frac{1}{1-x}=1+x+x^2+x^3+\cdots=\sum_{n=0}^{\infty}x^n,(-1<x<1)$

$\frac{1}{1+\frac{x}{2}}=1-\frac{x}{2}+\left(\frac{x}{2}\right)^2-\left(\frac{x}{2}\right)^3+\cdots=\sum_{n=0}^{\infty}(-1)^n\left(\frac{x}{2}\right)^n,(-2<x<2)$.

所以 $f(x)=\frac{x^2}{3}\left[\sum_{n=0}^{\infty}x^n+\frac{1}{2}\sum_{n=0}^{\infty}(-1)^n\left(\frac{x}{2}\right)^n\right]=\frac{x^2}{3}\sum_{n=0}^{\infty}\left[1+(-1)^n\frac{1}{2^{n+1}}\right]x^n$

$$=\frac{1}{3}\sum_{n=0}^{\infty}\left[1+(-1)^n\frac{1}{2^{n+1}}\right]x^{n+2},(-1<x<1).$$

7. 解：$f(x)=\ln(1+x)=\ln(3+(x-2))=\ln\left(3\left(1+\frac{x-2}{3}\right)\right)=\ln 3+\ln\left(1+\frac{x-2}{3}\right)$

因为 $\ln(1+x)=\sum_{n=0}^{\infty}(-1)^n\frac{x^{n+1}}{n+1}$，所以 $\ln\left(1+\frac{x-2}{3}\right)=\sum_{n=0}^{\infty}(-1)^n\frac{\left(\frac{x-2}{3}\right)^{n+1}}{n+1}$，

$f(x)=\ln(1+x)=\ln 3+\sum_{n=0}^{\infty}(-1)^n\frac{\left(\frac{x-2}{3}\right)^{n+1}}{n+1}$，$\left|\frac{x-2}{3}\right|<1$，$-1<x<5$.

当 $x=5$ 时，级数 $\sum_{n=0}^{\infty}(-1)^n\frac{1}{n+1}$ 收敛. 当 $x=-1$ 时，级数 $\sum_{n=0}^{\infty}(-1)^n\frac{(-1)^{n+1}}{n+1}=\sum_{n=0}^{\infty}\frac{-1}{n+1}=-\sum_{n=1}^{\infty}\frac{1}{n}$ 发散.

所以 $f(x)=\ln 3+\sum_{n=0}^{\infty}(-1)^n\frac{\left(\frac{x-2}{3}\right)^{n+1}}{n+1}$，收敛域为 $(-1,5]$.

四、证明题

1. 证明：级数 $\sum_{n=1}^{\infty}u_n$ 收敛，所以 $\lim_{n\to\infty}u_n=0$，当 n 充分大时，$0\leqslant u_n<1$，则 $u_n^2<u_n$，由比较判别法可知，$\sum_{n=1}^{\infty}u_n^2$ 收敛. 由不等式 $a^2+b^2\geqslant|ab|$ 可知，$\sqrt{u_nu_{n+1}}\leqslant u_n+u_{n+1}$，而级数 $\sum_{n=1}^{\infty}u_n$ 和 $\sum_{n=1}^{\infty}u_{n+1}$ 收敛，则 $\sum_{n=1}^{\infty}\sqrt{u_nu_{n+1}}$ 收敛.

2. 证明:级数 $\sum_{n=1}^{\infty} u_n^2$ 和 $\sum_{n=1}^{\infty} v_n^2$ 均收敛,根据级数的性质可知, $\sum_{n=1}^{\infty}(u_n^2+v_n^2)$ 收敛. 由 $2|u_nv_n| \leqslant u_n^2+v_n^2$,根据比较判别法可得,级数 $\sum_{n=1}^{\infty}|u_nv_n|$ 收敛,所以级数 $\sum_{n=1}^{\infty}u_nv_n$ 绝对收敛.

第 11 章

一、填空题

1. $2t+3$.

2. 4.

3. $4\cdot 3^t$.

4. $y_t=C(-1)^t$(C 为任意常数).

5. $3+t^2$.

6. $y_t=\left(\frac{1}{15}t+C\right)\cdot 5^t$($C$ 为任意常数).

7. $y_t=C_1(-2)^t+C_2\cdot 3^t$($C_1,C_2$ 为任意常数).

8. 45.

9. -1.

10. $\overline{y}_t=3t^2-2t, y_c=C(3t^2-2t), y_t=C(3t^2-2t)+3t^2$ 或 $y_t=C(3t^2-2t)+2t$(C 为任意常数).

二、选择题

1. D　2. C　3. B　4. A　5. A

三、计算题

1. 解:原方程对应的齐次方程为 $y_{t+1}-4y_t=0$,所对应的特征方程为 $\lambda-4=0$,得到特征值 $\lambda=4$,通解为 $y_c=C\cdot t^t$,设非齐次方程的特解为 $\overline{y}_t=A$,代入原方程得 $A=-\frac{2}{3}$. 特解为 $\overline{y}_t=-\frac{2}{3}$,因此所求的通解为 $y_t=C\cdot 4^t-\frac{2}{3}$($C$ 为任意常数).

2. 解:将方程变形为 $y_{t+1}+5y_t=\frac{5}{2}t$,齐次方程 $y_{t+1}+5y_t=0$ 的通解为 $y_c=C(-5)^t$,设非齐次方程的特解为 $\overline{y}_t=A_0+A_1t$,代入方程 $y_{t+1}+5y_t=\frac{5}{2}t$,得 $A_1=\frac{5}{12}, A_0=-\frac{5}{72}$,得特解 $\overline{y}_t=-\frac{5}{72}+\frac{5}{12}t$,则所求的通解为 $y_t=C(-5)^t-\frac{5}{72}+\frac{5}{12}t$($C$ 为任意常数).

3. 解:原方程对应的齐次方程为 $y_{t+1}-2y_t=0$,特征方程为 $\lambda-2=0$,特征值为 $\lambda=2$,齐次方程的通解为 $y_c=C\cdot 2^t$,设非齐次方程的特解为 $\overline{y}_t=At2^t$,代入原方程得到 $A(t+1)\cdot 2^{t+1}-2At\cdot 2^t=2^t$,得到 $A=\frac{1}{2}$,特解为 $\overline{y}_t=\frac{t}{2}2^t$,因此所求的通解为 $y_t=\left(C+\frac{t}{2}\right)\cdot 2^t$($C$ 为任意常数),将 $y_0=0$ 代入得 $C=0$,故所求特解为 $y_t=\frac{t}{2}\cdot 2^t=t\cdot 2^{t-1}$.

4. 解:原方程对应的齐次方程为 $y_{t+1}+y_t=0$,所对应的特征方程为 $\lambda+1=0$,得到特征值 $\lambda=-1$,通解为 $y_c=C\cdot(-1)^t$,题中 $f(t)=3\cos\pi t, \omega=\pi, e^{\omega i}=e^{\pi i}=\cos\pi+i\sin\pi=-1$ 是

特征根，设非齐次方程的特解为 $\overline{y}_t=t(A\cos\pi t+B\sin\pi t)$，

代入原方程得 $-A\cos\pi t-B\sin\pi t=3\cos\pi t$. 得到 $A=-3,B=0$，

故特解 $\overline{y}_t=-3t\cos\pi t$，因此所求的通解为 $y_t=C\cdot(-1)^t-3t\cos\pi t$.（$C$ 为任意常数）

5. 解：原方程与 $y_{t+1}+\frac{2}{7}y_t=1+7^t$ 等价，齐次方程 $y_{t+1}+\frac{2}{7}y_t=0$ 的通解为 $y_c=C\cdot\left(-\frac{2}{7}\right)^t$，设非齐次方程的特解为 $\overline{y}_t=A_0+A_1\cdot 7^t$，代入非齐次方程中可得 $A_0=\frac{7}{9}$，$A_1=\frac{7}{51}$，即 $\overline{y}_t=\frac{7}{9}+\frac{7^{t+1}}{51}$，故原方程的通解为 $y_t=C\cdot\left(-\frac{2}{7}\right)^t+\frac{7}{9}+\frac{7^{t+1}}{51}$，将初始条件 $y_0=1$ 代入通解中可求得 $C=\frac{13}{153}$，所求初值问题的解为 $y_t=\frac{13}{153}\left(-\frac{2}{7}\right)^t+\frac{7}{9}+\frac{7^{t+1}}{51}$.

6. 解：差分方程所对应的特征方程为 $\lambda^2-\lambda+1=0$ 特征值为

$$\lambda_1=\frac{1+\sqrt{3}i}{2},\lambda_2=\frac{1-\sqrt{3}i}{2}$$

得到 $r=1,\theta=\frac{\pi}{3}$，因此齐次方程的通解为 $y_t=C_1\cos\frac{\pi}{3}t+C_2\sin\frac{\pi}{3}t$. 将初始条件 $y_0=2,y_1=4$ 代入通解中可求得 $C_1=2,C_2=2\sqrt{3}$，故所求特解为 $y_t=2\cos\frac{\pi}{3}t+2\sqrt{3}\sin\frac{\pi}{3}t$.

7. 解：原方程对应的齐次方程为 $y_{t+2}-2y_{t+1}+2y_t=0$，所对应的特征方程为 $\lambda^2-2\lambda+2=0$，得到特征值 $\lambda_1=1+i,\lambda_2=1-i$. 得到 $r=\sqrt{2},\theta=\frac{\pi}{4}$，因此齐次方程的通解为 $y_c=(\sqrt{2})^t\left(C_1\cos\frac{\pi}{4}t+C_2\sin\frac{\pi}{4}t\right)$.

题中 $f(t)=t^2+3$，设非齐次方程的特解为 $\overline{y}_t=A_0+A_1t+A_2t^2$，将其代入原方程，有

$A_2(t+2)^2+A_1(t+2)+A_0-2[A_2(t+1)^2+A_1(t+1)+A_0]+2(A_2t^2+A_1t+A_0)=t^2+3$.

化简可得 $A_2=1,A_1=0,A_0=1$，因此特解为 $\overline{y}_t=1+t^2$，故所求方程的通解为

$y_t=(\sqrt{2})^t\left(C_1\cos\frac{\pi}{4}t+C_2\sin\frac{\pi}{4}t\right)+t^2+1$.

8. 解：原方程与 $y_{t+2}-6y_{t+1}+9y_t=t-1$ 等价，齐次方程 $y_{t+2}-6y_{t+1}+9y_t=0$ 的通解为 $y_c=(C_1+C_2t)\cdot 3^t$. 设非齐次方程的特解为 $\overline{y}_t=A_0+A_1t$，代入非齐次方程可得 $A_0=0,A_1=\frac{1}{4}$，即 $\overline{y}_t=\frac{1}{4}t$，故原方程的通解为 $y_t=(C_1+C_2t)\cdot 3^t+\frac{1}{4}t$（$C_1,C_2$ 均为任意常数）.

9. 解：原方程对应的齐次方程为 $y_{t+2}-4y_{t+1}+4y_t=0$，所对应的特征方程为 $\lambda^2-4\lambda+4=0$，得到特征值 $\lambda_1=\lambda_2=2$.

因此齐次方程的通解为 $y_c=(C_1+C_2t)\cdot 2^t$，$q=2$ 是二重特征根，非齐次方程的特解为 $\overline{y}_t=At^2\cdot 2^t$ 代入原方程，有 $A(t+2)^2\cdot 2^{t+2}-4A(t+1)^2\cdot 2^{t+1}+4At^2\cdot 2^t=2^t$. 解得 $A=\frac{1}{8}$，即 $\overline{y}_t=\frac{1}{8}t^2 2^t$.

故所给方程的通解为 $y_t=(C_1+C_2t)\cdot 2^t+\frac{1}{8}t^2 2^t$（$C_1,C_2$ 均为任意常数）.

10. 解：原方程对应的齐次方程为 $9y_{t+2}+3y_{t+1}-6y_t=0$，所对应的特征方程为 $9\lambda^2+3\lambda-6=0$，得到特征值 $\lambda_1=-1,\lambda_2=\frac{2}{3}$.

因此齐次方程的通解为 $y_c=C_1(-1)^t+C_2\left(\frac{2}{3}\right)^t$. 设非齐次方程的特解为 $\overline{y_t}=(A_0+A_1t+A_2t^2)\left(\frac{1}{3}\right)^t$，代入非齐次方程中可得

$9[A_0+A_1(t+2)+A_2(t+2)^2]\left(\frac{1}{3}\right)^{t+2}+3[A_0+A_1(t+1)+A_2(t+1)^2]\left(\frac{1}{3}\right)^{t+1}-6(A_0+A_1t+A_2t^2)\left(\frac{1}{3}\right)^t=(4t^2-10t+6)\left(\frac{1}{3}\right)^t$.

计算可得 $A_0=-2,A_1=1,A_2=-1$，即 $\overline{y_t}=(-2+t-t^2)\left(\frac{1}{3}\right)^t$，故原方程的通解为

$y_t=C_1(-1)^t+C_2\left(\frac{2}{3}\right)^t-(2-t+t^2)\left(\frac{1}{3}\right)^t$（$C_1,C_2$ 为任意常数）.

四、解：设 b 为每月还款额，依题意 a_x 满足的差分方程为

$a_{x+1}=(1+1\%)a_x-b$,

该方程的通解为 $a_x=C(1.01)^x+100b$. 由 $a_0=25\ 000,a_{12}=0$ 可求得

$b=\frac{250(1.01)^{12}}{(1.01)^{12}-1}\approx 2\ 221.22,C=\frac{25\ 000}{1-(1.01)^{12}}\approx -197\ 122$.

因此他每月应付款 2 221.22 元，12 个月可以还清债务.

第 2 篇 概率论与数理统计

第 1 章

一、填空题

1. Ω；$\varnothing$.

2. 0.

3. $\frac{3}{8}$.

4. 0.3.

5. 0.5.

6. $\frac{1}{6}$.

7. $\frac{2}{3}$.

8. 0.42.

9. $\frac{3}{7}$.

10. $\frac{2}{3}$.

二、选择题

1. D　2. D　3. A　4. C　5. A　6. D　7. D　8. D　9. C　10. B

三、计算题

1. 解:由 $P(A-B)=P(A-AB)=P(A)-P(AB)=0.3$

得 $P(AB)=0.4, P(\overline{AB})=1-P(AB)=0.6$

又由 $P(A+B)=P(A)+P(B)-P(AB)$,

得 $P(B)=P(A+B)-P(A)+P(AB)=0.5$

$P(B-A)=P(B)-P(AB)=0.1$.

2. 解:由 $P(AB)=P(A)P(B\mid A)=0.2$

$P(A-B)=P(A)-P(AB)=0.2$

$P(A+B)=P(A)+P(B)-P(AB)=0.8$.

3. 解:由 $P(A+B)=P(A)+P(B)-P(AB)$,

得 $P(AB)=0.8+0.3-0.9=0.2$

$P(\overline{AB})=1-P(AB)=0.8$

$P(\overline{A}\,\overline{B})=P(\overline{A+B})=1-P(A+B)=0.1$.

4. 解:由 $P(A-B)=P(A)-P(AB), P(AB)=0.4$

$P(B-A)=P(B)-P(AB)=0.1, P(A+B)=P(A)+P(B)-P(AB)=0.8$

$P(\overline{B}\mid\overline{A})=\frac{P(\overline{A}\,\overline{B})}{P(\overline{A})}=\frac{P(\overline{A+B})}{P(\overline{A})}=\frac{0.2}{0.3}=\frac{2}{3}$.

5. 解:记事件 A 表示“取到的是两个球颜色不同”,则由古典概率公式有:

$P(A)=\frac{C_5^1C_3^1}{C_8^2}=\frac{15}{28}$.

6. 解:设事件 A 表示“三次中既有正面又有反面出现”,则 $\overline{A}$ 表示“三次均为正面或三次均为反面”,因此 $P(A)=1-P(\overline{A})=1-\frac{2}{8}=\frac{3}{4}$.

7. 解:设事件 A 表示“门锁能被打开”,则事件 $\overline{A}$ 发生就是取的 2 把钥匙都不能打开门锁,因此 $P(A)=1-P(\overline{A})=1-\frac{C_7^2}{C_{10}^2}=\frac{8}{15}$.

8. 解:设事件 A 表示“四张花色各异”,B 表示“四张中只有 2 种花色”,则

$P(A)=\frac{C_{13}^1C_{13}^1C_{13}^1C_{13}^1}{C_{52}^4}\approx 0.105$

$P(B)=\frac{C_4^2(C_2^1C_{13}^3C_{13}^1+C_{13}^2C_{13}^2)}{C_{52}^4}\approx 0.3$,

9. 解:设事件 A 表示“取出的 5 枚硬币总值超过壹角”,则

$P(A)=\frac{C_2^2C_8^3+C_2^1(C_3^3C_5^1+C_3^2C_5^2)}{C_{10}^5}=0.5$,

10. 解:设事件 A 表示“有 4 个人的生日在同一个月份”,则

$P(A)=\dfrac{C_6^4C_{12}^1 11^2}{12^6}\doteq 0.0073$,

11. 解：由于事件 A 与 B 互不相容，有 $AB=\varnothing, P(AB)=0$

$P(\overline{A}+\overline{B})=P(\overline{AB})=1-P(AB)=1$,

12. 解：(1)无放回抽样：

$P(A)=\dfrac{97\times 3}{P_{100}^2}\doteq 0.0294$

(2)有放回抽样：

$P(A)=\dfrac{97\times 3}{100^2}=0.0291$,

13. 解：设 A 为"订 A 报"，B 为"订 B 报"，

(1)所求事件为 $A\cup B$

$P(A\cup B)=P(A)+P(B)-P(AB)=0.9$

(2)所求事件为 $A\overline{B}+\overline{A}B$

$P(A\overline{B}+\overline{A}B)=P(A\overline{B})+P(\overline{A}B)=[P(A)-P(AB)]+[P(B)-P(AB)]=0.4$,

14. 解：令 A,B 分别表示"甲获胜""乙获胜"，$A_i,B_i(i=1,2,L)$ 分别表示"甲第 i 次命中""乙第 i 次命中"，则有

$A=A_1\cup\overline{A}_1\overline{B}_1A_2\cup\overline{A}_1\overline{B}_1\overline{A}_2\overline{B}_2A_3\cup L$

$B=\overline{A}_1B_1\cup\overline{A}_1\overline{B}_1\overline{A}_2B_2\cup\overline{A}_1\overline{B}_1\overline{A}_2\overline{B}_2\overline{A}_3B_3\cup L$

因此

$$\begin{aligned}P(A)&=P(A_1)+P(\overline{A}_1\overline{B}_1A_2)+P(\overline{A}_1\overline{B}_1\overline{A}_2\overline{B}_2A_3)+L\\&=P(A_1)+P(\overline{A}_1)P(\overline{B}_1)P(A_2)+P(\overline{A}_1)P(\overline{B}_1)P(\overline{A}_2)P(\overline{B}_2)P(A_3)+L\\&=p_1+(1-p_1)(1-p_2)p_1+(1-p_1)^2(1-p_2)^2p_1+L\\&=\frac{p_1}{1-(1-p_1)(1-p_2)}\\&=\frac{p_1}{p_1+p_2-p_1p_2}\end{aligned}$$

$P(B)=1-P(A)=\dfrac{(1-p_1)p_2}{p_1+p_2-p_1p_2}$.

15. 解：设 A 表示考生选中正确答案，B 表示考生会解这道题，则

(1)由全概率公式得：

$$\begin{aligned}P(A)&=P(B)P(A\mid B)+P(\overline{B})P(A\mid\overline{B})\\&=0.7\times 1+0.3\times 0.25=0.775\end{aligned}$$

(2)由贝叶斯公式得：

$P(B\mid A)=\dfrac{P(B)P(A\mid B)}{P(A)}=\dfrac{0.7\times 1}{0.775}\doteq 0.903$.

四、证明题

1. 证：$P(A\mid B)=P(A\mid\overline{B})\Rightarrow\dfrac{P(AB)}{P(B)}=\dfrac{P(A\overline{B})}{P(\overline{B})}=\dfrac{P(A)-P(AB)}{1-P(B)}$

$\Rightarrow P(AB)=P(A)P(B)$.

2. 证: $P(B\mid A)=\dfrac{P(AB)}{P(A)}\geqslant\dfrac{P(A)+P(B)-1}{P(A)}=1-\dfrac{P(\overline{B})}{P(A)}$.

第 2 章

一、填空题

1. 0.2.

2. $\dfrac{1}{12}$.

3. $\dfrac{9}{16}$.

4. 1.

5. 5.

6. $1\leqslant k\leqslant 3$.

7. $\dfrac{19}{27}$.

8. 4.

9. $\dfrac{9}{64}$.

10.

X	-1	1	3
P	0.4	0.4	0.2

二、选择题

1. A　2. D　3. A　4. D　5. A　6. C　7. A　8. C　9. C　10. A

三、计算题

1. 解:(1) 因为 $\int_{-\infty}^{+\infty}f(x)\,\mathrm{d}x=1$,

而 $\int_{-\infty}^{+\infty}f(x)\,\mathrm{d}x=\int_0^1\dfrac{c}{\sqrt{1-x^2}}\mathrm{d}x=c\cdot\arcsin x\Big|_0^1=\dfrac{\pi}{2}\cdot c$

故 $c=\dfrac{2}{\pi}$.

(2) $F(x)=\int_{-\infty}^{x}f(t)\,\mathrm{d}t$

$$=\begin{cases}0, & x\leqslant 0\\ \int_0^x\dfrac{2}{\pi\sqrt{1-t^2}}\mathrm{d}t, & 0<x<1\\ 1, & x\geqslant 1\end{cases}$$

$$=\begin{cases}0, & x\leqslant 0\\ \dfrac{2}{\pi}\arcsin x, & 0<x<1\\ 1, & x\geqslant 1\end{cases}$$

(3) $P\left\{-1 \leqslant X \leqslant \frac{\sqrt{2}}{2}\right\}=F\left(\frac{\sqrt{2}}{2}\right)-F(-1)=\frac{1}{2}$

2. 解:X 的可能取值为 0,1,2.

$P\{X=0\}=\frac{C_8^3}{C_{10}^3}=\frac{7}{15}, P\{X=1\}=\frac{C_2^1C_8^2}{C_{10}^3}=\frac{7}{15}, P\{X=2\}=\frac{C_2^2C_8^1}{C_{10}^3}=\frac{1}{15}$

则 X 的分布律为

X	0	1	2
P	$\frac{7}{15}$	$\frac{7}{15}$	$\frac{1}{15}$

X 的分布函数 $F(x)=P\{X\leqslant x\}=\sum\limits_{x_k\leqslant x}p_k$,

故

$$F(x)=\begin{cases}0, & x<0\\ \frac{7}{15}, & 0\leqslant x<1\\ \frac{7}{15}+\frac{7}{15}, & 1\leqslant x<2\\ \frac{7}{15}+\frac{7}{15}+\frac{1}{15}, & x\geqslant 2\end{cases}$$

$$\begin{cases}0 & x<0\\ \frac{7}{15}, & 0\leqslant x<1\\ \frac{14}{15}, & 1\leqslant x<2\\ 1, & x\geqslant 2\end{cases}$$

3. 解:记 $g(x)=(x-2)^2$. 由于 $g(0)=g(4)=4, g(1)=g(3)=1, g(2)=0, g(5)=9$, 因此

$P\{Y=0\}=P\{X=2\}=\frac{1}{3}$,

$P\{Y=1\}=P\{X=1\}+P\{X=3\}=\frac{1}{6}+\frac{1}{12}=\frac{1}{4}$,

$P\{Y=4\}=P\{X=0\}+P\{X=4\}=\frac{1}{12}+\frac{2}{9}=\frac{11}{36}$,

$P\{Y=9\}=P\{X=5\}=\frac{1}{9}$,

故 Y 的分布律为:

Y	0	1	4	9
P	$\frac{1}{3}$	$\frac{1}{4}$	$\frac{11}{36}$	$\frac{1}{9}$

4. 解：Y 的取值为 0,1,4,9,其中

$P\{Y=1\}=P\{X=-1\}+P\{X=1\}=\frac{1}{12}+a$,

$P\{Y=4\}=P\{X=-2\}+P\{X=2\}=14a$,

故 Y 的分布律可表示为：

Y	0	1	4	9
P	$3a$	$\frac{1}{12}+a$	$14a$	$4a$

由分布律的性质确定 $a=\frac{1}{24}$,

则 Y 的分布律为：

Y	0	1	4	9
P	$\frac{1}{8}$	$\frac{1}{8}$	$\frac{7}{12}$	$\frac{1}{6}$

5. 解：(1) 由于 $F(-\infty)=0, F(+\infty)=1$,可知

$$\begin{cases} A+B\left(-\frac{\pi}{2}\right)=0 \\ A+B\times\frac{\pi}{2}=1 \end{cases} \Rightarrow A=\frac{1}{2}, B=\frac{1}{\pi},$$

于是 $F(x)=\frac{1}{2}+\frac{1}{\pi}\arctan x(-\infty<x<+\infty)$.

(2) $P\{-1<X<1\}=F(1)-F(-1)=\left(\frac{1}{2}+\frac{1}{\pi}\arctan 1\right)-\left(\frac{1}{2}+\frac{1}{\pi}\arctan(-1)\right)=\frac{1}{2}$.

(3) $f(x)=F'(x)=\left(\frac{1}{2}+\frac{1}{\pi}\arctan x\right)'=\frac{1}{\pi(1+x^2)}(-\infty<x<+\infty)$.

6. 解：$P\left\{X\leqslant\frac{1}{2}\right\}=\int_0^{\frac{1}{2}}3x^2\mathrm{d}x=\frac{1}{8}, Y\sim B\left(3,\frac{1}{8}\right)$

$P\{Y=2\}=C_3^2\left(\frac{1}{8}\right)^2\frac{7}{8}=\frac{21}{512}$.

7. 解：设需配备 N 名工人，X 为同一时刻发生故障的设备的台数，则 $X\sim B(300,0.01)$. 所需解决的问题是确定 N 最小值，使 $P\{X\leqslant N\}>0.99$. 因 $np=\lambda=3$,由泊松定理 $P\{X\leqslant N\}\approx$

$\sum\limits_{k=0}^{N}\dfrac{3^k}{k!}e^{-3}$，故问题转化为求 N 的最小值，使 $\sum\limits_{k=0}^{N}\dfrac{3^k}{k!}e^{-3}>0.99$.

查泊松分布表可知，当 $N\geqslant 8$ 时，上式成立. 因此，为达到上述要求，至少需配备 8 名维修工人.

8. 解：(1) 因为 $X\sim E(0.1)$，则

$$f(x)=\begin{cases}\dfrac{1}{10}e^{-\frac{x}{10}}, & x>0\\ 0, & x\leqslant 0\end{cases}$$

$$F(x)=\begin{cases}1-e^{-\frac{x}{10}}, & x>0\\ 0, & x\leqslant 0\end{cases}$$

故 $P\{X>10\}=1-F(10)=e^{-1}$

或 $P\{X>10\}=\int_{10}^{+\infty}f(x)dx=e^{-1}$.

(2) $P\{10<X<20\}=F(20)-F(10)=e^{-1}-e^{-2}$.

或 $P\{10<X<20\}=\int_{10}^{20}f(x)dx=e^{-1}-e^{-2}$.

9. 解：$F_Y(y)=P\{Y\leqslant y\}=P\{e^X\leqslant y\}=\begin{cases}0, & y\leqslant 1\\ P\{X\leqslant \ln y\}, & y>1\end{cases}$

故 $y>1$ 时，$F_Y(y)=P\{X\leqslant \ln y\}=\int_0^{\ln y}e^{-x}dx=1-\dfrac{1}{y}$，$f_Y(y)=F_Y'(y)=\dfrac{1}{y^2}$，

因此 $f_Y(y)=\begin{cases}0, & y\leqslant 1,\\ \dfrac{1}{y^2}, & y>1.\end{cases}$

10. 解：本题中只知道成绩 $X\sim N(\mu,\sigma^2)$，但不知道 μ,σ 的值是多少，所以必须首先想法求出 μ,σ. 根据已知条件有

$P\{X>90\}=\dfrac{12}{526}\approx 0.022\ 8$,

$P\{X\leqslant 90\}=1-P\{X>90\}\approx 1-0.022\ 8=0.977\ 2$,

又因为

$P\{X\leqslant 90\}=P\left\{\dfrac{X-\mu}{\sigma}\leqslant\dfrac{90-\mu}{\sigma}\right\}=\Phi\left(\dfrac{90-\mu}{\sigma}\right)=0.977\ 2=\Phi(2)$

反查标准正态分布表得 $\dfrac{90-\mu}{\sigma}=2.0$ ………………①

又

$P\{X<60\}=\dfrac{83}{526}\approx 0.157\ 8$,

$P\{X<60\}=P\left\{\dfrac{X-\mu}{\sigma}\leqslant\dfrac{60-\mu}{\sigma}\right\}=\Phi\left(\dfrac{60-\mu}{\sigma}\right)\approx 0.157\ 8$,

$\Phi\left(\dfrac{\mu-60}{\sigma}\right)\approx 1-0.157\ 8=0.842\ 2$.

反查标准正态分布表得 $\dfrac{\mu-60}{\sigma}\approx 1.0$ ………………②

由①、②联立解出 $\mu=90,\sigma=10$.

所以 $X\sim N(70,10^2)$.

某人成绩 78 分,能否被录取,关键在于录取率. 已知录取率为$\frac{155}{526}\approx 0.2947$. 看是否能被录取,可以看录取分数线.

设被录取者的最低分为 x_0,则

$P\{X>x_0\}\approx 0.2947, P\{X\leqslant x_0\}=1-P\{X>x_0\}\approx 1-0.2947=0.7053$

而 $P\{X\leqslant x_0\}=P\left\{\frac{X-70}{10}\leqslant\frac{x_0-70}{10}\right\}=\Phi\left(\frac{x_0-70}{10}\right)=0.7053$.

反查标准正态分布表得$\frac{x_0-70}{10}\approx 0.54\Rightarrow x_0\approx 75.4$.

某人成绩 78 分,在 75.4 分以上,所以能被录取.

四、证明题

证明:X 的分布函数 $F(x)=\begin{cases}1-\mathrm{e}^{-2x}, & x>0,\\ 0, & x\leqslant 0\end{cases}$, $y=1-\mathrm{e}^{-2x}$ 是单调增函数,其反函数为 $x=-\frac{\ln(1-y)}{2}$设 $G(y)$ 是 Y 的分布函数,则

$$G(y)=P\{Y\leqslant y\}=P(1-\mathrm{e}^{-2x}\leqslant y)=\begin{cases}0, & y\leqslant 0\\ P\left\{X\leqslant -\frac{1}{2}\ln(1-y)\right\}, & 0<y<1\\ 1, & y\geqslant 1\end{cases}$$

$$=\begin{cases}0, y\leqslant 0\\ y, 0<y<1\\ 1, y\geqslant 1\end{cases}$$

$$G'(y)=\begin{cases}1, 0<y<1\\ 0, 其他\end{cases}$$

于是,$Y=1-\mathrm{e}^{-2X}$在区间$(0,1)$上服从均匀分布.

第3章

一、填空题

1. $\frac{5}{7}$.

2. $a+b=0.3, a\geqslant 0, b\geqslant 0$.

3. $\frac{5}{16}$.

4.

Z	0	1
P	$\frac{1}{4}$	$\frac{3}{4}$

5. $\frac{1}{4}$；$f_Y(y)=\begin{cases}\frac{1}{2} & 0\leqslant y\leqslant 2\\ 0 & 其他\end{cases}$.

6. $\frac{1}{4}$.

7. $f(x,y)=\begin{cases}3^{-x-y}(\ln 3)^2, & x\geqslant 0,y\geqslant 0\\ 0, & 其他\end{cases}$.

8. 0.2;0.3.

9. $\frac{\lambda_1^m\lambda_2^n}{m!\ n!}\mathrm{e}^{-(\lambda_1+\lambda_2)}$.

10. $N(-7,5)$.

二、选择题

1.C 2.B 3.B 4.D 5.A 6.B 7.B 8.C 9.A 10.D

三、计算题

1. 解:当 $x<0$ 或 $y<0$ 时,$F(x,y)=P\{X\leqslant x,Y\leqslant y\}=0$.

当 $0\leqslant x\leqslant 1,0\leqslant y\leqslant 1$ 时,$F(x,y)=4\int_0^x\int_0^y u\cdot v\mathrm{d}u\mathrm{d}v=x^2y^2$

当 $x>1,y>1$ 时,$F(x,y)=1$

当 $x>1,0\leqslant y\leqslant 1$ 时,$F(x,y)=P\{X\leqslant 1,Y\leqslant y\}=y^2$

当 $y>1,0\leqslant x\leqslant 1$ 时,$F(x,y)=P\{X\leqslant x,Y\leqslant 1\}=x^2$

故(X,Y)的联合分布函数为

$$F(x,y)=\begin{cases}0 & x<0,y<0\\ x^2y^2, & 0\leqslant x\leqslant 1,0\leqslant y\leqslant 1\\ x^2, & 0\leqslant x\leqslant 1,y>1\\ y^2, & x>1,0\leqslant y\leqslant 1\\ 1, & x>1,y>1\end{cases}$$

2. 解:(1)在没有取白球的情况下取了一次红球,利用样本空间的缩减法,相当于只有1个红球,2个黑球有放回摸两次,其中摸到一个红球的概率,所以

$$P\{X=1\mid Z=0\}=\frac{C_2^1\times 2}{3^2}=\frac{4}{9}.$$

(2)X,Y 取值范围为0,1,2,故

$$P\{X=0,Y=0\}=\frac{C_3^1\times C_3^1}{6^2}=\frac{1}{4},$$

$$P\{X=1,Y=0\}=\frac{2\times C_3^1}{6^2}=\frac{1}{6},$$

$$P\{X=2,Y=0\}=\frac{1}{6^2}=\frac{1}{36},$$

$$P\{X=0,Y=1\}=\frac{2\times C_2^1\times C_3^1}{6^2}=\frac{1}{3},$$

$P\{X=1,Y=1\}=\dfrac{2\times C_2^1}{6^2}=\dfrac{1}{9}$,

$P\{X=2,Y=1\}=0$,

$P\{X=0,Y=2\}=\dfrac{C_2^1\times C_2^1}{6^2}=\dfrac{1}{9}$,

$P\{X=1,Y=2\}=0$,

$P\{X=2,Y=2\}=0$,

即 X,Y 的分布列为

Y \ X	0	1	2
0	$\frac{1}{4}$	$\frac{1}{6}$	$\frac{1}{36}$
1	$\frac{1}{3}$	$\frac{1}{9}$	0
2	$\frac{1}{9}$	0	0

3. 解:(1)由于

X \ Y	0	1	2	$P_{i.}$
0	$\frac{1}{4}$	$\frac{1}{6}$	$\frac{1}{8}$	$\frac{13}{24}$
1	$\frac{1}{4}$	$\frac{1}{8}$	$\frac{1}{12}$	$\frac{11}{24}$
$P_{.j}$	$\frac{1}{2}$	$\frac{7}{24}$	$\frac{5}{24}$	1

故 X 的边缘分布列为

X	0	1
P	$\frac{13}{24}$	$\frac{11}{24}$

Y 的边缘分布列为

Y	0	1	2
P	$\frac{1}{2}$	$\frac{7}{24}$	$\frac{5}{24}$

(2)$Z=X+Y$ 的取值为 0,1,2,3.

$P\{Z=0\}=P\{X=0,Y=0\}=\frac{1}{4}$,

$P\{Z=1\}=P\{X=0,Y=1\}+P\{X=1,Y=0\}=\frac{1}{6}+\frac{1}{4}=\frac{5}{12}$,

$P\{Z=2\}=P\{X=0,Y=2\}+P\{X=1,Y=1\}=\frac{1}{8}+\frac{1}{8}=\frac{1}{4}$,

$P\{Z=3\}=P\{X=1,Y=2\}=\frac{1}{12}$.

故 Z 的边缘分布列为

Z	0	1	2	3
P	$\frac{1}{4}$	$\frac{5}{12}$	$\frac{1}{4}$	$\frac{1}{12}$

4. 解:因为 $P\{X_1X_2=0\}=1$ 所以有 $P\{X_1X_2\neq 0\}=0$

因此

$P\{X_1=-1,X_2=1\}=P\{X_1=1,X_2=1\}=0$,

$P\{X_1=-1,X_2=0\}=P\{X_1=-1\}-P\{X_1=-1,X_2=1\}=\frac{1}{4}$,

$P\{X_1=0,X_2=1\}=P\{X_2=1\}-P\{X_1=-1,X_2=1\}-P\{X_1=1,X_2=1\}=\frac{1}{2}$,

$P\{X_1=1,X_2=0\}=P\{X_1=1\}-P\{X_1=1,X_2=1\}=\frac{1}{4}$,

$P\{X_1=0,X_2=0\}=1-\left(\frac{1}{4}+\frac{1}{2}+\frac{1}{4}\right)=0$.

故 X_1 和 X_2 的联合分布列为:

$X_2\backslash X_1$	-1	0	1	$P_{i.}$
0	$\frac{1}{4}$	0	$\frac{1}{4}$	$\frac{1}{2}$
1	0	$\frac{1}{2}$	0	$\frac{1}{2}$
$P_{.j}$	$\frac{1}{4}$	$\frac{1}{2}$	$\frac{1}{4}$	1

由于 $P\{X_1=0,X_2=0\}=0$, $P\{X_1=0\}P\{X_2=0\}=\frac{1}{2}\times\frac{1}{2}=\frac{1}{4}$, 所以 X_1 和 X_2 不相互独立.

5. 解: $P\{X>Y\}=\iint\limits_D f(x,y)\mathrm{d}x\mathrm{d}y=\int_0^1\mathrm{d}x\int_0^x 6x^2y\mathrm{d}y=\int_0^1 3x^4\mathrm{d}x=\frac{3}{5}$

6. 解: $f_X(x)=\begin{cases}\frac{1}{2},0\leqslant x\leqslant 2\\0,其他\end{cases}$, $f_Y(y)=\begin{cases}2\mathrm{e}^{-2y},y>0\\0,\quad y\leqslant 0\end{cases}$,

由于 X 和 Y 独立,因此有

$$f(x,y)=f_X(x)f_Y(x)=\begin{cases}e^{-2y},0\leqslant x\leqslant 2,y>0\\0,\quad 其他\end{cases}$$

$$P\{X\leqslant Y\}=\iint_{x\leqslant y}f(x,y)\mathrm{d}x\mathrm{d}y=\int_0^2\mathrm{d}x\int_x^{+\infty}e^{-2y}\mathrm{d}y=\frac{1}{4}(1-e^{-4})$$

7. 解:$P\left\{X\leqslant\frac{1}{2}\right\}=\iint_{x\leqslant\frac{1}{2}}f(x,y)\mathrm{d}x\mathrm{d}y=\int_0^{\frac{1}{2}}\mathrm{d}x\int_x^1 8xy\mathrm{d}y=\int_0^{\frac{1}{2}}4x(1-x^2)\mathrm{d}x=\frac{7}{16}$

8. 解:先求 $F_Z(z)$:

$$F_Z(z)=P\{Z\leqslant z\}=P\{2X+Y\leqslant z\}=\iint_{2x+y\leqslant z}f(x,y)\mathrm{d}x\mathrm{d}y$$

$$=\begin{cases}0, & z<0,\\ \int_0^{\frac{z}{2}}\mathrm{d}x\int_0^{z-2x}e^{-y}\mathrm{d}y, & 0\leqslant z\leqslant 2,\\ \int_0^1\mathrm{d}x\int_0^{z-2x}e^{-y}\mathrm{d}y, & z>2.\end{cases}$$

$$=\begin{cases}0, & z<0,\\ \frac{1}{2}(z-1+e^{-z}), & 0\leqslant z\leqslant 2\\ 1+\frac{1}{2}(1-e^2)e^{-z}, & z>2.\end{cases}$$

再求 $f_Z(z)$,

$$f_Z(z)=F'_Z(z)=\begin{cases}0, & z<0,\\ \frac{1}{2}(1-e^{-z}), & 0\leqslant z\leqslant 2,\\ \frac{1}{2}(e^2-1)e^{-z}, & z>2.\end{cases}$$

9. 解:(1) $f_X(x)=\int_{-\infty}^{+\infty}f(x,y)\mathrm{d}y=\begin{cases}\int_0^x e^{-x}\mathrm{d}y,x>0,\\0,\quad x\leqslant 0.\end{cases}=\begin{cases}xe^{-x},x>0,\\0,\quad x\leqslant 0.\end{cases}$

$$f_{Y|X}(y|x)=\frac{f(x,y)}{f_X(x)}=\begin{cases}\frac{1}{x},0<y<x,\\0,其他.\end{cases}$$

(2) $f_Y(y)=\int_{-\infty}^{+\infty}f(x,y)\mathrm{d}x=\begin{cases}e^{-y},y>0,\\0,\quad y\leqslant 0.\end{cases}$

$$P\{X\leqslant 1|Y\leqslant 1\}=\frac{P\{X\leqslant 1,Y\leqslant 1\}}{P\{Y\leqslant 1\}}=\frac{\int_{-\infty}^1\int_{-\infty}^1 f(x,y)\mathrm{d}x\mathrm{d}y}{\int_0^1 e^{-y}\mathrm{d}y}=\frac{\int_0^1\mathrm{d}x\int_0^x e^{-x}\mathrm{d}y}{1-e^{-1}}=\frac{e-2}{e-1}.$$

10. 解:以 $X_i(i=1,2,3)$ 表示第 i 个电气元件无故障工作的时间,则 $T=\min\{X_1,X_2,X_3\}$,X_1,X_2,X_3 相互独立且同分布,其分布函数为 $F(x)=\begin{cases}1-e^{-\lambda x},x>0,\\0,\quad x\leqslant 0.\end{cases}$

设 $G(t)$ 是 T 的分布函数,则:

$G(t)=P\{T\leqslant t\}=1-P\{T>t\}=1-P\{X_1>t,X_2>t,X_3>t\}$

$=1-P\{X_1>t\}P\{X_2>t\}P\{X_3>t\}$

$=1-[1-F(t)]^3=\begin{cases}1-e^{-3\lambda t}, & t>0,\\ 0, & t\leqslant 0.\end{cases}$

于是,T 服从参数为 3λ 的指数分布.

四、证明题

证明:X 和 Y 的边缘概率密度函数为

$f_X(x)=\int_{-\infty}^{+\infty}f(x,y)\mathrm{d}y=\begin{cases}2x, & 0<x<1\\ 0, & \text{其他}\end{cases}$ $f_Y(y)=\int_{-\infty}^{+\infty}f(x,y)\mathrm{d}x=\begin{cases}3y^2, & 0<y<1\\ 0, & \text{其他}\end{cases}$

因为 $f(x,y)=f_X(x)f_Y(y)$,故 X 和 Y 相互独立.

第4章

一、填空题

1. 10.
2. 5.
3. 18. 4.
4. 4.
5. $\lambda^2+\frac{1}{3}\lambda$.
6. $\frac{1}{e}$.
7. 1.
8. 0.
9. 0. 6.
10. $\mu(\mu^2+\sigma^2)$.

二、选择题

1. C　2. B　3. A　4. D　5. C　6. C　7. D　8. D　9. D　10. B

三、计算题

1. 解:因为离散型随机变量 X 的分布列满足正则性,则有

$0.1+x+y+0.4=1\Rightarrow x+y=0.5$

$EX=0\times0.1+1\times x+4\times y+9\times0.4=5\Rightarrow x+4y=1.4$

解得:$x=0.2,y=0.3$.

2. 解:因为事件"观察值大于$\frac{\pi}{3}$"可用$\left\{X>\frac{\pi}{3}\right\}$表示,从而

$p=P\left\{X>\frac{\pi}{3}\right\}=\int_{\frac{\pi}{3}}^{\pi}\frac{1}{2}\cos\frac{x}{2}\mathrm{d}x=\frac{1}{2}$

显然,$Y:B\left(4,\frac{1}{2}\right)$,于是 $EY=4\times\frac{1}{2}=2$.

3. 解：由概率密度函数的正则性有$\int_{-\infty}^{+\infty} f(x)\,\mathrm{d}x = \int_0^1 (a + bx^2)\,\mathrm{d}x = a + \frac{b}{3} = 1$

又 $EX = \int_{-\infty}^{+\infty} xf(x)\,\mathrm{d}x = \int_0^1 x(a + bx^2)\,\mathrm{d}x = \frac{a}{2} + \frac{b}{4} = \frac{3}{5}$

以上两个方程联立解得：$a = \frac{3}{5}, b = \frac{6}{5}$.

4. 解：$EX = \sum_i \sum_j x_i p_{ij} = 1 \times 0.2 + 1 \times 0.1 + 1 \times 0.4 + 2 \times 0.1 + 2 \times 0.2 + 2 \times 0 = 1.3$

$EY = \sum_i \sum_j y_j p_{ij} = 0 \times 0.2 + 0 \times 0.1 + 1 \times 0.1 + 1 \times 0.2 + 2 \times 0.4 + 2 \times 0 = 1.1$

$E(XY) = \sum_i \sum_j x_i y_j p_{ij} = 1 \times 0 \times 0.2 + 1 \times 1 \times 0.1 + 1 \times 2 \times 0.4 + 2 \times 0 \times 0.1 + 2 \times 1 \times 0.2 + 2 \times 2 \times 0 = 1.3$.

5. 解：$EX = \int_{-\infty}^{+\infty}\int_{-\infty}^{+\infty} xf(x,y)\,\mathrm{d}x\mathrm{d}y = \int_0^1 \mathrm{d}x \int_0^x x \cdot 12y^2\,\mathrm{d}y = \frac{4}{5}$

$EY = \int_{-\infty}^{+\infty}\int_{-\infty}^{+\infty} yf(x,y)\,\mathrm{d}x\mathrm{d}y = \int_0^1 \mathrm{d}x \int_0^x y \cdot 12y^2\,\mathrm{d}y = \frac{3}{5}$

$E(XY) = \int_{-\infty}^{+\infty}\int_{-\infty}^{+\infty} xyf(x,y)\,\mathrm{d}x\mathrm{d}y = \int_0^1 \mathrm{d}x \int_0^x xy \cdot 12y^2\,\mathrm{d}y = \frac{1}{2}$.

6. 解：$EX = \int_{-\infty}^{+\infty} xf(x)\,\mathrm{d}x = \int_0^1 x^2\,\mathrm{d}x + \int_1^2 x(2 - x)\,\mathrm{d}x = 1$

$EX^2 = \int_{-\infty}^{+\infty} x^2 f(x)\,\mathrm{d}x = \int_0^1 x^3\,\mathrm{d}x + \int_1^2 x^2(2 - x)\,\mathrm{d}x = \frac{7}{6}$

$DX = EX^2 - (EX)^2 = \frac{7}{6} - 1 = \frac{1}{6}$

7. 解：$EX = \int_{-\infty}^{+\infty}\int_{-\infty}^{+\infty} xf(x,y)\,\mathrm{d}x\mathrm{d}y = \int_0^1 \mathrm{d}x \int_0^2 x \cdot \frac{1}{2}\mathrm{d}y = \frac{1}{2}$

$EY = \int_{-\infty}^{+\infty}\int_{-\infty}^{+\infty} yf(x,y)\,\mathrm{d}x\mathrm{d}y = \int_0^1 \mathrm{d}x \int_0^2 y \cdot \frac{1}{2}\mathrm{d}y = 1$

$EX^2 = \int_{-\infty}^{+\infty}\int_{-\infty}^{+\infty} x^2 f(x,y)\,\mathrm{d}x\mathrm{d}y = \int_0^1 \mathrm{d}x \int_0^2 x^2 \cdot \frac{1}{2}\mathrm{d}y = \frac{1}{3}$

$EY^2 = \int_{-\infty}^{+\infty}\int_{-\infty}^{+\infty} y^2 f(x,y)\,\mathrm{d}x\mathrm{d}y = \int_0^1 \mathrm{d}x \int_0^2 y^2 \cdot \frac{1}{2}\mathrm{d}y = \frac{4}{3}$

$DX = EX^2 - (EX)^2 - \frac{1}{12}, DY = EY^2 - (EY)^2 = \frac{1}{3}$

8. 解：(1) $EZ = \frac{1}{3}EX + \frac{1}{2}EY = \frac{1}{3} + \frac{0}{2} = \frac{1}{3}$

$DZ = \frac{1}{9}DX + \frac{1}{4}DY + 2 \times \frac{1}{3} \times \frac{1}{2}\mathrm{Cov}(X,Y) = \frac{1}{9}DX + \frac{1}{4}DY + \frac{1}{3}\rho_{XY}\sqrt{DX}\sqrt{DY}$

$= \frac{3^2}{9} + \frac{4^2}{4} + \frac{1}{3}\left(-\frac{1}{2}\right) \times 3 \times 4 = 1 + 4 - 2 = 3$

(2) $\mathrm{Cov}(X,Z) = \frac{1}{3}\mathrm{Cov}(X,X) + \frac{1}{2}\mathrm{Cov}(X,Y) = \frac{1}{3} \times 3^2 + \frac{1}{2}\left(-\frac{1}{2}\right) \times 3 \times 4 = 0$

则 X 与 Z 的相关系数 $\rho_{XZ}=\dfrac{\mathrm{Cov}(X,Z)}{\sqrt{DX}\cdot\sqrt{DZ}}=0$

9. 解：以 X 表示一周 5 天机器发生故障的天数，则 $X\sim B(5,0.2)$.

$P\{X=0\}=0.8^5=0.328$

$P\{X=1\}=C_5^1\cdot 0.2\cdot 0.8^4=0.409\ 6$

$P\{X=2\}=C_5^2\cdot 0.2^2\cdot 0.8^3=0.204\ 8$

$P\{X\geqslant 3\}=1-P\{X=0\}-P\{X=1\}-P\{X=2\}=0.057\ 6$

则利润 Y 的概率分布为

Y	10	5	0	−2
P	0.328	0.409 6	0.204 8	0.057 6

故一周内利润的期望 $EY=10\times 0.328+5\times 0.409\ 6+0\times 0.204\ 8-2\times 0.057\ 6=5.212\ 8$.

10. 解：已知联合概率密度函数为 $f(x,y)=\begin{cases} y\mathrm{e}^{-(x+y)}, & x,y>0, \\ 0, & \text{其他} \end{cases}$

所以 $EX=\int_{-\infty}^{+\infty}\int_{-\infty}^{+\infty}xf(x,y)\mathrm{d}x\mathrm{d}y=\int_0^{+\infty}\mathrm{d}x\int_0^{+\infty}xy\mathrm{e}^{-(x+y)}\mathrm{d}y=1$,

$EY=\int_{-\infty}^{+\infty}\int_{-\infty}^{+\infty}yf(x,y)\mathrm{d}x\mathrm{d}y=\int_0^{+\infty}\mathrm{d}x\int_0^{+\infty}y^2\mathrm{e}^{-(x+y)}\mathrm{d}y=2$,

$EX^2=\int_{-\infty}^{+\infty}\int_{-\infty}^{+\infty}x^2f(x,y)\mathrm{d}x\mathrm{d}y=\int_0^{+\infty}\mathrm{d}x\int_0^{+\infty}x^2y\mathrm{e}^{-(x+y)}\mathrm{d}y=2$,

$EY^2=\int_{-\infty}^{+\infty}\int_{-\infty}^{+\infty}y^2f(x,y)\mathrm{d}x\mathrm{d}y=\int_0^{+\infty}\mathrm{d}x\int_0^{+\infty}y^2y\mathrm{e}^{-(x+y)}\mathrm{d}y=6$,

故 $DX=EX^2-(EX)^2=2-1=1, DY=EY^2-(EY)^2=6-2^2=2$.

又因为 $E(XY)=\int_{-\infty}^{+\infty}\int_{-\infty}^{+\infty}xyf(x,y)\mathrm{d}x\mathrm{d}y=\int_0^{+\infty}\mathrm{d}x\int_0^{+\infty}xy\cdot y\mathrm{e}^{-(x+y)}\mathrm{d}y=2$,

所以 $\mathrm{Cov}(X,Y)=E(XY)-(EX)(EY)=0$

即得 $\rho_{XY}=\dfrac{\mathrm{Cov}(X,Y)}{\sqrt{DX}\cdot\sqrt{DY}}=0$,

故 X 与 Y 不相关.

下面判断独立性，应用边缘概率密度函数和联合概率密度函数的关系.

由已知 $f(x,y)=\begin{cases} y\mathrm{e}^{-(x+y)}, & x,y>0, \\ 0, & \text{其他} \end{cases}$

所以

$$f_X(x)=\int_{-\infty}^{+\infty}f(x,y)\mathrm{d}y=\begin{cases}\mathrm{e}^{-x}, & x>0, \\ 0, & x\leqslant 0.\end{cases}$$

$$f_Y(y)=\int_{-\infty}^{+\infty}f(x,y)\mathrm{d}x=\begin{cases}y\mathrm{e}^{-y}, & y>0, \\ 0, & y\leqslant 0.\end{cases}$$

故有

$$f_X(x)f_Y(y)=f(x,y)=\begin{cases}y\mathrm{e}^{-(x+y)}, & x,y>0, \\ 0, & \text{其他}.\end{cases}$$

因此，X 与 Y 是相互独立的.

四、证明题

1. 证明：$EY = E\left(\frac{X-EX}{\sqrt{DX}}\right) = \frac{1}{\sqrt{DX}}E(X-EX) = 0$

$DY = D\left(\frac{X-EX}{\sqrt{DX}}\right) = \frac{DX}{DX} = 1$

2. 证明：$EZ = EX + EY = np + np = 2np$

$DZ = DX + DY = np(1-p) + np(1-p) = 2np(1-p)$

所以 $Z = X + Y \sim B(2n, p)$.

3. 证明：$EX = P(A), EY = P(B)$

XY 分布列为

XY	0	1
P	$1-P(AB)$	$P(AB)$

$E(XY) = P(AB)$

由 $\rho_{x,y} = 0$，故 $E(XY) = EXEY$ 得 $P(AB) = P(A)P(B)$

即 A 与 B 相互独立.

第 5 章

一、填空题

1. $\frac{5}{9}$.

2. $\frac{1}{4}$.

3. 0.006 2 .

4. 1.

5. $\Phi(x)$.

二、选择题

1. B　2. C　3. C　4. D　5. A　6. A

三、计算题

1. 解：设 $X_i(i=1,2,\cdots,6)$ 为第 i 个骰子出现的点数，则 $X_1, X_2, \cdots, X_6$ 相互独立同分布，且 $X = X_1 + X_2 + \cdots + X_6$，又因为

$EX_i = (1+2+3+4+5+6) \times \frac{1}{6} = \frac{7}{2}$

$EX_i^2 = (1^2 + 2^2 + 3^2 + 4^2 + 5^5 + 6^6) \times \frac{1}{6} = \frac{91}{6}$

所以 $DX_i = EX_i^2 - (EX_i)^2 = \frac{35}{12}$

$EX = EX_1 + EX_2 + \cdots + EX_6 = 21$

$DX=DX_1+DX_2+\cdots+DX_6=\dfrac{35}{2}$

由切比雪夫不等式可得

$P(15\leqslant X\leqslant 27)=P(|X-21|\leqslant 6)\geqslant 1-\dfrac{DX}{6^2}=\dfrac{37}{72}\approx 0.513\,9$

2. 解：因为 $X_1,X_2,\cdots,X_n$ 相互独立，所以

$E\overline{X}=\dfrac{1}{n}\sum\limits_{i=1}^{n}EX_i=\mu, D\overline{X}=\dfrac{1}{n^2}\sum\limits_{i=1}^{n}DX_i=\dfrac{8}{n},$

故 $P(|\overline{X}-\mu|<4)\geqslant 1-\dfrac{D\overline{X}}{4^2}=1-\dfrac{1}{2n}.$

3. 解：令 X：n 次抛掷硬币的过程中出现正面的次数，则有

$X\sim B\left(n,\dfrac{1}{2}\right)\Rightarrow EX=\dfrac{1}{2}n, DX=\dfrac{1}{4}n$

对于正面出现的频率有：$E\left(\dfrac{X}{n}\right)=\dfrac{1}{n}EX=\dfrac{1}{2}, D\left(\dfrac{X}{n}\right)=\dfrac{1}{n^2}DX=\dfrac{1}{4n}$

故 $P\left(0.4<\dfrac{X}{n}<0.6\right)=P\left(\dfrac{0.4-\frac{1}{2}}{\sqrt{\frac{1}{4n}}}<\dfrac{\frac{X}{n}-\frac{1}{2}}{\sqrt{\frac{1}{4n}}}<\dfrac{0.6-\frac{1}{2}}{\sqrt{\frac{1}{4n}}}\right)\approx 2\Phi\left(\dfrac{1}{5}\sqrt{n}\right)-1\geqslant 0.9$

查表可得 $n\geqslant 69$.

4. 解：令 X：长度不小于 3 米木柱的数目

因为 $X\sim B(100,0.8)\Rightarrow EX=80. DX=16$

所以 $P(X<70)\approx\Phi\left(\dfrac{70-80}{\sqrt{16}}\right)=\Phi(-2.5)=1-\Phi(2.5)\approx 1-0.993\,8=0.006\,2$

5. 解：令 X：开动的机床总台数，N：电厂供应给车间的电力（单位：千瓦）

因为 $X\sim B(200,0.6)\Rightarrow EX=120, DX=48$

所以 $P(X\leqslant N)=P\left(\dfrac{X-120}{\sqrt{48}}\leqslant\dfrac{N-120}{\sqrt{48}}\right)\approx\Phi\left(\dfrac{N-120}{\sqrt{48}}\right)\geqslant 0.999$

查表 $\Phi\left(\dfrac{N-120}{\sqrt{48}}\right)\geqslant\Phi(3.1)\Rightarrow\dfrac{N-120}{\sqrt{48}}\geqslant 3.1\Rightarrow N\geqslant 141.5$（千瓦）

6. 解：设一年中死亡的人数是 X 人，$X=0,1,2,\cdots,10\,000$；死亡的概率 $P=0.001$. 把考虑 10 000人在一年中是否死亡看成 10 000 次贝努利试验，故 X 服从二项分布，即 $X\sim B(10\,000, 0.001)$. 保险公司每年收入为 $10\,000\times 10=100\,000$ 元，付出 $2\,000X$ 元.

（1）由中心极限定理，保险公司一年中获利不少于 40 000 元的概率为：

$P(100\,000-2\,000X\geqslant 40\,000)=P(0\leqslant X\leqslant 30)$

$=P\left(\dfrac{0-10}{\sqrt{10\times 0.999}}\leqslant\dfrac{X-10}{\sqrt{10\times 0.999}}\leqslant\dfrac{30-10}{\sqrt{10\times 0.999}}\right)$

$\approx\Phi(6.327\,7)-\Phi(-3.163\,8)$

$=1-[1-\Phi(3.163\,8)]=\Phi(3.163\,8)\approx\Phi(3.2)=0.999\,3$

（2）保险公司亏本的概率：

$P(2\,000X>1000\,000)=P(X>50)=1-P(0\leqslant X\leqslant 50)$

$=1-P\left(\frac{0-10}{3.161}\leqslant\frac{X-10}{3.161}\leqslant\frac{50-10}{3.161}\right)\approx 1-[\Phi(12.654\,2)-\Phi(-3.163)]$

$=1-\Phi(3.163)=1-0.999\,3=0.000\,7$

7. 解:设 X:彩电出故障的台数

(1) $X\sim B(100,0.02)$, $P(X\geqslant 1)=1-P(X=0)=1-C_{100}^{0}(0.02)^{0}(0.98)^{100}=0.867\,4$

(2) $n=100,p=0.02\Rightarrow\lambda=np=2$, $P(X\geqslant 1)=1-P(X=0)\approx 1-\frac{2^0}{0!}e^{-2}=0.864\,7$

(3) $np=2$, $\sqrt{np(1-p)}=\sqrt{2\times 0.98}=1.4$ 由中心极限定理知:

$P(X\geqslant 1)=1-P(0\leqslant X<1)=1-P\left(\frac{0-2}{1.4}\leqslant\frac{X-2}{1.4}<\frac{1-2}{1.4}\right)$

$\approx 1-[\Phi(-0.714\,3)-\Phi(-1.428\,6)]\approx 1+\Phi(0.71)-\Phi(1.43)$

$=1+0.761\,1-0.923\,6=0.837\,5$

8. 解:(1)设 X_i:第 i 个加数取整相加时的误差, $i=1,2,\cdots,1\,500$

因为 X_i 独立同分布, $X_i\sim U[-0.5,0.5]$,所以 $f(x_i)=\begin{cases}1, & -0.5\leqslant x_i\leqslant 0.5\\ 0, & \text{其他}\end{cases}$

则 $EX_i=0, DX_i=\frac{1}{12}$. 令 1 500 个数取整相加的误差总和为: $Y=\sum_{i=1}^{1\,500}X_i$,

则 $EY=E\left(\sum_{i=1}^{1\,500}X_i\right)=0, DY=D\left(\sum_{i=1}^{1\,500}X_i\right)=1\,500\times\frac{1}{12}=125$

故 $P(|Y|>15)=1-P(-15\leqslant Y\leqslant 15)$

$\approx 1-\left[\Phi\left(\frac{15-0}{\sqrt{125}}\right)-\Phi\left(\frac{-15-0}{\sqrt{125}}\right)\right]\approx 2-2\Phi(1.342)\approx 0.180\,2$

(2) 设最多 n 个数加在一起可使误差的总和 $Y=\sum_{i=1}^{n}X_i$ 的绝对值小于 10 的概率不低于 90%. 则 $EY=E\left(\sum_{i=1}^{n}X_i\right)=0, DY=D\left(\sum_{i=1}^{n}X_i\right)=\frac{n}{12}$

故 $P(|Y|<10)\geqslant 90\%\Rightarrow P(-10<Y<10)\geqslant 0.9$

即 $\left[\Phi\left(\frac{10-0}{\sqrt{\frac{n}{12}}}\right)-\Phi\left(\frac{-10-0}{\sqrt{\frac{n}{12}}}\right)\right]=2\Phi\left(\frac{10}{\sqrt{\frac{n}{12}}}\right)-1\geqslant 0.9$

查表可知 $n\leqslant 443.5$,取 $n=443$ 即可.

第 6 章

一、填空题

1. $\bar{x}=3, s^2=\frac{1}{n-1}\sum_{i=1}^{8}(x_i-\bar{x})^2=\frac{16}{7}, s=\sqrt{\frac{16}{7}}=\frac{4\sqrt{7}}{7}$.

2. 2.

3. 4.

4. $C=1/2$, 3.

5. $t(n)$.

6. $\sqrt{\frac{3}{2}}$.

7. $F(4,3)$.

8. $N\left(\mu,\frac{\delta^2}{n}\right),t(n-1),\chi^2(n-1),\chi^2(n)$.

9. 4.

二、选择题

1. A　2. D　3. D　4. C　5. B　6. D　7. A

三、计算题

1. 解:因为 $X\sim U[-1,1]$ 所以 $E(X)=\frac{a+b}{2}=0,D(X)=\frac{(b-a)^2}{12}=\frac{1}{3}$

所以 $E(\overline{X})=0,D(\overline{X})=\frac{1}{3n}$;

2. 解:因为 $X\sim N(40,5^2)$ 所以 $\overline{X}\sim N\left(40,\frac{5^2}{n}\right)$

(1) $P(38\leqslant\overline{X}\leqslant 43)=P\left(\frac{38-40}{\frac{5}{6}}\leqslant\frac{\overline{X}-40}{\frac{5}{6}}\leqslant\frac{43-40}{\frac{5}{6}}\right)=\Phi(3.6)-\Phi(-2.4)$

$=\Phi(3.6)-[1-\Phi(2.4)]=0.991\,8$;

(2) $P(|\overline{X}|-40<1)=P\left(\left|\frac{\overline{X}-40}{\frac{5}{8}}\right|<\frac{1}{\frac{5}{8}}\right)=2\Phi(1.6)-1=0.890\,4$;

(3) $P(|\overline{X}-40|<1)=P\left(\left|\frac{\overline{X}-40}{\frac{5}{\sqrt{n}}}\right|<\frac{1}{\frac{5}{\sqrt{n}}}\right)=2\Phi\left(\frac{\sqrt{n}}{5}\right)-1=0.95\Rightarrow n\Rightarrow 96$;

3. 解:因为 $\overline{X}\sim N\left(0,\frac{16}{25}\right),\overline{Y}\sim N\left(1,\frac{9}{25}\right),\overline{X}-\overline{Y}\sim N(-1,1)$

所以 $P(\overline{X}>\overline{Y})=P(\overline{X}-\overline{Y}>0)=1-P(\overline{X}-\overline{Y}\leqslant 0)=1-\Phi(1)=0.158\,7$;

4. 解:因为 $\frac{(n-1)s^2}{\delta^2}\sim\chi^2(n-1)\Rightarrow\frac{23s^2}{\delta^2}\sim\chi^2(23)$

则 $P(\delta>3)=P\left(\frac{23s^2}{\delta^2}<\frac{23s^2}{9}\right)\approx P(\chi^2(23)\leqslant 32)=0.9$;

5. 解:因为 $X_1,X_2,\cdots,X_n$ 来自正态总体 $N(10,2^2)$,所以 $\overline{X}\sim N\left(10,\frac{2^2}{n}\right)$

则 $\frac{\overline{X}-10}{\sqrt{\frac{2^2}{n}}}\sim N(0,1)$,根据等式 $P\{9.02\leqslant\overline{X}\leqslant 10.98\}=0.95$,有

$$P\left\{\frac{(9.02-10)\sqrt{n}}{2}\leqslant\frac{(\overline{X}-10)\sqrt{n}}{2}\leqslant\frac{(10.98-10)\sqrt{n}}{2}\right\}=0.95$$

$$\Rightarrow P\left\{\frac{-0.98\sqrt{n}}{2}\leqslant\frac{(\overline{X}-10)\sqrt{n}}{2}\leqslant\frac{0.98\sqrt{n}}{2}\right\}=0.95\Rightarrow 2\Phi(0.49\sqrt{n})-1=0.95$$

$\Rightarrow\Phi(0.49\sqrt{n})=0.975\Rightarrow n=16.$

四、证明题

1. 证明：因为 $\bar{x}=\dfrac{x_1+x_2}{2}$

所以 $s^2=\dfrac{1}{n-1}\sum\limits_{i=1}^{2}(x_i-\bar{x})^2=\left(x_1-\dfrac{x_1+x_2}{2}\right)^2+\left(x_2-\dfrac{x_1+x_2}{2}\right)^2=\dfrac{1}{2}(x_1-x_2)^2$

2. 证明：因为 $X\sim t(n)\Rightarrow X=\dfrac{Y}{\dfrac{\chi(n)}{\sqrt{n}}}, Y\sim N(0,1)\Rightarrow Y^2\sim\chi^2(1)$，

所以 $X^2=\dfrac{Y^2}{\dfrac{\chi^2(n)}{n}}\sim F(1,n)$

第 7 章

一、填空题

1. $\hat{\mu}_3$.

2. 样本均值 $\overline{X}$，样本方差 S^2.

3. $\alpha=\dfrac{1}{2}$.

4. $\widehat{\theta}=2\overline{X}$，$\widehat{\theta}=\max\limits_{1\leqslant i\leqslant n}x_i$.

5. $\hat{\lambda}=\dfrac{1}{\bar{x}}=\dfrac{1}{2}$，$\hat{\lambda}=\dfrac{n}{\sum\limits_{i=1}^{n}x_i}=\dfrac{1}{\bar{x}}=\dfrac{1}{2}$.

6. 3.29.

7. $L=2t_{1-\frac{\alpha}{2}}(n-1)\cdot\dfrac{S}{\sqrt{n}}$.

8. (4.308 2，5.691 8)，(0.369 6，2.972 9).

二、选择题

1. A. 2. A 3. A 4. B 5. C 6. A

三、计算题

1. 解：因为 $\bar{x}=\dfrac{1}{6}(280+320+\cdots+432)=377$，所以 $\widehat{\lambda}=\dfrac{1}{\bar{x}}=\dfrac{1}{377}\approx 0.002\,65$

2. 解：似然函数为 $L(\theta)=\prod\limits_{i=1}^{n}f(x_i,\theta)=(\theta+1)^n(\prod\limits_{i=1}^{n}x_i)^\theta, 0<x_i<1$，因此，对数似然函数为：

$$\ln L(\theta) = \ln\left[(\theta+1)^n\left(\prod_{i=1}^{n}X_i\right)^\theta\right] = n\ln(\theta+1) + \theta\ln\left(\prod_{i=1}^{n}x_i\right)$$

解对数似然方程：$\dfrac{\mathrm{d}\ln L(\theta)}{\mathrm{d}\theta} = \dfrac{n}{\theta+1} + \ln\left(\prod_{i=1}^{n}x_i\right) = 0$,

解得 $\theta = -\dfrac{n}{\ln\left(\prod_{i=1}^{n}x_i\right)} - 1 = -\dfrac{n}{\sum_{i=1}^{n}\ln x_i} - 1$,

因此 θ 的最大似然估计值为：$\hat{\theta} = -\dfrac{n}{\sum_{i=1}^{n}\ln x_i} - 1$

3. 解：因为 $EX = \int_0^1 x \cdot \theta x^{\theta-1}\mathrm{d}x = \dfrac{\theta}{\theta+1} = \bar{x} \Rightarrow \widehat{\theta}_1 = \dfrac{\bar{x}}{1-\bar{x}}$

似然函数为 $L(\theta) = \prod f(x_i) = \theta^n(x_1x_2\cdots x_n)^{\theta-1}$

$\Rightarrow \ln L(\theta) = n\ln\theta + (\theta-1)\cdot\ln(x_1x_2\cdots x_n) \Rightarrow [\ln L(\theta)]' = \dfrac{n}{\theta} + \ln(x_1x_2\cdots x_n) \overset{令}{=} 0$

$\Rightarrow \widehat{\theta}_2 = -\dfrac{n}{\sum_{i=1}^{n}\ln x_i}$

4. 解：因为 $1-\alpha=0.95$，所以 $\alpha=0.05$，故 $\mu_{1-\frac{\alpha}{2}}=\mu_{0.975}=1.96$

于是该物体质量 μ 的 0.95 置信区间为：

$$\left(\bar{x}-\mu_{1-\frac{\alpha}{2}}\cdot\frac{\delta}{\sqrt{n}},\bar{x}+\mu_{1-\frac{\alpha}{2}}\cdot\frac{\delta}{\sqrt{n}}\right)=(15.4-0.065\,3,15.4+0.065\,3)=(15.334\,7,15.465\,3).$$

5. 解：因为 $1-\alpha=0.95$，所以 $\alpha=0.05$，故 $\mu_{1-\frac{\alpha}{2}}=\mu_{0.975}=1.96$

又因为 $\bar{x}=14.95$，$n=6$，于是该物体质量 μ 的 0.95 置信区间为：

$$\left(\bar{x}-\mu_{1-\frac{\alpha}{2}}\cdot\frac{\delta}{\sqrt{n}},\bar{x}+\mu_{1-\frac{\alpha}{2}}\cdot\frac{\delta}{\sqrt{n}}\right)=(14.754,15.146)$$

6. 解：因为 $n=9$，所以 $\bar{x}=\dfrac{1}{9}(6.0+5.7+\cdots+5.0)=6$，$S^2=0.33$

又因为 $1-\alpha=0.95$，所以 $\alpha=0.05$，$t_{1-\frac{\alpha}{2}}(n-1)=t_{0.975}(8)=2.306\,0$，故参数 μ 的置信水平为0.95的置信区间为：

$$\left(\bar{X}-t_{1-\frac{\alpha}{2}}(n-1)\cdot\frac{S}{\sqrt{n}},\bar{X}+t_{1-\frac{\alpha}{2}}(n-1)\cdot\frac{S}{\sqrt{n}}\right)$$

$$=\left(6-2.306\,0\cdot\frac{\sqrt{0.33}}{\sqrt{9}},6+2.306\,0\cdot\frac{\sqrt{0.33}}{\sqrt{9}}\right)\approx(5.558,6.442)$$

7. 解：因为 $n=16$，所以 $\bar{x}=20.8$，$S=1.6$，

又因为 $1-\alpha=0.95$，所以 $\alpha=0.05$，$t_{1-\frac{\alpha}{2}}(n-1)=t_{0.975}(15)=2.131\,4$

故参数 μ 的置信水平为 0.95 的置信区间为：

$$\left(\bar{X}-t_{1-\frac{\alpha}{2}}(n-1)\cdot\frac{S}{\sqrt{n}},\bar{X}+t_{1-\frac{\alpha}{2}}(n-1)\cdot\frac{S}{\sqrt{n}}\right)$$

$=\left(20.8-2.1314\cdot\frac{1.6}{\sqrt{16}},20.8+2.1314\cdot\frac{1.6}{\sqrt{16}}\right)=(19.94744,21.65256)$

8. 解：因为 $S^2=0.0325\Rightarrow(n-1)S^2=0.26$

又因为 $1-\alpha=0.95$，所以 $\alpha=0.05$，且查表可知：$\chi^2_{0.975}(8)=17.5345$，$\chi^2_{0.025}(8)=2.1797$

故方差 δ^2 的置信度为 0.95 的置信区间为：

$\left(\frac{(n-1)}{\chi^2_{1-\frac{\alpha}{2}}(n-1)}S^2,\frac{(n-1)}{\chi^2_{\frac{\alpha}{2}}(n-1)}S^2\right)=(0.0148,0.1193)$

9. 解：用 $x_1,x_2,\cdots,x_8$ 表示甲品种的单位面积产量，$y_1,y_2,\cdots,y_{10}$ 表示乙品种的单位面积产量，由数据计算出

$\bar{x}=569.38$，$s_x^2=2140.55$，$m=8$；$\bar{y}=487.00$，$s_y^2=3256.22$，$n=10$；

因为 $\delta_1^2=\delta_2^2$，所以两个品种平均单位面积产量差 $\mu_1-\mu_2$ 的置信区间为：

$\left(\bar{x}-\bar{y}-t_{1-\frac{\alpha}{2}}(m+n-2)S_w\sqrt{\frac{1}{m}+\frac{1}{n}},\bar{x}-\bar{y}+t_{1-\frac{\alpha}{2}}(m+n-2)S_w\sqrt{\frac{1}{m}+\frac{1}{n}}\right)=(29.48,135.28)$

10. 解：因为 $s_1^2=0.5419$，$s_2^2=0.6065$，$n_1=10$，$n_2=11$

又因为 $1-\alpha=0.95$，所以 $\alpha=0.05$

方差比 δ_1^2/δ_2^2 的置信度 0.95 的置信区间：

$\left(\frac{1}{F_{1-\frac{\alpha}{2}}(n_1-1,n_2-1)}\cdot\frac{S_1^2}{S_2^2},\frac{1}{F_{\frac{\alpha}{2}}(n_1-1,n_2-1)}\cdot\frac{S_1^2}{S_2^2}\right)=(10.2364,3.5382)$

四、证明题

证明：因为 $E\widehat{\theta}=E\left(\frac{2}{3}\bar{x}\right)=\frac{2}{3}E\bar{x}=\frac{2}{3}\times\frac{3}{2}\theta=\theta$，所以 $\widehat{\theta}$ 是 θ 的无偏估计；

又因为 $D\left(\frac{2}{3}\bar{x}\right)=\frac{4}{9}D\bar{x}=\frac{4}{9}\frac{Dx}{n}=\frac{\theta^2}{27n}\to0(n\to+\infty)$，所以 $\widehat{\theta}$ 是 θ 的相合估计.

第 8 章

一、填空题

1. $\alpha,1-\alpha,\beta,1-\beta$.

2. 正态总体均值，总体方差，总体方差.

3. 4/3.

4. t.

5. $\frac{\bar{x}-2350}{\frac{s}{\sqrt{7}}}$.

6. $|u|>u_{1-\frac{\alpha}{2}}$.

7. $\frac{(n-1)s^2}{\delta_0^2}$，$\chi^2(n-1)$.

8. $\alpha=P(|T|>\lambda)$，$\beta=P(|T|<\lambda)$，$\alpha/2$.

9. 1.307.

二、选择题

1. B　2. C　3. A　4. B　5. A　6. C　7. C

三、计算题

1. 解：因为 $n = 9 \Rightarrow \bar{x} = \frac{1}{9}\sum_{i=1}^{9} x_i = 99.98$

假设 $H_0: \mu = 100, H_1: \mu \neq 100$，则 $u = \dfrac{\bar{x} - \mu_0}{\frac{\sigma_0}{\sqrt{n}}} = 0.04$

当 $\alpha = 0.05$ 时，$|u| < u_{1-\frac{\alpha}{2}} = 1.96$，所以接受 H_0，即认为这天包装机工作正常.

2. 解：因为 $n = 10 \Rightarrow \bar{x} = \frac{1}{10}\sum_{i=1}^{10} x_1 = 501.3, s = \sqrt{\frac{1}{9}\sum_{i=1}^{10}(x_i - \bar{x})^2} = 5.62$；

(1) 假设 $H_0: \mu = 500, H_1: \mu \neq 500$，则 $u = \dfrac{\bar{x} - \mu_0}{\frac{\delta}{\sqrt{n}}} = 0.822$，

当 $\alpha = 0.05$ 时，$|u| < u_{1-\frac{\alpha}{2}} = 1.96$，所以接受 H_0，即认为包装机工作正常.

(2) δ 未知

假设 $H_0: \mu = 500, H_1: \mu \neq 500$，则 $t = \dfrac{\bar{x} - \mu_0}{\frac{s}{\sqrt{n}}} = 0.731$

当 $\alpha = 0.05$ 时，$|t| < t_{1-\frac{\alpha}{2}}(9) = 2.262\ 2$，所以接受 H_0，即认为包装机工作正常.

3. 解：包装机正常工作有两个条件：均值为 1，且方差不超过 0.02^2，因此检验问题为：

(1) $H_0: \mu = 1, H_1: \mu \neq 1$　(2) $H'_0: \delta^2 \leqslant 0.02^2, H'_1: \delta^2 > 0.02^2$

首先检验(1)：因为 $n = 9 \Rightarrow \bar{x} = \frac{1}{9}\sum_{i=1}^{9} x_i = 0.998, s = \sqrt{\frac{1}{8}\sum_{i=1}^{9}(x_i - \bar{x})^2} = 0.032$，

当 $\alpha = 0.05$ 时，$|t| < t_{1-\frac{\alpha}{2}}(8) = 2.306\ 0$，所以接受 H_0，

即认为该包装机包装的盐的重量均值为 1.

(2) $\chi^2 = \dfrac{(n-1)s^2}{\delta_0^2} = \dfrac{8 \times 0.032\ 2}{0.02^2} = 20.48$

当 $\alpha = 0.05$ 时，$t = \dfrac{\bar{x} - u_0}{s/\sqrt{n}} = \dfrac{0.998 - 1}{0.032/\sqrt{9}} = -0.187\ 5, \chi^2_{1-2}(n-1) = \chi^2_{0.951}(8) = 15.507\ 3$

因为 $\chi^2 > \chi^2_{0.95}(8)$，所以拒绝 H_0，即认为包装机工作不正常.

4. 解：依题意提出检验问题

(1) $H_0: \mu_1 = \mu_2, H_1: \mu_1 \neq \mu_2$

因为 $\bar{x} = \frac{1}{6}\sum_{i=1}^{6} x_i = 0.140\ 5, \bar{y} = \frac{1}{6}\sum_{i=1}^{6} y_i = 0.138\ 5$；

$s_1^2 = \frac{1}{5}\sum_{i=1}^{6}(x_i - \bar{x})^2 = 0.000\ 007\ 5, s_2^2 = \frac{1}{5}\sum_{i=1}^{6}(y_i - \bar{y})^2 = 0.000\ 007\ 1$；

所以 $t = \dfrac{\bar{x} - \bar{y}}{S_w\sqrt{\frac{1}{n_1} + \frac{1}{n_2}}} = 1.282\ 12$

当 $\alpha = 0.05, n_1 = n_2 = 6$ 时,查表得 $|t| < t_{1-\frac{\alpha}{2}}(n_1 + n_2 - 2) = t_{0.975}(10) = 2.228$,所以接受 H_0,即认为两批元件的平均电阻是无显著差异.

(2) $H_0: \delta_1^2 = \delta_2^2, H_1: \delta_1^2 \neq \delta_2^2$

因为 $F = \dfrac{s_1^2}{s_2^2} = 1.056\ 338 < F_{0.975}(5,5)$,所以接受 H_0,即两批元件的电阻的方差是相等的.

5. 解:设 X 为施肥后的产量,Y 为未施肥时的产量,根据条件 $X \sim N(\mu_1, \delta_1^2)$,$Y \sim N(\mu_2, \delta_2^2)$,由于总体方差 δ_1^2 和 δ_2^2 均未知,则首先对方差进行检验,只有在总体方差 δ_1^2 和 δ_2^2 相等的情况下,才能对其均值进行检验.

首先提出检验问题 $H_0: \delta_1^2 = \delta_2^2, H_1: \delta_1^2 \neq \delta_2^2$,

因为 $\bar{x} = \dfrac{1}{6}\sum_{i=1}^{6} x_i = 33, \bar{y} = \dfrac{1}{6}\sum_{i=1}^{6} y_i = 30$;

$s_1^2 = \dfrac{1}{5}\sum_{i=1}^{6}(x_i - \bar{x})^2 = 3.2, s_2^2 = \dfrac{1}{7}\sum_{i=1}^{7}(y_i - \bar{y})^2 = 4$;

$F = \dfrac{s_1^2}{s_2^2} = 0.8 < F_{0.95}(5.6) = 4.39$,

所以接受 H_0,即认为 $\delta_1^2 = \delta_2^2$.

现提出检验问题:$H_0: \mu_1 \leqslant \mu_2, H_1: \mu_1 > \mu_2$

$$t = \frac{\bar{x} - \bar{y}}{S_w\sqrt{\dfrac{1}{n_1} + \dfrac{1}{n_2}}} = 2.827\ 78 > t_{1-\alpha}(n_1 + n_2 - 2) = t_{0.9}(11) = 1.363\ 4$$

故拒绝 H_0,即认为该种化肥对提高产量的效力是显著的.

6. 解:因为 $n = 6 \Rightarrow \bar{x} = \dfrac{1}{6}\sum_{i=1}^{6} x_i = 4.452, \delta = 0.108$

假设 $H_0: \mu = 4.55, H_1: \mu \neq 4.55$,则 $u = \dfrac{\bar{x} - \mu_0}{\dfrac{\delta}{\sqrt{n}}} = \dfrac{4.452 - 4.55}{\dfrac{0.108}{\sqrt{6}}} = -2.222\ 68$

当 $\alpha = 0.01$ 时,$|u| < u_{1-\frac{\alpha}{2}} = 2.575$,

所以接受 H_0,即认为铁水含碳量的平均值没有显著变化.

7. 解:作假设 $H_0: P(X = i) = p_i = \dfrac{1}{2}, (i = 0,1)$,由皮尔逊的 χ^2 拟合检验.

选用统计量 $\chi^2 = \sum_{i=0}^{1}\dfrac{(n_i - np_i)^2}{np_i}$,当 H_0 成立时,统计量 $\chi^2 \sim \chi^2(2-1)$,

当 $\alpha = 0.05$ 时,查表得临界值 $\chi_{0.95}^2(1) = 3.841\ 5$,

因为 $n = 200, p_i = \dfrac{1}{2}, n_0 = 200 - 110 = 90, n_1 = 110$,

故统计量值为 $\chi^2 = 2 < 3.841\ 5$,

所以在显著性水平 $\alpha = 0.05$ 下,接受假设 H_0,

认为这一枚硬币是匀称的.

第3篇 线性代数

第1章

一、填空题

1. 13.

2. 负.

3. 0.

4. x^2+2x+3.

5. -1.

6. -16.

7. $-abcd$.

8. 0.

9. $\lambda-10$, -20.

10. $\frac{12}{5}$.

11. 12.

12. 2.

13. 3.

14. $-6,14,-9$.

二、选择题

1.C 2.D 3.D 4.D 5.C 6.A 7.C 8.C

三、计算题

1. 解:

$$\begin{vmatrix}1&2&0&1\\1&3&5&0\\0&1&5&6\\1&2&3&4\end{vmatrix}=\begin{vmatrix}1&2&0&1\\0&1&5&-1\\0&1&5&6\\0&0&3&3\end{vmatrix}=\begin{vmatrix}1&2&0&1\\0&1&5&-1\\0&0&0&7\\0&0&3&3\end{vmatrix}=-\begin{vmatrix}1&2&0&1\\0&1&5&-1\\0&0&3&3\\0&0&0&7\end{vmatrix}=-1\cdot1\cdot3\cdot7=-21.$$

2. 解:
$$\begin{vmatrix}2&3&4&1\\3&4&1&2\\4&1&2&3\\1&2&3&4\end{vmatrix}=\begin{vmatrix}10&3&4&1\\10&4&1&2\\10&1&2&3\\10&2&3&4\end{vmatrix}=10\cdot\begin{vmatrix}1&3&4&1\\1&4&1&2\\1&1&2&3\\1&2&3&4\end{vmatrix}=10\cdot\begin{vmatrix}1&3&4&1\\0&1&-3&1\\0&-2&-2&2\\0&-1&-1&3\end{vmatrix}$$

$$=10\cdot\begin{vmatrix}1&3&4&1\\0&1&-3&1\\0&0&-8&4\\0&0&-4&4\end{vmatrix}=-10\cdot\begin{vmatrix}1&3&4&1\\0&1&-3&1\\0&0&-4&4\\0&0&-8&4\end{vmatrix}=-10\cdot\begin{vmatrix}1&3&4&1\\0&1&-3&1\\0&0&-4&4\\0&0&0&-4\end{vmatrix}=-10\cdot$$

$16=-160$.

3. 解：$\begin{vmatrix}2&4&4&4\\4&2&4&4\\4&4&2&4\\4&4&4&2\end{vmatrix}=\begin{vmatrix}14&4&4&4\\14&2&4&4\\14&4&2&4\\14&4&4&2\end{vmatrix}=14\cdot\begin{vmatrix}1&4&4&4\\1&2&4&4\\1&4&2&4\\1&4&4&2\end{vmatrix}=14\cdot\begin{vmatrix}1&4&4&4\\0&-2&0&0\\0&0&-2&0\\0&0&0&-2\end{vmatrix}$

$=14\cdot(-8)=-112$.

4. 解：

$$\begin{vmatrix}a&c&c&\cdots&c\\c&a&c&\cdots&c\\c&c&a&\cdots&c\\\vdots&\vdots&\vdots&&\vdots\\c&c&c&\cdots&a\end{vmatrix}=\begin{vmatrix}a+(n-1)c&c&c&\cdots&c\\a+(n-1)c&a&c&\cdots&c\\a+(n-1)c&c&a&\cdots&c\\\vdots&\vdots&\vdots&&\vdots\\a+(n-1)c&c&c&\cdots&a\end{vmatrix}=[a+(n-1)c]\begin{vmatrix}1&c&c&\cdots&c\\1&a&c&\cdots&c\\1&c&a&\cdots&c\\\vdots&\vdots&\vdots&&\vdots\\1&c&c&\cdots&a\end{vmatrix}$$

$$=[a+(n-1)c]\cdot\begin{vmatrix}1&c&c&\cdots&c\\1&a&c&\cdots&c\\1&c&a&\cdots&c\\\vdots&\vdots&\vdots&&\vdots\\1&c&c&\cdots&a\end{vmatrix}=[a+(n-1)c]\cdot\begin{vmatrix}1&c&c&\cdots&c\\0&a-c&0&\cdots&0\\0&0&a-c&\cdots&0\\\vdots&\vdots&\vdots&&\vdots\\0&0&0&\cdots&a-c\end{vmatrix}$$

$=[a+(n-1)c]\cdot(a-c)^{n-1}$.

5. 解：$\begin{vmatrix}3&-1&0&2\\1&3&1&0\\4&2&0&-1\\-2&0&-2&1\end{vmatrix}=\begin{vmatrix}3&-1&0&2\\1&3&1&0\\4&2&0&-1\\0&6&0&1\end{vmatrix}=-\begin{vmatrix}3&-1&2\\4&2&-1\\0&6&1\end{vmatrix}=-\begin{vmatrix}3&-13&2\\4&8&-1\\0&0&1\end{vmatrix}$

$=-\begin{vmatrix}3&-13\\4&8\end{vmatrix}=-76$.

6. 解：$\begin{vmatrix}2&-3&4&1\\4&2&3&2\\1&0&2&0\\3&-1&4&0\end{vmatrix}=\begin{vmatrix}2&-3&4&1\\0&8&-5&0\\1&0&2&0\\3&-1&4&0\end{vmatrix}=-\begin{vmatrix}0&8&-5\\1&0&2\\3&-1&4\end{vmatrix}=-\begin{vmatrix}0&8&-5\\1&0&2\\0&-1&-2\end{vmatrix}=\begin{vmatrix}8&-5\\-1&-2\end{vmatrix}$

$=-21$.

7. 解：原式 =

$$\begin{vmatrix}1+a_1&1&\cdots&1\\-a_1&a_2&\cdots&0\\\vdots&\vdots&&\vdots\\-a_1&0&\cdots&a_n\end{vmatrix}=\begin{vmatrix}1+a_1+\sum\limits_{i=2}^{n}\frac{a_1}{a_i}&1&\cdots&1\\0&a_2&\cdots&0\\\vdots&\vdots&&\vdots\\0&0&\cdots&a_n\end{vmatrix}=a_2\cdots a_n\left(1+a_1+\sum_{i=2}^{n}\frac{a_1}{a_i}\right)$$

$=a_1a_2\cdots a_n\left(1+\sum\limits_{i=1}^{n}\frac{1}{a_i}\right)$.

8. 解：从上到下依次将上一行加到下一行得，原式 $=\begin{vmatrix} 1 & a_1 & 0 & \cdots & 0 & 0 \\ 0 & 1 & a_2 & \cdots & 0 & 0 \\ 0 & 0 & 1 & \cdots & 0 & 0 \\ \vdots & \vdots & \vdots & & \vdots & \vdots \\ 0 & 0 & 0 & \cdots & 1 & a_n \\ 0 & 0 & 0 & \cdots & 0 & 1 \end{vmatrix}=1.$

9. 解：$\begin{vmatrix} x & y & 0 & \cdots & 0 & 0 \\ 0 & x & y & \cdots & 0 & 0 \\ 0 & 0 & x & \cdots & 0 & 0 \\ \vdots & \vdots & \vdots & & \vdots & \vdots \\ 0 & 0 & 0 & \cdots & x & y \\ y & 0 & 0 & \cdots & 0 & x \end{vmatrix}=x\cdot\begin{vmatrix} x & y & \cdots & 0 & 0 \\ 0 & x & \cdots & 0 & 0 \\ \vdots & \vdots & & \vdots & \vdots \\ 0 & 0 & \cdots & x & y \\ 0 & 0 & \cdots & 0 & x \end{vmatrix}+(-1)^{n+1}y\begin{vmatrix} y & 0 & \cdots & 0 & 0 \\ x & y & \cdots & 0 & 0 \\ 0 & x & \cdots & 0 & 0 \\ \vdots & \vdots & & \vdots & \vdots \\ 0 & 0 & \cdots & x & y \end{vmatrix}$

$=x^n+(-1)^{n+1}y^n.$

10. 解：

$$D_n=\begin{vmatrix} 2a & a^2 & 0 & \cdots & 0 & 0 \\ 1 & 2a & a^2 & \cdots & 0 & 0 \\ 0 & 1 & 2a & \cdots & 0 & 0 \\ \vdots & \vdots & \vdots & & \vdots & \vdots \\ 0 & 0 & 0 & \cdots & 2a & a^2 \\ 0 & 0 & 0 & \cdots & 1 & 2a \end{vmatrix}=2a\begin{vmatrix} 2a & a^2 & \cdots & 0 & 0 \\ 1 & 2a & \cdots & 0 & 0 \\ \vdots & \vdots & & \vdots & \vdots \\ 0 & 0 & \cdots & 2a & a^2 \\ 0 & 0 & \cdots & 1 & 2a \end{vmatrix}-\begin{vmatrix} a^2 & 0 & \cdots & 0 & 0 \\ 1 & 2a & \cdots & 0 & 0 \\ \vdots & \vdots & & \vdots & \vdots \\ 0 & 0 & \cdots & 2a & a^2 \\ 0 & 0 & \cdots & 1 & 2a \end{vmatrix}$$

$$=2aD_{n-1}-a^2\begin{vmatrix} 2a & a^2 & \cdots & 0 & 0 \\ 1 & 2a & \cdots & 0 & 0 \\ \vdots & \vdots & & \vdots & \vdots \\ 0 & 0 & \cdots & 2a & a^2 \\ 0 & 0 & \cdots & 1 & 2a \end{vmatrix}=2aD_{n-1}-a^2D_{n-2}(n\geqslant 3),$$

当 $n<3$ 时有：$D_1=|2a|=2a, D_2=\begin{vmatrix} 2a & a^2 \\ 1 & 2a \end{vmatrix}=3a^2$，

再由递推公式：$D_n=2aD_{n-1}-a^2D_{n-2}$ 得，$D_n-aD_{n-1}=a(D_{n-1}-aD_{n-2})(n\geqslant 3)$，

若记 $S_n=D_n-aD_{n-1}(n\geqslant 3)$，则有 $S_n=aS_{n-1}(n\geqslant 4)$，而

$S_3=D_3-aD_2=(2aD_2-a^2D_1)-aD_2=aD_2-a^2D_1=a^3$，所以 $S_n=a^n(n\geqslant 3)$，于是 $D_n-aD_{n-1}=a^n$ 即 $D_n=aD_{n-1}+a^n(n\geqslant 3)$，而 $D_1=2a, D_2=3a^2$，故得

$D_n=(n+1)a^n(n\geqslant 1).$

第 2 章

一、填空题

1. $\begin{pmatrix} 3 & 2 & 0 \\ 2 & 5 & 2 \\ 0 & 2 & 7 \end{pmatrix}$.

2. $-24,9$.

3. 64,32,8.

4. $(-1)^{n-1}6^{n-1}$.

5. $4,-24$.

6. $\boldsymbol{AB}=\boldsymbol{BA}$.

7. $\neq 0$.

8. $\begin{pmatrix}-3 & 3 & -3\\ 3 & 5 & 7\\ -9 & -11 & -19\end{pmatrix}$.

9. $\begin{pmatrix}-2 & -2\\ 1 & -1\end{pmatrix}$.

10. $-\frac{1}{2}\begin{pmatrix}1 & 2\\ 3 & 4\end{pmatrix}$.

11. 14.

12. $\begin{pmatrix}5 & 2\\ 11 & 4\end{pmatrix}$.

13. $\begin{pmatrix}2 & -1 & 0\\ 1 & 3 & -4\\ 1 & 0 & -2\end{pmatrix}$.

14. -2.

15. 2.

16. 2.

二、选择题

1. C　2. D　3. C　4. B　5. C　6. C　7. B　8. B　9. A　10. C　11. D　12. D

三、计算题

1. 解：$|(3\boldsymbol{A})^{-1}-2\boldsymbol{A}^*|=\left|\frac{1}{3}\boldsymbol{A}^{-1}-2|\boldsymbol{A}|\boldsymbol{A}^{-1}\right|=\left|\frac{1}{3}\boldsymbol{A}^{-1}-\boldsymbol{A}^{-1}\right|=\left|-\frac{2}{3}\boldsymbol{A}^{-1}\right|=\left(-\frac{2}{3}\right)^3$
$|\boldsymbol{A}^{-1}|=-\frac{8}{27}|\boldsymbol{A}|^{-1}=-\frac{8}{27}\cdot 2=-\frac{16}{27}$.

2. 解：将 $\boldsymbol{A}$ 分块为 $\boldsymbol{A}=\begin{pmatrix}\boldsymbol{A}_1 & \boldsymbol{O}\\ \boldsymbol{O} & \boldsymbol{A}_2\end{pmatrix}$，$\boldsymbol{A}_1=\begin{pmatrix}5 & 2\\ 2 & 1\end{pmatrix}$，$\boldsymbol{A}_2=\begin{pmatrix}8 & -3\\ 5 & -2\end{pmatrix}$

则 $|\boldsymbol{A}|=|\boldsymbol{A}_1|\cdot|\boldsymbol{A}_2|=-1\neq 0$，所以 $\boldsymbol{A}$ 可逆，

且 $\boldsymbol{A}^{-1}=\begin{pmatrix}\boldsymbol{A}_1^{-1} & \boldsymbol{O}\\ \boldsymbol{O} & \boldsymbol{A}_2^{-1}\end{pmatrix}=\begin{pmatrix}1 & -2 & 0 & 0\\ -2 & 5 & 0 & 0\\ 0 & 0 & 2 & -3\\ 0 & 0 & 5 & -8\end{pmatrix}$，

$|\boldsymbol{A}^5|=|\boldsymbol{A}|^5=-1$，$|\boldsymbol{A}\boldsymbol{A}^{\mathrm{T}}|=|\boldsymbol{A}|\cdot|\boldsymbol{A}^{\mathrm{T}}|=|\boldsymbol{A}|^2=1$.

3. 解：因为 $\boldsymbol{A}^2=\begin{pmatrix}a^2 & 2ab\\ 0 & a^2\end{pmatrix}$，$\boldsymbol{A}^3=\begin{pmatrix}a^3 & 3a^2b\\ 0 & a^3\end{pmatrix}$，

猜想 $A^n=\begin{pmatrix} a^n & na^{n-1}b \\ 0 & a^n \end{pmatrix}$，现用数学归纳法证明，

假设 $n=k$ 时，有 $A^k=\begin{pmatrix} a^k & ka^{k-1}b \\ 0 & a^k \end{pmatrix}$，则

$A^{k+1}=\begin{pmatrix} a^k & ka^{k-1}b \\ 0 & a^k \end{pmatrix}\begin{pmatrix} a & b \\ 0 & a \end{pmatrix}=\begin{pmatrix} a^{k+1} & (k+1)a^kb \\ 0 & a^{k+1} \end{pmatrix}$，

故对一切自然数都成立.

4. 解：(1) 因为 $\boldsymbol{\beta}\boldsymbol{\alpha}^T=1+1+\frac{1}{3}k=3$，则 $k=3$.

(2) $$A^{10}=(\boldsymbol{\alpha}^T\boldsymbol{\beta})^{10}=\boldsymbol{\alpha}^T(\boldsymbol{\beta}\boldsymbol{\alpha}^T)^9\boldsymbol{\beta}=3^9\begin{pmatrix} 1 \\ 2 \\ 3 \end{pmatrix}\left(1,\frac{1}{2},\frac{1}{3}\right)=3^9\begin{pmatrix} 1 & \frac{1}{2} & \frac{1}{3} \\ 2 & 1 & \frac{2}{3} \\ 3 & \frac{3}{2} & 1 \end{pmatrix}.$$

5. 解：

$$(A \vdots E)=\left(\begin{array}{ccc:ccc} 1 & 2 & 1 & 1 & 0 & 0 \\ 0 & 2 & 1 & 0 & 1 & 0 \\ -1 & 1 & 0 & 0 & 0 & 1 \end{array}\right)\to\left(\begin{array}{ccc:ccc} 1 & 2 & 1 & 1 & 0 & 0 \\ 0 & 2 & 1 & 0 & 1 & 0 \\ 0 & 3 & 1 & 1 & 0 & 1 \end{array}\right)\to\left(\begin{array}{ccc:ccc} 1 & 2 & 1 & 1 & 0 & 0 \\ 0 & 2 & 1 & 0 & 1 & 0 \\ 0 & 0 & -\frac{1}{2} & 1 & -\frac{3}{2} & 1 \end{array}\right)$$

$$\to\left(\begin{array}{ccc:ccc} 1 & 2 & 1 & 1 & 0 & 0 \\ 0 & 2 & 1 & 0 & 1 & 0 \\ 0 & 0 & 1 & -2 & 3 & -2 \end{array}\right)\to\left(\begin{array}{ccc:ccc} 1 & 2 & 0 & 3 & -3 & 2 \\ 0 & 2 & 0 & 2 & -2 & 2 \\ 0 & 0 & 1 & -2 & 3 & -2 \end{array}\right)\to\left(\begin{array}{ccc:ccc} 1 & 0 & 0 & 1 & -1 & 0 \\ 0 & 2 & 0 & 2 & -2 & 2 \\ 0 & 0 & 1 & -2 & 3 & -2 \end{array}\right)$$

$$\to\left(\begin{array}{ccc:ccc} 1 & 0 & 0 & 1 & -1 & 0 \\ 0 & 1 & 0 & 1 & -1 & 1 \\ 0 & 0 & 1 & -2 & 3 & -2 \end{array}\right)\Rightarrow A^{-1}=\begin{pmatrix} 1 & -1 & 0 \\ 1 & -1 & 1 \\ -2 & 3 & -2 \end{pmatrix}.$$

6. 解：

$$(A \vdots B)=\left(\begin{array}{ccc:ccc} 1 & 0 & 1 & 3 & 0 & 1 \\ 1 & -1 & 0 & 1 & 1 & 0 \\ 0 & 1 & 2 & 0 & 1 & 4 \end{array}\right)\to\left(\begin{array}{ccc:ccc} 1 & 0 & 1 & 3 & 0 & 1 \\ 0 & -1 & -1 & -2 & 1 & -1 \\ 0 & 1 & 2 & 0 & 1 & 4 \end{array}\right)\to\left(\begin{array}{ccc:ccc} 1 & 0 & 1 & 3 & 0 & 1 \\ 0 & -1 & -1 & -2 & 1 & -1 \\ 0 & 0 & 1 & -2 & 2 & 3 \end{array}\right)$$

$$\to\left(\begin{array}{ccc:ccc} 1 & 0 & 0 & 5 & -2 & -2 \\ 0 & -1 & 0 & -4 & 3 & 2 \\ 0 & 0 & 1 & -2 & 2 & 3 \end{array}\right)\to\left(\begin{array}{ccc:ccc} 1 & 0 & 0 & 5 & -2 & -2 \\ 0 & 1 & 0 & 4 & -3 & -2 \\ 0 & 0 & 1 & -2 & 2 & 3 \end{array}\right)=(E \vdots X)\Rightarrow X=$$

$$\begin{pmatrix} 5 & -2 & -2 \\ 4 & -3 & -2 \\ -2 & 2 & 3 \end{pmatrix}.$$

7. 解：由 $AX=A+2X$ 得 $(A-2E)X=A$，

$$(A-2E \vdots A)=\left(\begin{array}{ccc:ccc} 2 & 2 & 3 & 4 & 2 & 3 \\ 1 & -1 & 0 & 1 & 1 & 0 \\ -1 & 2 & 1 & -1 & 2 & 3 \end{array}\right)\to\left(\begin{array}{ccc:ccc} 1 & -1 & 0 & 1 & 1 & 0 \\ 2 & 2 & 3 & 4 & 2 & 3 \\ -1 & 2 & 1 & -1 & 2 & 3 \end{array}\right)$$

$$\to\left(\begin{array}{ccc:ccc}1&-1&0&1&1&0\\0&4&3&2&0&3\\0&1&1&0&3&3\end{array}\right)\to\left(\begin{array}{ccc:ccc}1&-1&0&1&1&0\\0&1&1&0&3&3\\0&4&3&2&0&3\end{array}\right)\to\left(\begin{array}{ccc:ccc}1&-1&0&1&1&0\\0&1&1&0&3&3\\0&0&-1&2&-12&-9\end{array}\right)$$

$$\to\left(\begin{array}{ccc:ccc}1&-1&0&1&1&0\\0&1&1&0&3&3\\0&0&-1&2&-12&-9\end{array}\right)\to\left(\begin{array}{ccc:ccc}1&-1&0&1&1&0\\0&1&0&2&-9&-6\\0&0&-1&2&-12&-9\end{array}\right)\to\left(\begin{array}{ccc:ccc}1&0&0&3&-8&-6\\0&1&0&2&-9&-6\\0&0&-1&2&-12&-9\end{array}\right)$$

$$\to\left(\begin{array}{ccc:ccc}1&0&0&3&-8&-6\\0&1&0&2&-9&-6\\0&0&1&-2&12&9\end{array}\right)=(\boldsymbol{E}\vdots\boldsymbol{X})\Rightarrow\boldsymbol{X}=\begin{pmatrix}3&-8&-6\\2&-9&-6\\-2&12&9\end{pmatrix}.$$

8. 解：$|\boldsymbol{A}+\boldsymbol{B}^{-1}|=|\boldsymbol{ABB}^{-1}+\boldsymbol{AA}^{-1}\boldsymbol{B}^{-1}|=|\boldsymbol{A}(\boldsymbol{B}+\boldsymbol{A}^{-1})\boldsymbol{B}^{-1}|=|\boldsymbol{A}|\cdot|\boldsymbol{B}+\boldsymbol{A}^{-1}|\cdot|\boldsymbol{B}^{-1}|$

$$=|\boldsymbol{A}|\cdot|\boldsymbol{B}+\boldsymbol{A}^{-1}|\cdot|\boldsymbol{B}|^{-1}=3\cdot2\cdot\frac{1}{2}=3.$$

9. 解：

$$\begin{pmatrix}3&3&0&2\\-1&-4&3&0\\1&-5&6&2\end{pmatrix}\to\begin{pmatrix}-1&-4&3&0\\3&3&0&2\\1&-5&6&2\end{pmatrix}\to\begin{pmatrix}-1&-4&3&0\\0&-9&9&2\\0&-9&9&2\end{pmatrix}\to\begin{pmatrix}-1&-4&3&0\\0&-9&9&2\\0&0&0&0\end{pmatrix}$$

$\Rightarrow r(\boldsymbol{A})=2.$

10. 解：

$$\begin{pmatrix}1&1&1&1&0\\0&1&2&2&1\\0&-1&a-3&-2&b\\3&2&1&a&-1\end{pmatrix}\to\begin{pmatrix}1&1&1&1&0\\0&1&2&2&1\\0&-1&a-3&-2&b\\0&-1&-2&a-3&-1\end{pmatrix}\to\begin{pmatrix}1&1&1&1&0\\0&1&2&2&1\\0&0&a-1&0&b+1\\0&0&0&a-1&0\end{pmatrix}$$

从行阶梯阵可知：当 $a=1,b=-1$ 时，$r(\boldsymbol{A})=2$.

四、证明题

1. 证：由 $\boldsymbol{A}^2-\boldsymbol{A}-2\boldsymbol{E}=\boldsymbol{O}$ 得，

$$\boldsymbol{A}^2-\boldsymbol{A}=2\boldsymbol{E}\Rightarrow\boldsymbol{A}(\boldsymbol{A}-\boldsymbol{E})=2\boldsymbol{E}\Rightarrow\boldsymbol{A}\cdot\frac{\boldsymbol{A}-\boldsymbol{E}}{2}=\boldsymbol{E},$$

所以 $\boldsymbol{A}$ 可逆，且 $\boldsymbol{A}^{-1}=\dfrac{\boldsymbol{A}-\boldsymbol{E}}{2}$.

同理，由 $\boldsymbol{A}^2-\boldsymbol{A}-2\boldsymbol{E}=\boldsymbol{O}$ 得，

$$\boldsymbol{A}^2-\boldsymbol{A}-6\boldsymbol{E}+4\boldsymbol{E}=\boldsymbol{O}\Rightarrow\boldsymbol{A}^2-\boldsymbol{A}-6\boldsymbol{E}=-4\boldsymbol{E}\Rightarrow(\boldsymbol{A}+2\boldsymbol{E})(\boldsymbol{A}-3\boldsymbol{E})=-4\boldsymbol{E}$$

$$\Rightarrow(\boldsymbol{A}+2\boldsymbol{E})(\boldsymbol{A}-3\boldsymbol{E})=-4\boldsymbol{E}\Rightarrow(\boldsymbol{A}+2\boldsymbol{E})\frac{\boldsymbol{A}-3\boldsymbol{E}}{-4}=\boldsymbol{E},$$

所以 $\boldsymbol{A}+2\boldsymbol{E}$ 可逆，且 $(\boldsymbol{A}+2\boldsymbol{E})^{-1}=\dfrac{3\boldsymbol{E}-\boldsymbol{A}}{4}$.

2. 证：由 $\boldsymbol{A}^3=2\boldsymbol{E}$ 可得，

$$\Rightarrow(\boldsymbol{A}+2\boldsymbol{E})(\boldsymbol{A}^2-2\boldsymbol{A}+4\boldsymbol{E})=10\boldsymbol{E}\Rightarrow(\boldsymbol{A}+2\boldsymbol{E})\cdot\frac{\boldsymbol{A}^2-2\boldsymbol{A}+4\boldsymbol{E}}{10}=\boldsymbol{E},$$

由此可知 $\boldsymbol{A}+2\boldsymbol{E}$ 可逆，且 $(\boldsymbol{A}+2\boldsymbol{E})^{-1}=\dfrac{\boldsymbol{A}^2-2\boldsymbol{A}+4\boldsymbol{E}}{10}$.

第3章

一、填空题

1. 1.

2. $n-1$.

3. 无关.

4. $(0,-10,-10,9)^{T}$.

5. $\boldsymbol{\beta}=\boldsymbol{\alpha}_1-\boldsymbol{\alpha}_3$.

6. 3.

7. $\begin{pmatrix}1\\2\\3\\4\end{pmatrix}+k\begin{pmatrix}\frac{1}{2}\\\frac{1}{2}\\\frac{1}{2}\\\frac{1}{2}\end{pmatrix}(k\in\mathbf{R})$.

8. 3.

9. 2.

10. 2.

11. 2.

12. -3.

13. -1.

14. 无关.

二、选择题

1. B　2. D　3. C　4. A　5. A　6. D　7. B　8. A　9. A　10. B　11. C　12. D

三、计算题

1. 解:以 $\boldsymbol{\alpha}_i(i=1,2,3)$ 为列构成矩阵 $\boldsymbol{A}$,对 $\boldsymbol{A}$ 做初等行变换,得

$$\boldsymbol{A}=\begin{pmatrix}3&1&1\\1&-1&3\\0&2&-4\\2&-1&4\end{pmatrix}\to\begin{pmatrix}1&-1&3\\3&1&1\\0&2&-4\\2&-1&4\end{pmatrix}\to\begin{pmatrix}1&-1&3\\0&4&-8\\0&2&-4\\0&1&-2\end{pmatrix}\to\begin{pmatrix}1&-1&3\\0&1&-2\\0&0&0\\0&0&0\end{pmatrix}$$

所以,$r(\boldsymbol{A})=2<3$,故 $\boldsymbol{\alpha}_1,\boldsymbol{\alpha}_2,\boldsymbol{\alpha}_3$ 线性相关.

2. 解:以 $\boldsymbol{\alpha}_i(i=1,2,3)$ 为列构成矩阵 $\boldsymbol{A}$,对 $\boldsymbol{A}$ 做初等行变换,得

$$\boldsymbol{A}=\begin{pmatrix}-2&3&2\\3&1&t\\1&2&-1\end{pmatrix}\to\begin{pmatrix}1&2&-1\\3&1&t\\-2&3&2\end{pmatrix}\to\begin{pmatrix}1&2&-1\\0&-5&t+3\\0&7&0\end{pmatrix}\to\begin{pmatrix}1&2&-1\\0&1&0\\0&-5&t+3\end{pmatrix}$$

$\to\begin{pmatrix}1&2&-1\\0&1&0\\0&0&t+3\end{pmatrix}$,当 $t=-3$ 时,$r(\boldsymbol{A})=2<3$,$\boldsymbol{\alpha}_1,\boldsymbol{\alpha}_2,\boldsymbol{\alpha}_3$ 线性相关;

当 $t\neq -3$ 时, $r(\boldsymbol{A})=3$, $\boldsymbol{\alpha}_1,\boldsymbol{\alpha}_2,\boldsymbol{\alpha}_3$ 线性无关.

3. 解:设 $k_1\boldsymbol{\alpha}_1+k_2\boldsymbol{\alpha}_2+k_3\boldsymbol{\alpha}_3=\boldsymbol{\beta}$,记矩阵 $\boldsymbol{A}=(\boldsymbol{\alpha}_1,\boldsymbol{\alpha}_2,\boldsymbol{\alpha}_3)$, $\overline{\boldsymbol{A}}=(\boldsymbol{\alpha}_1,\boldsymbol{\alpha}_2,\boldsymbol{\alpha}_3,\boldsymbol{\beta})$,对 $\overline{\boldsymbol{A}}$ 作初等行变换,

$$\overline{\boldsymbol{A}}=(\boldsymbol{\alpha}_1,\boldsymbol{\alpha}_2,\boldsymbol{\alpha}_3,\boldsymbol{\beta})=\begin{pmatrix}1&2&-3&4\\2&3&-5&7\\4&3&-9&9\\2&5&-8&8\end{pmatrix}\to\begin{pmatrix}1&2&-3&4\\0&-1&1&-1\\0&-5&3&-7\\0&1&-2&0\end{pmatrix}\to\begin{pmatrix}1&2&-3&4\\0&-1&1&-1\\0&0&-2&-2\\0&0&-1&-1\end{pmatrix}$$

$\to\begin{pmatrix}1&2&-3&4\\0&-1&1&-1\\0&0&1&1\\0&0&0&0\end{pmatrix}$,由此可知 $r(\boldsymbol{A})=r(\overline{\boldsymbol{A}})=3$,所以 $\boldsymbol{\beta}$ 可由向量组 $\boldsymbol{\alpha}_1,\boldsymbol{\alpha}_2,\boldsymbol{\alpha}_3$ 唯一线性表示,解得 $k_1=3,k_2=2,k_3=1$,于是 $\boldsymbol{\beta}=3\boldsymbol{\alpha}_1+2\boldsymbol{\alpha}_2+\boldsymbol{\alpha}_3$.

4. 解:设非齐次线性方程组 $k_1\boldsymbol{\alpha}_1+k_2\boldsymbol{\alpha}_2+k_3\boldsymbol{\alpha}_3+k_4\boldsymbol{\alpha}_4=\boldsymbol{\beta}$,即 $\boldsymbol{AX}=\boldsymbol{\beta}$,其增广矩阵:

$$\overline{\boldsymbol{A}}=(\boldsymbol{\alpha}_1,\boldsymbol{\alpha}_2,\boldsymbol{\alpha}_3,\boldsymbol{\alpha}_4,\boldsymbol{\beta})=\begin{pmatrix}1&1&1&1&1\\0&1&-1&2&1\\2&3&a+2&4&b+3\\3&5&1&a+8&5\end{pmatrix}\to\begin{pmatrix}1&1&1&1&1\\0&1&-1&2&1\\0&1&a&2&b+1\\0&2&-2&a+5&2\end{pmatrix}$$

$$\to\begin{pmatrix}1&1&1&1&1\\0&1&-1&2&1\\0&0&a+1&0&b\\0&0&0&a+1&0\end{pmatrix}$$

(1)当 $a=-1$ 且 $b\neq0$ 时, $r(\boldsymbol{A})<r(\overline{\boldsymbol{A}})$,方程组 $\boldsymbol{AX}=\boldsymbol{\beta}$ 无解,即 $\boldsymbol{\beta}$ 不能由 $\boldsymbol{\alpha}_1,\boldsymbol{\alpha}_2,\boldsymbol{\alpha}_3,\boldsymbol{\alpha}_4$ 线性表示.

(2)当 $a\neq-1$ 时, $r(\boldsymbol{A})=r(\overline{\boldsymbol{A}})=4$,方程组 $\boldsymbol{AX}=\boldsymbol{\beta}$ 有唯一解.

(3)当 $a=-1$ 且 $b=0$ 时, $r(\boldsymbol{A})=r(\overline{\boldsymbol{A}})=2<4$,方程组 $\boldsymbol{AX}=\boldsymbol{\beta}$ 有无穷多解,即 $\boldsymbol{\beta}$ 可由 $\boldsymbol{\alpha}_1$, $\boldsymbol{\alpha}_2,\boldsymbol{\alpha}_3,\boldsymbol{\alpha}_4$ 线性表示,且表示法不唯一. 自由未知量为 k_3,k_4,则 $\begin{cases}k_1=-2t_1+t_2\\k_2=1+t_1-2t_2\\k_3=t_1\\k_4=t_2\end{cases}(t_1,t_2\in R)$,一般表达式为:

$$\boldsymbol{\beta}=(-2t_1+t_2)\boldsymbol{\alpha}_1+(1+t_1-2t_2)\boldsymbol{\alpha}_2+t_1\boldsymbol{\alpha}_3+t_2\boldsymbol{\alpha}_4(t_1,t_2\in R).$$

5. 解:设矩阵 $\boldsymbol{A}=(\boldsymbol{\alpha}_1,\boldsymbol{\alpha}_2,\boldsymbol{\alpha}_3,\boldsymbol{\alpha}_4)$,对 $\boldsymbol{A}$ 作初等行变换,

$$\boldsymbol{A}=\begin{pmatrix}2&3&1&4\\1&-1&3&-3\\3&2&4&1\\-1&0&-2&1\end{pmatrix}\to\begin{pmatrix}1&-1&3&-3\\2&3&1&4\\3&2&4&1\\-1&0&-2&1\end{pmatrix}\to\begin{pmatrix}1&-1&3&-3\\0&5&-5&10\\0&5&-5&10\\0&-1&1&-2\end{pmatrix}$$

$$\rightarrow\begin{pmatrix}1&-1&3&-3\\0&-1&1&-2\\0&5&-5&10\\0&5&-5&10\end{pmatrix}\rightarrow\begin{pmatrix}1&-1&3&-3\\0&-1&1&-2\\0&0&0&0\\0&0&0&0\end{pmatrix}\rightarrow\begin{pmatrix}1&0&2&-1\\0&1&-1&2\\0&0&0&0\\0&0&0&0\end{pmatrix}$$，所以 $r(\boldsymbol{\alpha}_1,\boldsymbol{\alpha}_2,\boldsymbol{\alpha}_3,\boldsymbol{\alpha}_4)=2$，向量组的一个极大无关组为 $\boldsymbol{\alpha}_1,\boldsymbol{\alpha}_2$. 其中 $\alpha_3=2\alpha_1-\alpha_2,\alpha_4=-\alpha_1+2\alpha_2$.

6. 解：设矩阵 $\boldsymbol{A}=(\boldsymbol{\alpha}_1,\boldsymbol{\alpha}_2,\boldsymbol{\alpha}_3,\boldsymbol{\alpha}_4,\boldsymbol{\alpha}_5)$，对 $\boldsymbol{A}$ 作初等行变换，$\boldsymbol{A}\begin{pmatrix}1&1&2&2&2\\2&0&-1&1&2\\1&3&0&-2&4\\2&1&1&2&3\end{pmatrix}\rightarrow$

$$\begin{pmatrix}1&1&2&2&2\\0&-2&-5&-3&-2\\0&2&-2&-4&2\\0&-1&-3&-2&-1\end{pmatrix}\rightarrow\begin{pmatrix}1&1&2&2&2\\0&-1&-3&-2&-1\\0&0&-8&-8&0\\0&0&1&1&0\end{pmatrix}\rightarrow\begin{pmatrix}1&1&2&2&2\\0&-1&-3&-2&-1\\0&0&1&1&0\\0&0&0&0&0\end{pmatrix}\rightarrow$$

$$\begin{pmatrix}1&0&0&1&1\\0&1&0&-1&1\\0&0&1&1&0\\0&0&0&0&0\end{pmatrix}$$，所以 $r(\boldsymbol{\alpha}_1,\boldsymbol{\alpha}_2,\boldsymbol{\alpha}_3,\boldsymbol{\alpha}_4,\boldsymbol{\alpha}_5)=3$，向量组的一个极大无关组为 $\boldsymbol{\alpha}_1,\boldsymbol{\alpha}_2,\boldsymbol{\alpha}_3$.

7. 解：

$$\boldsymbol{A}=\begin{pmatrix}2&1&-2&3\\3&2&-1&2\\1&1&1&-1\end{pmatrix}\rightarrow\begin{pmatrix}1&1&1&-1\\3&2&-1&2\\2&1&-2&3\end{pmatrix}\rightarrow\begin{pmatrix}1&1&1&-1\\0&-1&-4&5\\0&-1&-4&5\end{pmatrix}\rightarrow\begin{pmatrix}1&1&1&-1\\0&-1&-4&5\\0&0&0&0\end{pmatrix}$$

$$\rightarrow\begin{pmatrix}1&0&-3&4\\0&1&4&-5\\0&0&0&0\end{pmatrix}$$，$r(\boldsymbol{A})=2<4$，方程组有非零解，自由未知量为 x_3,x_4，得基础解系：

$\boldsymbol{\alpha}_1=\begin{pmatrix}3\\-4\\1\\0\end{pmatrix},\boldsymbol{\alpha}_2=\begin{pmatrix}-4\\5\\0\\1\end{pmatrix}$，所以通解为：$\boldsymbol{x}=k_1\boldsymbol{\alpha}_1+k_2\boldsymbol{\alpha}_2(k_1,k_2\in\mathrm{R})$.

8. 解：增广矩阵

$$\overline{\boldsymbol{A}}=\begin{pmatrix}1&2&1&-1&4\\3&6&-1&-3&8\\5&10&1&-5&16\end{pmatrix}\rightarrow\begin{pmatrix}1&2&1&-1&4\\0&0&-4&0&-4\\0&0&-4&0&-4\end{pmatrix}\rightarrow\begin{pmatrix}1&2&1&-1&4\\0&0&1&0&1\\0&0&0&0&0\end{pmatrix}$$

$$\rightarrow\begin{pmatrix}1&2&0&-1&3\\0&0&1&0&1\\0&0&0&0&0\end{pmatrix}$$

$r(\boldsymbol{A})=r(\overline{\boldsymbol{A}})=2<4$，方程组有无穷多解，自由未知量为 x_2,x_4，导出组的基础解系：$\boldsymbol{\alpha}_1=\begin{pmatrix}-2\\1\\0\\0\end{pmatrix},\boldsymbol{\alpha}_2=\begin{pmatrix}1\\0\\0\\1\end{pmatrix}$，非齐次方程组的特解：$\boldsymbol{\gamma}_0=\begin{pmatrix}3\\0\\1\\0\end{pmatrix}$，

故原方程组的通解为:$\boldsymbol{x}=\boldsymbol{\gamma}_0+k_1\boldsymbol{\alpha}_1+k_2\boldsymbol{\alpha}_2(k_1,k_2\in\mathrm{R})$.

9. 解:增广矩阵

$$\overline{\boldsymbol{A}}=\begin{pmatrix}1&1&1&1&1&\vdots&-1\\3&2&1&1&-3&\vdots&-5\\0&1&2&2&6&\vdots&2\\5&4&3&3&-1&\vdots&-7\end{pmatrix}\to\begin{pmatrix}1&1&1&1&1&\vdots&-1\\0&-1&-2&-2&-6&\vdots&-2\\0&1&2&2&6&\vdots&2\\0&-1&-2&-2&-6&\vdots&-2\end{pmatrix}\to\begin{pmatrix}1&1&1&1&1&\vdots&-1\\0&-1&-2&-2&-6&\vdots&-2\\0&0&0&0&0&\vdots&0\\0&0&0&0&0&\vdots&0\end{pmatrix}$$

$$\to\begin{pmatrix}1&0&-1&-1&-5&\vdots&-3\\0&1&2&2&6&\vdots&2\\0&0&0&0&0&\vdots&0\\0&0&0&0&0&\vdots&0\end{pmatrix}$$

$r(\boldsymbol{A})=r(\overline{\boldsymbol{A}})=2<5$,方程组有无穷多解,自由未知量为 x_3,x_4,x_5,导出组的基础解系:$\boldsymbol{\alpha}_1=\begin{pmatrix}1\\-2\\1\\0\\0\end{pmatrix},\boldsymbol{\alpha}_2=\begin{pmatrix}1\\-2\\0\\1\\0\end{pmatrix},\boldsymbol{\alpha}_3=\begin{pmatrix}5\\-6\\0\\0\\1\end{pmatrix}$,非齐次方程组的特解:$\boldsymbol{\gamma}_0=\begin{pmatrix}-3\\2\\0\\0\\0\end{pmatrix}$,

故原方程组的通解为:$\boldsymbol{x}=\boldsymbol{\gamma}_0+k_1\boldsymbol{\alpha}_1+k_2\boldsymbol{\alpha}_2+k_3\boldsymbol{\alpha}_3(k_1,k_2,k_3\in\mathbf{R})$.

10. 解:(1)方程组系数行列式 $D=\begin{vmatrix}\lambda&1&1\\1&\lambda&1\\1&1&\lambda\end{vmatrix}=(\lambda-1)^2(\lambda+2)$,由克莱姆法则知,当 $\lambda\neq1$ 且 $\lambda\neq-2$ 时,方程组有唯一解.

(2)当 $\lambda=-2$ 时,增广矩阵

$$\overline{\boldsymbol{A}}=\begin{pmatrix}-2&1&1&\vdots&1\\1&-2&1&\vdots&-2\\1&1&-2&\vdots&4\end{pmatrix}\to\begin{pmatrix}1&-2&1&\vdots&-2\\-2&1&1&\vdots&1\\1&1&-2&\vdots&4\end{pmatrix}\to\begin{pmatrix}1&-2&1&\vdots&-2\\0&-3&3&\vdots&-3\\0&3&-3&\vdots&6\end{pmatrix}$$

$$\to\begin{pmatrix}1&-2&1&\vdots&-2\\0&-3&3&\vdots&-3\\0&0&0&\vdots&3\end{pmatrix}\Rightarrow r(\boldsymbol{A})\neq r(\overline{\boldsymbol{A}})$$,此时方程组无解.

(3)当 $\lambda=1$ 时,增广矩阵

$$\overline{\boldsymbol{A}}=\begin{pmatrix}1&1&1&\vdots&1\\1&1&1&\vdots&1\\1&1&1&\vdots&1\end{pmatrix}\to\begin{pmatrix}1&1&1&\vdots&1\\0&0&0&\vdots&0\\0&0&0&\vdots&0\end{pmatrix}\Rightarrow r(\boldsymbol{A})=r(\overline{\boldsymbol{A}})=1<3$$,方程组有无穷多个解,自由未知量为 x_2,x_3,导出组的基础解系:$\boldsymbol{\alpha}_1=\begin{pmatrix}-1\\1\\0\end{pmatrix},\boldsymbol{\alpha}_2=\begin{pmatrix}-1\\0\\1\end{pmatrix}$,非齐次方程组的特解:$\boldsymbol{\gamma}_0=\begin{pmatrix}1\\1\\0\end{pmatrix}$,所以通解为:$\boldsymbol{x}=\boldsymbol{\gamma}_0+k_1\boldsymbol{\alpha}_1+k_2\boldsymbol{\alpha}_2(k_1,k_2\in\mathrm{R})$.

11. 解:方程组系数行列式 $D=\begin{vmatrix}1&a&1\\1&2a&1\\1&1&b\end{vmatrix}=a(b-1)$,所以

(1)当 $a\neq0$ 且 $b\neq1$ 时,$D\neq0$ 方程组有唯一解.

(2)当 $a=0$ 时:

$$\overline{A}=\begin{pmatrix}1&0&1&3\\1&0&1&4\\1&1&b&4\end{pmatrix}\to\begin{pmatrix}1&0&1&3\\0&0&0&1\\0&1&b-1&1\end{pmatrix}\to\begin{pmatrix}1&0&1&3\\0&1&b-1&1\\0&0&0&1\end{pmatrix}\Rightarrow r(A)\neq r(\overline{A})$$,方程组无解.

(3)当 $b=1$ 时:

$$\overline{A}=\begin{pmatrix}1&a&1&3\\1&2a&1&4\\1&1&1&4\end{pmatrix}\to\begin{pmatrix}1&a&1&3\\0&a&0&1\\0&1-a&0&1\end{pmatrix}\to\begin{pmatrix}1&a&1&3\\0&a&0&1\\0&1&0&2\end{pmatrix}\to\begin{pmatrix}1&a&1&3\\0&1&0&2\\0&a&0&1\end{pmatrix}$$

$$\to\begin{pmatrix}1&a&1&3\\0&1&0&2\\0&0&0&1-2a\end{pmatrix}$$,当 $a\neq\frac{1}{2}$ 时,$r(A)\neq r(\overline{A})$,方程组无解;

当 $a=\frac{1}{2}$ 时,$r(A)=r(\overline{A})=2<3$,方程组有无穷多解,自由未知量为 x_3,导出组的基础解系:$\boldsymbol{\alpha}=\begin{pmatrix}-1\\0\\1\end{pmatrix}$,非齐次方程组的特解:$\boldsymbol{\gamma}_0=\begin{pmatrix}2\\2\\0\end{pmatrix}$,所以通解为:$\boldsymbol{x}=\boldsymbol{\gamma}_0+k\boldsymbol{\alpha}(k\in\mathrm{R})$.

四、证明题

1. 解:设有一组数 k_1,k_2,k_3 使得 $k_1\boldsymbol{\beta}_1+k_2\boldsymbol{\beta}_2+k_3\boldsymbol{\beta}_3=\boldsymbol{O}$ 即

$$k_1(\boldsymbol{\alpha}_1+\boldsymbol{\alpha}_2)+k_2(\boldsymbol{\alpha}_1+\boldsymbol{\alpha}_3)+k_3(\boldsymbol{\alpha}_2+\boldsymbol{\alpha}_3)=\boldsymbol{O}$$

整理得:$(k_1+k_2)\boldsymbol{\alpha}_1+(k_1+k_3)\boldsymbol{\alpha}_2+(k_2+k_3)\boldsymbol{\alpha}_3=\boldsymbol{O}$,因为 $\boldsymbol{\alpha}_1,\boldsymbol{\alpha}_2,\boldsymbol{\alpha}_3$ 线性无关,所以 $\begin{cases}k_1+k_2=0\\k_1+k_3=0\\k_2+k_3=0\end{cases}$,此方程组的系数行列式 $D=\begin{vmatrix}1&1&0\\1&0&1\\0&1&1\end{vmatrix}=-2\neq0$,故只有零解 $k_1=k_2=k_3=0$,从而 $\boldsymbol{\beta}_1,\boldsymbol{\beta}_2,\boldsymbol{\beta}_3$ 线性无关.

2. 解:设有一组数 k_1,k_2,k_3 使得 $k_1\boldsymbol{\beta}_1+k_2\boldsymbol{\beta}_2+k_3\boldsymbol{\beta}_3=\boldsymbol{O}$ 即

$$k_1(\boldsymbol{\alpha}_1+\boldsymbol{\alpha}_2+2\boldsymbol{\alpha}_3)+k_2(2\boldsymbol{\alpha}_1+\boldsymbol{\alpha}_2+\boldsymbol{\alpha}_3)+k_3(\boldsymbol{\alpha}_1+2\boldsymbol{\alpha}_2+\boldsymbol{\alpha}_3)=\boldsymbol{O}$$

整理得:$(k_1+2k_2+k_3)\boldsymbol{\alpha}_1+(k_1+k_2+2k_3)\boldsymbol{\alpha}_2+(2k_1+k_2+k_3)\boldsymbol{\alpha}_3=\boldsymbol{O}$,因为 $\boldsymbol{\alpha}_1,\boldsymbol{\alpha}_2,\boldsymbol{\alpha}_3$ 线性无关,所以 $\begin{cases}k_1+2k_2+k_3=0\\k_1+k_2+2k_3=0\\2k_1+k_2+k_3=0\end{cases}$,此方程组的系数行列式 $D=\begin{vmatrix}1&2&1\\1&1&2\\2&1&1\end{vmatrix}=4\neq0$,故只有零解 $k_1=k_2=k_3=0$,从而 $\boldsymbol{\beta}_1,\boldsymbol{\beta}_2,\boldsymbol{\beta}_3$ 线性无关.

第4章

一、填空题

1. -2.

2. $\frac{1}{2}(1,-1,\sqrt{2})$.

3. 线性空间(或向量空间).

4. $(1,1,-1)^{\mathrm{T}}$.

5. ± 1.

6. 2.

7. 6.

8. $(3,4,1)$.

9. -2.

10. $\boldsymbol{O}$.

二、选择题

1. A　2. B　3. D　4. C　5. B　6. C　7. A　8. D　9. A　10. C

三、计算与证明题

1. 解:在 W 中任取两个向量 $\boldsymbol{\alpha},\boldsymbol{\beta}$ 假设 $\boldsymbol{\alpha}=(x_1,x_2,\cdots,x_n)$,$\boldsymbol{\beta}=(y_1,y_1,\cdots,y_n)$,则:

$\boldsymbol{\alpha}+\boldsymbol{\beta}=(x_1+y_1,x_2+y_2,\cdots,x_n+y_n)$,并且 $\boldsymbol{\alpha}+\boldsymbol{\beta}$ 的各分量 $x_1+y_1,x_2+y_2,\cdots,x_n+y_n$ 之和:$(x_1+y_1)+(x_2+y_2)+\cdots+(x_n+y_n)=(x_1+x_2+\cdots+x_n)+(y_1+y_2+\cdots+y_n)$

$=0+0=0\in W$

$k\boldsymbol{\alpha}=k(x_1,x_2,\cdots,x_n)=(kx_1,kx_2,\cdots,kx_n)$,并且:

$kx_1+kx_2+\cdots+kx_n=k(x_1+x_2+\cdots+x_n)=k\cdot 0=0\in W$

这说明 W 子空间对加法和数乘均封闭,因此 W 是 P^n 的子空间.

因为 W 是 n 元齐次线性方程组 $x_1+x_2+\cdots+x_n=0$ 的解空间,所以 W 子空间的维数为:$n-1$,且线性方程组的一个基础解系:

$\eta_1=(1,-1,0,\cdots,0)$,$\eta_2=(1,0,-1,\cdots,0)$,$\cdots\eta_{n-1}=(1,0,0,\cdots,-1)$为 W 的一组基.

2. 证明:在 W 中任取两个向量 $\boldsymbol{\alpha},\boldsymbol{\beta}$ 假设 $\boldsymbol{\alpha}=(x_1,x_2,\cdots,x_n)$,$\boldsymbol{\beta}=(y_1,y_2,\cdots,y_n)$,则:

$\boldsymbol{\alpha}+\boldsymbol{\beta}=(x_1+y_1,x_2+y_2,\cdots,x_n+y_n)$,

但是 $\boldsymbol{\alpha}+\boldsymbol{\beta}$ 的各分量 $x_1+y_1,x_2+y_2,\cdots,x_n+y_n$ 之和:

$(x_1+y_1)+(x_2+y_2)+\cdots+(x_n+y_n)$

$=(x_1+x_2+\cdots+x_n)+(y_1+y_2+\cdots+y_n)=1+1=2\notin W$

这说明 W 子空间对加法不封闭,因此

$W=\{(x_1,x_2,\cdots,x_n)\mid x_1+x_2+\cdots+x_1=1;x_1,x_2\cdots,x_n\in \boldsymbol{P}\}$ 不是 $\boldsymbol{P}^n$ 的子空间.

3. 解:设$(\boldsymbol{\beta}_1,\boldsymbol{\beta}_2,\boldsymbol{\beta}_3)=(\boldsymbol{\alpha}_1,\boldsymbol{\alpha}_2,\boldsymbol{\alpha}_3)\boldsymbol{P}$,则:

$$\boldsymbol{P}=(\boldsymbol{\alpha}_1,\boldsymbol{\alpha}_2,\boldsymbol{\alpha}_3)^{-1}(\boldsymbol{\beta}_1,\boldsymbol{\beta}_2,\boldsymbol{\beta}_3)=\begin{pmatrix}1&1&1\\1&0&0\\1&-1&1\end{pmatrix}^{-1}\begin{pmatrix}1&2&3\\2&3&4\\1&4&5\end{pmatrix}=\begin{pmatrix}2&3&4\\0&-1&-1\\-1&0&0\end{pmatrix}.$$

4. 解:引入一组新的基 $\boldsymbol{e}_1=(1,0,0,0)^{\mathrm{T}}$,$\boldsymbol{e}_2=(0,1,0,0)^{\mathrm{T}}$,$\boldsymbol{e}_3=(0,0,1,0)^{\mathrm{T}}$,$\boldsymbol{e}_4=(0,0,0,1)^{\mathrm{T}}$,

于是$(\boldsymbol{\alpha}_1,\boldsymbol{\alpha}_2,\boldsymbol{\alpha}_3,\boldsymbol{\alpha}_4)=(\boldsymbol{e}_1,\boldsymbol{e}_2,\boldsymbol{e}_3,\boldsymbol{e}_4)\boldsymbol{A}$,其中 $\boldsymbol{A}=\begin{pmatrix}1&1&1&0\\2&1&-1&1\\-1&0&2&1\\0&0&1&-1\end{pmatrix}$,又

$(\boldsymbol{\beta}_1,\boldsymbol{\beta}_2,\boldsymbol{\beta}_3,\boldsymbol{\beta}_4)=(\boldsymbol{\alpha}_1,\boldsymbol{\alpha}_2,\boldsymbol{\alpha}_3,\boldsymbol{\alpha}_4)\boldsymbol{B}$,其中 $\boldsymbol{B}=\begin{pmatrix}1&-2&3&4\\2&1&-4&3\\3&-4&-1&-2\\4&3&2&-1\end{pmatrix}$,因此从基 $\boldsymbol{\alpha}_1,\boldsymbol{\alpha}_2,\boldsymbol{\alpha}_3$,

$\boldsymbol{\alpha}_4$ 到基 $\boldsymbol{\beta}_1,\boldsymbol{\beta}_2,\boldsymbol{\beta}_3,\boldsymbol{\beta}_4$ 的基变换公式为：$(\boldsymbol{\beta}_1,\boldsymbol{\beta}_2,\boldsymbol{\beta}_3,\boldsymbol{\beta}_4)=(\boldsymbol{\alpha}_1,\boldsymbol{\alpha}_2,\boldsymbol{\alpha}_3,\boldsymbol{\alpha}_4)\boldsymbol{A}^{-1}\boldsymbol{B}$，从基 $\boldsymbol{\alpha}_1,\boldsymbol{\alpha}_2,\boldsymbol{\alpha}_3,\boldsymbol{\alpha}_4$ 到基 $\boldsymbol{\beta}_1,\boldsymbol{\beta}_2,\boldsymbol{\beta}_3,\boldsymbol{\beta}_4$ 的过渡矩阵为：

$$\boldsymbol{P}=\boldsymbol{A}^{-1}\boldsymbol{B}=\begin{pmatrix}1&1&1&0\\2&1&-1&1\\-1&0&2&1\\0&0&1&-1\end{pmatrix}^{-1}\begin{pmatrix}1&-2&3&4\\2&1&-4&3\\3&-4&-1&-2\\4&3&2&-1\end{pmatrix}=\begin{pmatrix}12&6.5&-4&-0.5\\-16&-13&12&11\\6&2.5&-2&-2.5\\2&-0.5&-4&-1.5\end{pmatrix},$$

对任意 $\boldsymbol{\alpha}\in R^4$，设其在基 $\boldsymbol{\alpha}_1,\boldsymbol{\alpha}_2,\boldsymbol{\alpha}_3,\boldsymbol{\alpha}_4$ 和基 $\boldsymbol{\beta}_1,\boldsymbol{\beta}_2,\boldsymbol{\beta}_3,\boldsymbol{\beta}_4$ 下的坐标分别为 $(x_1,x_2,x_3,x_4)^{\mathrm{T}}$ 和 $(y_1,y_2,y_3,y_4)^{\mathrm{T}}$，则坐标变换公式为：$(y_1,y_2,y_3,y_4)^{\mathrm{T}}=\boldsymbol{P}(x_1,x_2,x_3,x_4)^{\mathrm{T}}$，或 $(x_1,x_2,x_3,x_4)^{\mathrm{T}}=\boldsymbol{P}^{-1}(y_1,y_2,y_3,y_4)^{\mathrm{T}}$.

5. 解：(1) 因为 $(\boldsymbol{\alpha}_1,\boldsymbol{\alpha}_2,\boldsymbol{\alpha}_3)=(\boldsymbol{e}_1,\boldsymbol{e}_2,\boldsymbol{e}_3)\begin{pmatrix}1&1&1\\0&1&1\\0&0&1\end{pmatrix}$，所以基 $\boldsymbol{e}_1,\boldsymbol{e}_2,\boldsymbol{e}_3$ 到基 $\boldsymbol{\alpha}_1,\boldsymbol{\alpha}_2,\boldsymbol{\alpha}_3$ 的过渡矩阵为：$\boldsymbol{P}=\begin{pmatrix}1&1&1\\0&1&1\\0&0&1\end{pmatrix}$；

(2) 由于 $(\boldsymbol{\beta}_1,\boldsymbol{\beta}_2,\boldsymbol{\beta}_3)=(\boldsymbol{\alpha}_1,\boldsymbol{\alpha}_2,\boldsymbol{\alpha}_3)\boldsymbol{A}=\begin{pmatrix}1&1&1\\0&1&1\\0&0&1\end{pmatrix}\begin{pmatrix}1&-1&0\\0&1&-1\\0&0&1\end{pmatrix}=\begin{pmatrix}1&0&0\\0&1&0\\0&0&1\end{pmatrix}$，

所以 $\boldsymbol{\beta}_1=(1,0,0)^{\mathrm{T}},\boldsymbol{\beta}_2=(0,1,0)^{\mathrm{T}},\boldsymbol{\beta}_3=(0,0,1)^{\mathrm{T}}$

(3) 设 $\boldsymbol{\alpha}$ 在基 $(\boldsymbol{\beta}_1,\boldsymbol{\beta}_2,\boldsymbol{\beta}_3)=(\boldsymbol{\alpha}_1,\boldsymbol{\alpha}_2,\boldsymbol{\alpha}_3)\boldsymbol{A}=\begin{pmatrix}1&1&1\\0&1&1\\0&0&1\end{pmatrix}\begin{pmatrix}1&-1&0\\0&1&-1\\0&0&1\end{pmatrix}=\begin{pmatrix}1&0&0\\0&1&0\\0&0&1\end{pmatrix}$

$\boldsymbol{\alpha}_1,\boldsymbol{\alpha}_2,\boldsymbol{\alpha}_3$ 下的坐标为 $(x_1,x_2,x_3)^{\mathrm{T}}$ 则有 $\boldsymbol{\alpha}=(\boldsymbol{\alpha}_1,\boldsymbol{\alpha}_2,\boldsymbol{\alpha}_3)\begin{pmatrix}x_1\\x_2\\x_3\end{pmatrix}$，又

$$\boldsymbol{\alpha}=(\boldsymbol{\beta}_1,\boldsymbol{\beta}_2,\boldsymbol{\beta}_3)\begin{pmatrix}1\\2\\3\end{pmatrix}=(\boldsymbol{\alpha}_1,\boldsymbol{\alpha}_2,\boldsymbol{\alpha}_3)\boldsymbol{A}\begin{pmatrix}1\\2\\3\end{pmatrix},\begin{pmatrix}x_1\\x_2\\x_3\end{pmatrix}=\boldsymbol{A}\begin{pmatrix}1\\2\\3\end{pmatrix}=\begin{pmatrix}1&-1&0\\0&1&-1\\0&0&1\end{pmatrix}\begin{pmatrix}1\\2\\3\end{pmatrix}=\begin{pmatrix}-1\\-1\\3\end{pmatrix}.$$

6. 解：(1) 证明 $\boldsymbol{\beta}_1=-\boldsymbol{\alpha}_1+\boldsymbol{\alpha}_2+\boldsymbol{\alpha}_3,\boldsymbol{\beta}_2=\boldsymbol{\alpha}_3,\boldsymbol{\beta}_3=-2\boldsymbol{\alpha}_1+\boldsymbol{\alpha}_2$，可解得

$\boldsymbol{\alpha}_1=\boldsymbol{\beta}_1-\boldsymbol{\beta}_2-\boldsymbol{\beta}_3,\boldsymbol{\alpha}_2=2\boldsymbol{\beta}_1-2\boldsymbol{\beta}_2-\boldsymbol{\beta}_3,\boldsymbol{\alpha}_3=\boldsymbol{\beta}_2$ 这说明了 $\boldsymbol{\alpha}_1,\boldsymbol{\alpha}_2,\boldsymbol{\alpha}_3$ 和 $\boldsymbol{\beta}_1,\boldsymbol{\beta}_2,\boldsymbol{\beta}_3$ 可以互相线性表示，从而它们等价，所以 $-\boldsymbol{\alpha}_1+\boldsymbol{\alpha}_2+\boldsymbol{\alpha}_3,\boldsymbol{\alpha}_3,-2\boldsymbol{\alpha}_1+\boldsymbol{\alpha}_2$ 也是 R^3 的一组基.（注：可以采用线性相关性证明）

(2) 设线性变换 $\boldsymbol{T}$ 在基 $\boldsymbol{\beta}_1,\boldsymbol{\beta}_2,\boldsymbol{\beta}_3$ 下的矩阵是 $\boldsymbol{B}$，并设从基 $\boldsymbol{\alpha}_1,\boldsymbol{\alpha}_2,\boldsymbol{\alpha}_3$ 到基 $\boldsymbol{\beta}_1,\boldsymbol{\beta}_2,\boldsymbol{\beta}_3$ 的过渡矩阵是 $\boldsymbol{P}$，则 $\boldsymbol{T}(\boldsymbol{\alpha}_1,\boldsymbol{\alpha}_2,\boldsymbol{\alpha}_3)=(\boldsymbol{\alpha}_1,\boldsymbol{\alpha}_2,\boldsymbol{\alpha}_3)\boldsymbol{A}$，$\boldsymbol{T}(\boldsymbol{\beta}_1,\boldsymbol{\beta}_2,\boldsymbol{\beta}_3)=(\boldsymbol{\beta}_1,\boldsymbol{\beta}_2,\boldsymbol{\beta}_3)\boldsymbol{B}$，$(\boldsymbol{\beta}_1,\boldsymbol{\beta}_2,\boldsymbol{\beta}_3)=(\boldsymbol{\alpha}_1,\boldsymbol{\alpha}_2,\boldsymbol{\alpha}_3)\boldsymbol{P}$，于是 $(\boldsymbol{\beta}_1,\boldsymbol{\beta}_2,\boldsymbol{\beta}_3)\boldsymbol{B}=\boldsymbol{T}(\boldsymbol{\beta}_1,\boldsymbol{\beta}_2,\boldsymbol{\beta}_3)=\boldsymbol{T}(\boldsymbol{\alpha}_1,\boldsymbol{\alpha}_2,\boldsymbol{\alpha}_3)\boldsymbol{P}=(\boldsymbol{\alpha}_1,\boldsymbol{\alpha}_2,\boldsymbol{\alpha}_3)\boldsymbol{A}\boldsymbol{P}=(\boldsymbol{\beta}_1,\boldsymbol{\beta}_2,\boldsymbol{\beta}_3)\boldsymbol{P}^{-1}\boldsymbol{A}\boldsymbol{P}$，因此有 $\boldsymbol{B}=\boldsymbol{P}^{-1}\boldsymbol{A}\boldsymbol{P}$，由条件知 $\boldsymbol{P}=\begin{pmatrix}-1&0&-2\\1&0&1\\1&1&0\end{pmatrix}$，得 $\boldsymbol{P}^{-1}=\begin{pmatrix}1&2&0\\-1&-2&1\\-1&-1&0\end{pmatrix}$，从

而 $\boldsymbol{B}=\boldsymbol{P}^{-1}\boldsymbol{AP}=\begin{pmatrix}-2&0&0\\0&1&0\\0&0&1\end{pmatrix}$.

7. 解:设 $\boldsymbol{A}=k_1G_1+k_2G_2+k_3G_3+k_4G_4$ 则:

$$\begin{cases}k_2+k_3+k_4=0,\\k_1+k_3+k_4=1,\\k_1+k_2+k_4=2,\\k_1+k_2+k_3=-3,\end{cases},$$

解得:$k_1=0,k_2=-1,k_3=-2,k_4=3$,所求坐标为$(0,-1,-2,3)^{\mathrm{T}}$.

8. 解:向量 $\boldsymbol{a}_2,\boldsymbol{a}_3$ 应满足方程 $\boldsymbol{a}_1^{\mathrm{T}}x=0$,即:$x_1+x_2+x_2=0$,它的基础解系为:

$\boldsymbol{\xi}_1=(1,0,-1)^{\mathrm{T}},\boldsymbol{\xi}_2=(0,1,-1)^{\mathrm{T}}$,把基础解系正交化,

$\boldsymbol{a}_2=\boldsymbol{\xi}_1,\boldsymbol{a}_3=\boldsymbol{\xi}_2-\dfrac{(\boldsymbol{\xi}_1,\boldsymbol{\xi}_2)}{(\boldsymbol{\xi}_1,\boldsymbol{\xi}_1)}\boldsymbol{\xi}_1$,其中:$(\boldsymbol{\xi}_1,\boldsymbol{\xi}_2)=1,(\boldsymbol{\xi}_1,\boldsymbol{\xi}_1)=2$,于是得

$\boldsymbol{a}_2=(1,0,-1)^{\mathrm{T}},\boldsymbol{a}_3=(0,1,-1)^{\mathrm{T}}-\dfrac{1}{2}(1,0,-1)^{\mathrm{T}}=\dfrac{1}{2}(-1,2,-1)^{\mathrm{T}}$.

9. 解:正交化:

取 $\boldsymbol{\beta}_1=\boldsymbol{\alpha}_1=(1,0,1)^{\mathrm{T}}$,

$$\boldsymbol{\beta}_2=\boldsymbol{\alpha}_2-\frac{(\boldsymbol{\alpha}_2,\boldsymbol{\beta}_1)}{(\boldsymbol{\beta}_1,\boldsymbol{\beta}_1)}\boldsymbol{\beta}_1=(1,1,0)^{\mathrm{T}}-\frac{1}{2}(1,0,1)^{\mathrm{T}}=\frac{1}{2}(1,2,-1)^{\mathrm{T}}$$

$$\boldsymbol{\beta}_3=\boldsymbol{\alpha}_3-\frac{(\boldsymbol{\alpha}_3,\boldsymbol{\beta}_1)}{(\boldsymbol{\beta}_1,\boldsymbol{\beta}_1)}\boldsymbol{\beta}_1-\frac{(\boldsymbol{\alpha}_3,\boldsymbol{\beta}_2)}{(\boldsymbol{\beta}_2,\boldsymbol{\beta}_2)}\boldsymbol{\beta}_2=(0,1,1)^{\mathrm{T}}-\frac{1}{2}(1,0,1)^{\mathrm{T}}-\frac{1}{6}(1,2,-1)^{\mathrm{T}}$$

$$=\frac{2}{3}(-1,1,1)^{\mathrm{T}}$$

单位化:

$$\boldsymbol{\gamma}_1=\frac{\boldsymbol{\beta}_1}{\|\boldsymbol{\beta}_1\|}=\frac{1}{\sqrt{2}}(1,0,1)^{\mathrm{T}},$$

$$\boldsymbol{\gamma}_2=\frac{\boldsymbol{\beta}_2}{\|\boldsymbol{\beta}_2\|}=\frac{1}{\sqrt{6}}(1,2,-1)^{\mathrm{T}},$$

$$\boldsymbol{\gamma}_3=\frac{\boldsymbol{\beta}_3}{\|\boldsymbol{\beta}_3\|}=\frac{1}{\sqrt{3}}(-1,1,1)^{\mathrm{T}}.$$

10. 解:正交化:

取 $\boldsymbol{\beta}_1=\boldsymbol{\alpha}_1=(1,1,1,0)^{\mathrm{T}}$,

$$\boldsymbol{\beta}_2=\boldsymbol{\alpha}_2-\frac{(\boldsymbol{\alpha}_2,\boldsymbol{\beta}_1)}{(\boldsymbol{\beta}_1,\boldsymbol{\beta}_1)}\boldsymbol{\beta}_1=(0,1,2,1)^{\mathrm{T}}-\frac{3}{3}(1,1,1,0)^{\mathrm{T}}=(-1,0,1,1)^{\mathrm{T}},$$

$$\boldsymbol{\beta}_3=\boldsymbol{\alpha}_3-\frac{(\boldsymbol{\alpha}_3,\boldsymbol{\beta}_1)}{(\boldsymbol{\beta}_1,\boldsymbol{\beta}_1)}\boldsymbol{\beta}_1-\frac{(\boldsymbol{\alpha}_3,\boldsymbol{\beta}_2)}{(\boldsymbol{\beta}_2,\boldsymbol{\beta}_2)}\boldsymbol{\beta}_2-(3,1,-2,1)^{\mathrm{T}}-\frac{2}{3}(1,1,1,0)^{\mathrm{T}}-\frac{-4}{3}(-1,0,1,1)^{\mathrm{T}}$$

$$=\frac{1}{3}(3,1,-4,7)^{\mathrm{T}}$$

单位化:

$\boldsymbol{\gamma}_1=\dfrac{\boldsymbol{\beta}_1}{\|\boldsymbol{\beta}_1\|}=\dfrac{1}{\sqrt{3}}(1,1,1,0)^{\mathrm{T}}$,

$\boldsymbol{\gamma}_2=\dfrac{\boldsymbol{\beta}_2}{\|\boldsymbol{\beta}_2\|}=\dfrac{1}{\sqrt{3}}(-1,0,1,1)^{\mathrm{T}}$,

$\boldsymbol{\gamma}_3=\dfrac{\boldsymbol{\beta}_3}{\|\boldsymbol{\beta}_3\|}=\dfrac{1}{\sqrt{75}}(3,1,-4,7)^{\mathrm{T}}$.

11. 证明:因为 $\boldsymbol{A}^{\mathrm{T}}=-\boldsymbol{A},\boldsymbol{A}\boldsymbol{x}=\boldsymbol{y}$,所以 $(\boldsymbol{x},\boldsymbol{y})=\boldsymbol{x}^{\mathrm{T}}\boldsymbol{y}=\boldsymbol{x}^{\mathrm{T}}\boldsymbol{A}\boldsymbol{x}$. 又 $(\boldsymbol{y},\boldsymbol{x})=\boldsymbol{y}^{\mathrm{T}}\boldsymbol{x}=(\boldsymbol{A}\boldsymbol{x})^{\mathrm{T}}\boldsymbol{x}=-\boldsymbol{x}^{\mathrm{T}}\boldsymbol{A}\boldsymbol{x}$,因此 $\boldsymbol{x}^{\mathrm{T}}\boldsymbol{A}\boldsymbol{x}=-\boldsymbol{x}^{\mathrm{T}}\boldsymbol{A}\boldsymbol{x}$,故 $\boldsymbol{x}^{\mathrm{T}}\boldsymbol{A}\boldsymbol{x}=0$,所以 $(\boldsymbol{x},\boldsymbol{y})=0$,因此 $\boldsymbol{x}$ 与 $\boldsymbol{y}$ 正交.

第5章

一、填空题

1. $\boldsymbol{E}$.
2. $\lambda=2,\lambda=-3$.
3. 0 或 3.
4. 1.
5. 0.
6. $a=0,b=0$.
7. $1,\dfrac{1}{2},\dfrac{1}{3}$.
8. 0 和 -1.
9. 2,5.

二、选择题

1. D 2. D 3. B 4. C 5. B 6. C 7. B 8. C 9. D

三、计算题

1. 解:特征值 $\lambda_1=\lambda_2=\cdots\lambda_n=a$

全部各特征向量 $k_1\varepsilon_1+k_2\varepsilon_2+\cdots k_n\varepsilon_n$($k_1,k_2,\cdots k_n$ 不全为零)

2. 解:矩阵 A 的特征多项式为

$$|\boldsymbol{A}-\lambda\boldsymbol{E}|=\begin{vmatrix}1-\lambda & -2 & 1\\ 0 & 3-\lambda & -4\\ 0 & 0 & 2-\lambda\end{vmatrix}=(1-\lambda)(3-\lambda)(2-\lambda)$$

令 $|\boldsymbol{A}-\lambda\boldsymbol{E}|=0$,得 $\boldsymbol{A}$ 的特征值为 $\lambda_1=1,\lambda_2=3,\lambda_3=2$

当 $\lambda_1=1$ 时,解齐次线性方程组 $(\boldsymbol{A}-\boldsymbol{E})\boldsymbol{x}=\boldsymbol{0}$,由

$$\boldsymbol{A}-\boldsymbol{E}=\begin{bmatrix}0 & -2 & 1\\ 0 & 2 & -4\\ 0 & 0 & 1\end{bmatrix}\sim\begin{bmatrix}0 & 1 & 0\\ 0 & 0 & 1\\ 0 & 0 & 0\end{bmatrix}$$

得基础解系 $\boldsymbol{\xi}_1=\begin{pmatrix}1\\0\\0\end{pmatrix}$,所以对应 $\lambda_1=1$ 的全部特征向量为 $k_1\boldsymbol{\xi}_1$($k_1\neq0$)

同理,$\lambda_2=3$ 时,对应的全部特征向量为 $k_2\boldsymbol{\xi}_2$($k_2\neq0$)应计算给出 $\boldsymbol{\xi}_2,\boldsymbol{\xi}_3$.

$\lambda_3=2$ 时,对应的全部特征向量为 $k_3\boldsymbol{\xi}_3(k_3\neq 0)$

3. 解:矩阵 A 的特征多项式为

$$|\boldsymbol{A}-\lambda\boldsymbol{E}|=\begin{vmatrix}-1-\lambda & 1 & 0\\ -4 & 3-\lambda & 0\\ 1 & 0 & 2-\lambda\end{vmatrix}=(\lambda-1)^2(2-\lambda)$$

令 $|\boldsymbol{A}-\lambda\boldsymbol{E}|=0$,得 $\boldsymbol{A}$ 的特征值为 $\lambda_1=2,\lambda_2=\lambda_3=1$

当 $\lambda_1=2$ 时,解齐次线性方程组 $(\boldsymbol{A}-2\boldsymbol{E})\boldsymbol{x}=0$,由

$$\boldsymbol{A}-2\boldsymbol{E}=\begin{bmatrix}-3 & 1 & 0\\ -4 & 1 & 0\\ 1 & 0 & 0\end{bmatrix}\sim\begin{bmatrix}1 & 0 & 0\\ 0 & 1 & 0\\ 0 & 0 & 0\end{bmatrix}$$

得基础解系 $\boldsymbol{\xi}_1=\begin{pmatrix}0\\0\\1\end{pmatrix}$,所以对应 $\lambda_1=2$ 的全部特征向量为 $k_1\boldsymbol{\xi}_1(k_1\neq 0)$

当 $\lambda_2=\lambda_3=1$ 时,解齐次线性方程组 $(\boldsymbol{A}-\boldsymbol{E})\boldsymbol{x}=\boldsymbol{0}$,由

$$\boldsymbol{A}-\boldsymbol{E}=\begin{bmatrix}-2 & 1 & 0\\ -4 & 2 & 0\\ 1 & 0 & 1\end{bmatrix}\sim\begin{bmatrix}1 & 0 & 1\\ 0 & 1 & 2\\ 0 & 0 & 0\end{bmatrix}$$

得基础解系 $\boldsymbol{\xi}_2=\begin{pmatrix}-1\\-2\\1\end{pmatrix}$

所以对应 $\lambda_2=\lambda_3=1$ 的全部特征向量为 $k_2\boldsymbol{\xi}_2(k_2\neq 0)$.

4. 解:$\boldsymbol{A}$ 的特征值 $\lambda_1=\lambda_2=1,\lambda_3=4$,由 $\boldsymbol{A\alpha}=\lambda\boldsymbol{\alpha}$,得 $k=-2,1$,或 $\boldsymbol{A}^{-1}\boldsymbol{\alpha}=\lambda^{-1}\boldsymbol{\alpha}$,有 $\boldsymbol{\alpha}=\lambda^{-1}\boldsymbol{A\alpha}$,即 $\begin{pmatrix}1\\k\\1\end{pmatrix}=\lambda^{-1}\begin{pmatrix}3+k\\2+2k\\3+k\end{pmatrix}$,故 $k=-2,1$.

5. 解:由已知条件可知存在相似变换 $\boldsymbol{P}=\begin{bmatrix}1 & 4\\ 1 & 1\end{bmatrix}$,对角矩阵 $\boldsymbol{\Lambda}=\begin{bmatrix}-2 & 0\\ 0 & 1\end{bmatrix}$,使 $\boldsymbol{P}^{-1}\boldsymbol{AP}=\boldsymbol{\Lambda}$,则

(1) $\boldsymbol{A}=\boldsymbol{P\Lambda P}^{-1}=\begin{bmatrix}1 & 4\\ 1 & 1\end{bmatrix}\begin{bmatrix}-2 & 0\\ 0 & 1\end{bmatrix}\begin{bmatrix}1 & 4\\ 1 & 1\end{bmatrix}^{-1}=\begin{bmatrix}2 & -4\\ 1 & -3\end{bmatrix}$

(2)
$$\begin{aligned}\boldsymbol{A}^{2017}&=(\boldsymbol{P\Lambda P}^{-1})(\boldsymbol{P\Lambda P}^{-1})\cdots(\boldsymbol{P\Lambda P}^{-1})=\boldsymbol{P\Lambda}^{2017}\boldsymbol{P}^{-1}\\&=\begin{bmatrix}1 & 4\\ 1 & 1\end{bmatrix}\begin{bmatrix}-2 & 0\\ 0 & 1\end{bmatrix}^{2017}\begin{bmatrix}1 & 4\\ 1 & 1\end{bmatrix}^{-1}\\&=-\frac{1}{3}\begin{bmatrix}1 & 4\\ 1 & 1\end{bmatrix}\begin{bmatrix}-2^{2017} & 0\\ 0 & 1\end{bmatrix}\begin{bmatrix}1 & -4\\ -1 & 1\end{bmatrix}\\&=-\frac{1}{3}\begin{bmatrix}-2^{2017}-4 & 2^{2019}+4\\ -2^{2017}-1 & 2^{2019}+1\end{bmatrix}\end{aligned}$$

6. 解:由题意知矩阵 B 的特征值为 $\lambda_1=3,\lambda_2=b,\lambda_3=2$,因为 $\boldsymbol{A}$ 与 $\boldsymbol{B}$ 相似,所以 A 的特征值也为 $\lambda_1=3,\lambda_2=b,\lambda_3=2$,于是

$$|\boldsymbol{A}-2\boldsymbol{E}|=\begin{vmatrix}a-2&1&4\\0&1&0\\1&0&-4\end{vmatrix}=-4a+4=0 \text{ 得 } a=1$$

由性质可知,对于矩阵 A 有

$\lambda_1+\lambda_2+\lambda_3=a+3-2$ 即 $3+b+2=1+3-2$

得 $b=-3$,所以 $a=1,b=-3$

7. 解:矩阵 $\boldsymbol{A}$ 的特征多项式为

$$|\boldsymbol{A}-\lambda\boldsymbol{E}|=\begin{vmatrix}2-\lambda&0&1\\0&-1-\lambda&0\\1&0&2-\lambda\end{vmatrix}=-(\lambda+1)(\lambda-1)(\lambda-3)$$

令 $|\boldsymbol{A}-\lambda\boldsymbol{E}|=0$,得 $\boldsymbol{A}$ 的特征值为 $\lambda_1=-1,\lambda_2=1,\lambda_3=3$

当 $\lambda_1=-1$ 时,解齐次线性方程组 $(\boldsymbol{A}+\boldsymbol{E})\boldsymbol{x}=\boldsymbol{0}$,由

$$\boldsymbol{A}+\boldsymbol{E}=\begin{bmatrix}3&0&1\\0&0&0\\1&0&3\end{bmatrix}\sim\begin{bmatrix}1&0&0\\0&0&1\\0&0&0\end{bmatrix}$$

得基础解系 $\boldsymbol{\xi}_1=\begin{pmatrix}0\\1\\0\end{pmatrix}$,显然,此向量已为单位向量,不必再单位化

当 $\lambda_2=1$ 时,解齐次线性方程组 $(\boldsymbol{A}-\boldsymbol{E})\boldsymbol{x}=\boldsymbol{0}$,由

$$\boldsymbol{A}-\boldsymbol{E}=\begin{bmatrix}1&0&1\\0&-2&0\\1&0&1\end{bmatrix}\sim\begin{bmatrix}1&0&1\\0&1&0\\0&0&0\end{bmatrix}$$

得基础解系 $\boldsymbol{\xi}_2=\begin{pmatrix}-1\\0\\1\end{pmatrix}$,将其单位化得 $\boldsymbol{e}_2=\dfrac{1}{\sqrt{2}}\begin{pmatrix}-1\\0\\1\end{pmatrix}$

当 $\lambda_3=3$ 时,解齐次线性方程组 $(\boldsymbol{A}-3\boldsymbol{E})\boldsymbol{x}=\boldsymbol{0}$,由

$$\boldsymbol{A}-3\boldsymbol{E}=\begin{bmatrix}-1&0&1\\0&-4&0\\1&0&-1\end{bmatrix}\sim\begin{bmatrix}1&0&-1\\0&1&0\\0&0&0\end{bmatrix}$$

得基础解系 $\boldsymbol{\xi}_3=\begin{pmatrix}1\\0\\1\end{pmatrix}$,将其单位化得 $\boldsymbol{e}_3=\dfrac{1}{\sqrt{2}}\begin{pmatrix}1\\0\\1\end{pmatrix}$

于是有正交矩阵 $\boldsymbol{Q}=(\boldsymbol{\xi}_1,\boldsymbol{e}_2,\boldsymbol{e}_3)=\begin{bmatrix}0&-\frac{1}{\sqrt{2}}&\frac{1}{\sqrt{2}}\\1&0&0\\0&\frac{1}{\sqrt{2}}&\frac{1}{\sqrt{2}}\end{bmatrix}$,使得

$$\boldsymbol{Q}^{-1}\boldsymbol{A}\boldsymbol{Q}=\boldsymbol{\Lambda}=\begin{bmatrix}-1&0&0\\0&1&0\\0&0&3\end{bmatrix}$$

8. 解：矩阵 A 的特征多项式为

$$|\boldsymbol{A}-\lambda\boldsymbol{E}|=\begin{vmatrix}1-\lambda & 4 & -8\\ 0 & 2-\lambda & -2\\ 0 & -1 & 3-\lambda\end{vmatrix}=(\lambda-1)^2(4-\lambda)$$

令 $|\boldsymbol{A}-\lambda\boldsymbol{E}|=0$，得 A 的特征值为 $\lambda_1=\lambda_2=1,\lambda_3=4$

当 $\lambda_1=\lambda_2=1$ 时，解齐次线性方程组 $(\boldsymbol{A}-\boldsymbol{E})\boldsymbol{x}=\boldsymbol{0}$，由

$$\boldsymbol{A}-\boldsymbol{E}=\begin{bmatrix}0 & 4 & -8\\ 0 & 1 & -2\\ 0 & -1 & 2\end{bmatrix}\sim\begin{bmatrix}0 & 1 & -2\\ 0 & 0 & 0\\ 0 & 0 & 0\end{bmatrix}$$

得基础解系 $\boldsymbol{\xi}_1=\begin{pmatrix}1\\0\\0\end{pmatrix},\boldsymbol{\xi}_2=\begin{pmatrix}0\\2\\1\end{pmatrix}$，

所以矩阵 A 的二重特征值 1 对应有两个线性无关的特征向量 $\boldsymbol{\xi}_1=\begin{pmatrix}1\\0\\0\end{pmatrix},\boldsymbol{\xi}_2=\begin{pmatrix}0\\2\\1\end{pmatrix}$

当 $\lambda_3=4$ 时，解齐次线性方程组 $(\boldsymbol{A}-4\boldsymbol{E})\boldsymbol{x}=\boldsymbol{0}$，由

$$\boldsymbol{A}-4\boldsymbol{E}=\begin{bmatrix}-3 & 4 & -8\\ 0 & -2 & -2\\ 0 & -1 & -1\end{bmatrix}\sim\begin{bmatrix}1 & 0 & 4\\ 0 & 1 & 1\\ 0 & 0 & 0\end{bmatrix}$$

得基础解系 $\boldsymbol{\xi}_3=\begin{pmatrix}-4\\-1\\1\end{pmatrix}$

所以矩阵 A 的特征值 4 对应有一个线性无关的特征向量 $\boldsymbol{\xi}_3=\begin{pmatrix}-4\\-1\\1\end{pmatrix}$

取 $P=(\xi_1,\xi_2,\xi_3)=\begin{pmatrix}1 & 0 & -4\\ 0 & 2 & -1\\ 0 & 1 & 1\end{pmatrix}$ 使 $\boldsymbol{P}^{-1}\boldsymbol{AP}=\Lambda=\begin{pmatrix}1 & 0 & 0\\ 0 & 1 & 0\\ 0 & 0 & 4\end{pmatrix}$.

9. 解：因为 $|\boldsymbol{A}|=\lambda_1\lambda_2\lambda_3=-6\neq0$，所以 $\boldsymbol{A}$ 可逆.

设 $\varphi(\boldsymbol{A})=6\boldsymbol{A}^{-1}-\boldsymbol{A}^*+\boldsymbol{A}^{\mathrm{T}}-\boldsymbol{A}^2+3\boldsymbol{E}$，

于是 $\varphi(\lambda)=\dfrac{6}{\lambda}-\dfrac{|\boldsymbol{A}|}{\lambda}+\lambda-\lambda^2+3=\dfrac{12}{\lambda}+\lambda-\lambda^2+3$，

所以 $\varphi(\boldsymbol{A})=6\boldsymbol{A}^{-1}-\boldsymbol{A}^*+\boldsymbol{A}^{\mathrm{T}}-\boldsymbol{A}^2+3\boldsymbol{E}$ 的特征值为 $\varphi(-1)=-11,\varphi(2)=7,\varphi(3)=1$

10. 解：(1) 由定理可知，$\boldsymbol{\alpha}_1,\boldsymbol{\alpha}_2$ 正交，即

$\alpha\cdot1+(-1)\cdot1+0\cdot\alpha=0$ 解得 $\alpha=1$，设 $\boldsymbol{A}$ 的属于特征值 $\lambda_3=-3$ 的特征向量 $\boldsymbol{\alpha}_3=(x_1\quad x_2\quad x_3)^{\mathrm{T}}$，则由定理可知，$\boldsymbol{\alpha}_3=(X_1\quad X_2\quad X_3)^{\mathrm{T}}$ 与 $\boldsymbol{\alpha}_1,\boldsymbol{\alpha}_2$ 均正交，$\begin{cases}(\boldsymbol{\alpha}_3,\boldsymbol{\alpha}_1)=0\\(\boldsymbol{\alpha}_3,\boldsymbol{\alpha}_2)=0\end{cases}$

即 $\begin{cases}X_1-X_2=0\\X_1+X_2+X_3=0\end{cases}$

解得基础解系为 $\boldsymbol{\alpha}_3=(1\quad 1\quad -2)^{\mathrm{T}}$,所以 A 的属于特征值 $\lambda_3=-3$ 的全部特征向量为 $k\boldsymbol{\alpha}_3,k\neq0$

第 6 章

一、填空题

1. $\begin{bmatrix}1&2&0&0\\2&1&0&0\\0&0&-1&1\\0&0&1&-1\end{bmatrix}$.

2. $f(x_1,x_2)=ax_1^2+cx_2^2+2bx_1x_2$.

3. 1,2.

4. $f=y_1^2-3y_2^2$.

5. $a>2$.

6. r.

7. $\lambda>29$.

二、选择题

1. B 2. D 3. D 4. A 5. C(例 $\begin{bmatrix}1&2&0&0\\2&1&0&0\\0&0&1&2\\0&0&2&1\end{bmatrix}$ 非正定矩阵) 6. B 7. A

三、计算题

1. 解:因为 $\boldsymbol{C}^{\mathrm{T}}\boldsymbol{A}\boldsymbol{C}=\begin{bmatrix}1&&\\&2&\\&&3\end{bmatrix}^{\mathrm{T}}\begin{bmatrix}1&1&-1\\1&1&-2\\-1&-2&-1\end{bmatrix}\begin{bmatrix}1&&\\&2&\\&&3\end{bmatrix}=\begin{bmatrix}1&2&-3\\2&4&-12\\-3&-12&-9\end{bmatrix}$

故 $f(y_1,y_2,y_3)=y_1^2+4y_2^2-9y_3^2+4y_1y_2-6y_1y_3-24y_2y_3$.

2. 解:因为 $\boldsymbol{A}=\begin{bmatrix}a&0&b\\0&2&0\\b&0&-2\end{bmatrix}$,设其特征值为 $\lambda_1,\lambda_2,\lambda_3$

$\mathrm{tr}\boldsymbol{A}=a+2+(-2)=\lambda_1+\lambda_2+\lambda_3=1$;

(1) $|\boldsymbol{A}|=-(4a+2b^2)=\lambda_1\lambda_2\lambda_3=-12$

$\Rightarrow a=1,b=2$

(2) $|\lambda\boldsymbol{E}-\boldsymbol{A}|=(\lambda-2)^2(\lambda+3)=0\Rightarrow\lambda_1=\lambda_2=2,\lambda_3=-3$

属于 $\lambda_1=\lambda_2=2$ 的特征向量满足:$x_1-2x_3=0$

属于 $\lambda_1=\lambda_2=2$ 的特征向量满足:$-2x_1-x_3=0,x_2=0$

可得正交矩阵 $\boldsymbol{C}=\begin{bmatrix}\frac{2}{\sqrt5}&0&\frac{1}{\sqrt5}\\0&1&0\\\frac{1}{\sqrt5}&0&-\frac{2}{\sqrt5}\end{bmatrix}$ 使得:$f(y_1,y_2,y_3)=2y_1^2+2y_2^2-3y_3^2$

(3)令 $z_1=\sqrt{2}y_1, z_2=\sqrt{2}y_2, z_3=\sqrt{3}y_3$ 则规范形 $g(z_1,z_2,z_3)=z_1^2+z_2^2-z_3^2$.

3. 解:(1)因为 $\boldsymbol{A}=\begin{bmatrix}1 & t & -1\\ t & 4 & 0\\ -1 & 0 & 2\end{bmatrix}$,且 $f(x_1,x_2,x_3)$ 为正定二次型,

则 $\boldsymbol{A}$ 的顺序主子式为:

$|1|>0, \begin{vmatrix}1 & t\\ t & 4\end{vmatrix}=4-t^2>0, |\boldsymbol{A}|=\begin{vmatrix}1 & t & -1\\ t & 4 & 0\\ -1 & 0 & 2\end{vmatrix}=4-2t^2>0$,解得 $-\sqrt{2}<t<\sqrt{2}$;

(2)由于 $f(x_1,x_2,x_3)$ 为正定二次型,所以规范形为:$g(z_1,z_2,z_3)=z_1^2+z_2^2+z_3^2$.

4. 解:(1)$\boldsymbol{A}$ 的特征值是 $x^2+2x=0$ 的根,又因为 $r(\boldsymbol{A})=2$

则 $\boldsymbol{A}$ 的特征值为: $-2,-2,0$;

(2)因为 $f(-2)=k-2$, $f(0)=k$,所以 $kE_n+\boldsymbol{A}$ 特征值为:$k-2,k-2,k$

要 $kE_n+\boldsymbol{A}$ 为正定矩阵,则 $k>2$.

四、证明题

1. 证明:因为 $\boldsymbol{A}$ 是正定矩阵,所以 $\boldsymbol{A}$ 的所有特征值 $\lambda_i>0, i=1,2,\cdots,n$

$\boldsymbol{A}^{-1}$的特征值为$(\lambda_i)^{-1}>0, i=1,2,\cdots,n, \boldsymbol{A}^k$ 的特征值为$(\lambda_i)^k>0, i=1,2,\cdots,n$

故 $\boldsymbol{A}^{-1},\boldsymbol{A}^k$ 也是正定矩阵.

因为 $\boldsymbol{A}^*=|\boldsymbol{A}|\boldsymbol{A}^{-1}$,$\boldsymbol{A}$ 和 $\boldsymbol{A}^{-1}$都是正定矩阵,且 $|\boldsymbol{A}|>0$

所以 $x^{\mathrm{T}}\boldsymbol{A}^*x=|\boldsymbol{A}|\cdot x^{\mathrm{T}}\boldsymbol{A}^{-1}x>0, \forall x\neq 0$,即 $\boldsymbol{A}^*$ 也是正定矩阵.

2. 证明:正定矩阵都是对称阵,所以存在正交矩阵 $\boldsymbol{P}(\boldsymbol{P}\boldsymbol{P}^{\mathrm{T}}=\boldsymbol{E})$,使

$\boldsymbol{A}=\boldsymbol{P}^{\mathrm{T}}\begin{bmatrix}a_1 & & & \\ & a_2 & & \\ & & \ddots & \\ & & & a_n\end{bmatrix}\boldsymbol{P}$,又因为 $\boldsymbol{A}$ 是正定矩阵,所以 $a_i>0, i=1,2,\cdots,n$

令 $b_i=\sqrt{a_i}, i=1,2,\cdots,n$,取

$B=\boldsymbol{P}^{\mathrm{T}}\begin{bmatrix}b_1 & & & \\ & b_2 & & \\ & & \ddots & \\ & & & b_n\end{bmatrix}\boldsymbol{P}$,显然 B 正定.

$$B^2=\boldsymbol{P}^{\mathrm{T}}\begin{bmatrix}b_1 & & & \\ & b_2 & & \\ & & \ddots & \\ & & & b_n\end{bmatrix}\boldsymbol{P}\,\boldsymbol{P}^{\mathrm{T}}\begin{bmatrix}b_1 & & & \\ & b_2 & & \\ & & \ddots & \\ & & & b_n\end{bmatrix}\boldsymbol{P}=\boldsymbol{P}^{\mathrm{T}}\begin{bmatrix}a_1 & & & \\ & a_2 & & \\ & & \ddots & \\ & & & a_n\end{bmatrix}\boldsymbol{P}=\boldsymbol{A}$$

即一定存在正定矩阵 $\boldsymbol{B}$,使得 $\boldsymbol{A}=\boldsymbol{B}^2$.

参考文献

[1] 同济大学数学系. 高等数学:上册[M]. 北京:高等教育出版社,2018.
[2] 同济大学数学系. 高等数学:下册[M]. 北京:高等教育出版社,2018.
[3] 赵树嫄. 微积分[M]. 3 版. 北京:中国人民大学出版社,2012.
[4] 李霄民,夏莉,等. 微积分:上[M]. 北京:高等教育出版社,2018.
[5] 陈修素,陈义安,等. 微积分:下[M]. 北京:高等教育出版社,2018.
[6] 盛骤,谢式千,潘承毅. 概率论与数理统计[M]. 北京:高等教育出版社,2010.
[7] 袁荫棠. 概率论与数理统计[M]. 北京:中国人民大学出版社,2018.
[8] 袁德美,安军,陶宝. 概率论与数理统计[M]. 北京:高等教育出版社,2014.
[9] 同济大学数学系. 线性代数[M]. 北京:人民邮电出版社,2017.
[10] 袁晖坪,郭伟,等. 线性代数[M]. 北京:高等教育出版社,2012.